科技战

梁步阁　著

国防工业出版社
·北京·

图书在版编目（CIP）数据

科技战／梁步阁著. -- 北京：国防工业出版社，2025（重印）. -- ISBN 978-7-118-13718-7

Ⅰ. N49

中国国家版本馆 CIP 数据核字第 2025UY4649 号

※

国防工业出版社出版发行

（北京市海淀区紫竹院南路 23 号　邮政编码 100048）

雅迪云印（天津）科技有限公司印刷

新华书店经售

*

开本 710×1000　1/16　**印张** 13½　**字数** 211 千字

2025 年 12 月第 1 版第 3 次印刷　**印数** 7201—8200 册　**定价** 79.00 元

国防书店：(010)88540777　书店传真：(010)88540776

发行业务：(010)88540717　发行传真：(010)88540762

前　言

全世界这几年发生了很多大事：中美贸易摩擦、俄乌冲突、巴以冲突、英国破产、台海危机、南海风波等，期间再叠加三年的新冠疫情，偶尔再冒出来某些国家领导人被暗杀的热点新闻。让人目不暇接、目瞪口呆，同时置身其中，深受其苦。大家纷纷觉得钱袋子紧了，发现明天也不一定比今天更美好了，不知道未来努力的方向在哪里了。一夜之间恒大破产了、各地的房地产降温了，前几年爆火的土木专业现在大家都跟躲瘟疫一样，紧接着教培关门了、高考志愿填报又愈演愈烈了。世界变化又大又快，大家都看不明白，仿佛不找个咨询机构，都像老虎吃天，无处下爪。这个世界到底怎么了？关键的矛盾在哪里？国家还会出台哪些政策？已经习惯了岁月静好的14亿中国老百姓又该怎么做？

一句话点醒梦中人：中美之间的大国博弈已经成为这个世界的主线。当今，中国、美国乃至世界的一大堆困难、问题与乱象，无不围绕着这个大国博弈的主线展开。和平与发展这个时代主题也正在与之发生某种交替。这是世界维度的横向判断。

第二句话给大家科普一下：第四次工业革命来了。人类经历了以蒸汽机为代表的第一次工业革命——机械化；以电动机为代表的第二次工业革命——电力化；以计算机为代表的第三次工业革命——信息化；目前正在进入以人工智能为代表的第四次工业革命——智能化。很多传统产业凋零倒闭、老百姓下岗失业、大学生毕业找不到工作，无不是因为技术变革、产业升级、无人化、少人化对传统产业和小老百姓所带来的摧枯拉朽般的破坏力和影响力。这是历史维度的纵向判断。

我们正面临“百年未有之大变局”，这句话就是站在世界和历史两个维度得出来的战略性判断。我刚才讲了两句话：全人类正面临中美之间的大国博弈和以人工智能为代表的第四次工业革命。揉成一句话：中美大国博弈的主战场就是科技战。从某种意义上而言，人类正面临一场悄无声息的科技战。两个大国之间没有硝烟、却决生死的科技战或许就是第三次世界大战最特殊、最惊心的主要形式，而且可能会贯穿未来十年、乃至二十年的一个较长周期。与之相呼应的才是俄乌冲突由闪电战打成了持久战；中东的巴以冲突，阿拉伯多国纷纷入局混战；以及中菲一步步勒紧绳子的紧张对抗。这些冲突仅仅是对中美大国博弈科技战主战场的配合与呼应，只能算是次要战场。

看懂了这个时代主脉络，再看自己报志愿、选专业、找工作才能够豁然开朗，游刃有余。只有大家心里有预期，头脑有预判，在日常生活、学习工作的选择和行动上，才能更加清晰不慌乱，理性不盲从。比如，家长们投不投资？移不移民？买不买房？孩子们怎么报志愿、选专业，读不读研？出不出国？看懂了天下大势，再做决定，才能接近于全局最优解，而不是局部最优解。更不是听别人忽悠，任别人摆布，被一些半瓶子水的身边人影响了你的正确判断和选择。这本书，就是希望人人都能够当个明白人，只有更多的人当个明白人，我们才有可能在这场大国博弈中成为笑到最后的那一方。

作者

二〇二五年一月

目 录

第一章　历 史 教 训

——科技是第一生产力，更是第一战争力

读懂历史，才能看清楚当下的纷乱喧闹现象；看懂世界，才能安排好自己的学习工作生活。下面就先从历史讲起。本书讲的历史与记流水账似的历史书不一样，本书只会提纲挈领帮大家梳理历史脉络，可能会粗枝大叶，但是绝对会让你醍醐灌顶、豁然开朗，找到看懂历史发展脉络的金钥匙。这把金钥匙到底是什么？那就是科学技术。人类历史的发展进程，说白了就是一部科学技术的发展史。哪个民族掌握较为先进的科学技术，哪个民族就主宰了这个世界，历史就为他而书写。

第一节　农耕文明时期，以冶铁技术为代表的中华技术遥遥领先

我们站在历史的角度而言，一定要知道，中华民族在农耕时代的科学技术一直是傲立于世界之巅的存在。四大文明古国：古巴比伦、古埃及、古印度和中国，现在只剩下中华文明这一根独苗持续存在不断档，它不是偶然，是必然。因为中华文明，包括科学技术，在农耕时代实在是太先进，简直是遥遥领先：四大发明、二十四节气、太初历法、天文地理、中医药、土木建筑等，可以罗列出很多。这里只讲与战争密切相关的冶铁技术发展史，顺带讲一下民族迁徙史。

我们学中国古代史的时候，总是会为汉武雄风，大将军卫青、霍去病打得匈奴仓皇北遁，封狼居胥、倒望北斗而感到血脉偾张。却从来没有老师告诉我们，这些匈奴人最后逃去了哪里？实际历史上这些匈奴人、突厥人狼狈逃窜到欧洲以后，居然是战神一般的存在，所向披靡、战无不胜。今天的土耳其、匈牙利就分别是他们的后裔，就连俄罗斯、哈萨克斯坦也有他们的后

裔存在。意不意外？大汉先民的手下败将，跑到欧洲去居然打出了一片大大的江山，建设起来了两个强大的国家。然而草蛇灰线的信息也仅限于此，没有哪本书告诉我们为什么换了个地方，匈奴人突然就行了？原因何在？这个历史谜题的真正答案是：古代中国的冶铁技术远远领先于西方！即使是只学了大中华文明只字片语的匈奴、突厥人去了欧洲，那也是学霸一般的存在，自然打得今天欧洲列强的先辈们落花流水、割地求和。

中华先民们早在商代和西周初期，就开始使用陨铁。西周晚期，又出现了“块炼法”冶炼技术。这种方法冶炼的铁块含大量杂质，需经反复锻打才能制作铁器，而且产量少、质量差。到春秋中、后期即公元前7～公元前6世纪左右，出现了铸铁。这种铁采用“生铁冶铸法”冶炼，产量多、杂质少、质量好。到了春秋晚期，已经可以铸造刻着法律条文的大型刑鼎了。中国在春秋中、后期之所以能出现铸铁，是因为冶铁鼓风设备和木炭烧制技术有了很大提升。当时冶铁炉用的鼓风器可以多至四个，甚至更多。鼓风器越多，风力越大，有助于提高冶铁炉内的燃烧温度，增大冶铁炉内的冶炼容量。而木材经不完全燃烧制成木炭，具备易燃、耐烧、质量轻、易于运输等优点，更重要的是烧制过程中去除了木材中的水分和其他挥发性成分，使得木炭再燃烧时能够提供比同样体积的原木更多的热量，同样有助于提高冶铁炉内的燃烧温度。炉内燃烧温度属于古代冶铁的核心技术，欧洲先民们的炉窑温度长期只能达到800～1000℃，而中国古代先民可以让炉内温度达到1200～1500℃。由于鼓风设备和烧炭技术的进步，使得当时已能生产出大量铸铁器物，促进了铁器在中原地区的普遍使用。春秋时期，冶铁技术的另一大进步是钢的出现。干将莫邪剑的传说就是例证。《吴越春秋》记载：“干将作剑，来五山之铁精，六合之金英，使童男童女三十人，鼓橐装炭，遂以成剑，阳曰干将，阴曰莫邪。”到了战国时期，铁器已成为中国农业、手工业中的主要生产工具。进入战国晚期，铁器开始成为重要的作战武器。考古发现，我国战国时的铁制农具种类非常多，有镰、锄、铲、耙、犁等；铁制手工业工具有斧、锛、凿、钻、锤、锥、针及铁范等；铁制兵器有剑、戟、矛、刀、弩、胄等。这些铁器涉及到人们生产、生活、战争的方方面面。总之，春秋战国时期，生铁冶铸技术、生铁柔化技术、制钢技术的出现，使铁制器具逐渐普遍地使用于农业、手工业、军事等方面，促成了华夏大地上社会经济的迅速发展。从战国时代开始，中国就进入到了铁器时代。而欧洲则是在13～14世纪才开始使用铸铁，比中国足足晚了 1900 年。这些欧洲列强的先民拿着棍棒，怎么跟拿着大刀长矛的匈奴人、突厥人干架？坚持不了几个回合，就会哭着鼻子投降。

前面说汉武大帝、卫青、霍去病如何威武霸气。其实还有一个比他们更威武霸气的人物存在，那就是大秦始皇帝：嬴政。秦始皇的丰功伟绩，我们从历史书上都已经知晓。政治上，建立了中国历史上第一个中央集权专制的国家，废除分封制，实现郡县制。经济上，统一货币和度量衡；社会文化上，书同文，车同轨，修筑万里长城；还有更厉害的是以首都咸阳为中心修筑了人类历史上第一条“高速公路”：秦直道；修筑灵渠，连通了长江和珠江水系；修筑阿房宫、兵马俑。当然最厉害的还是在军事上，秦王扫六合，一统大中华，北击匈奴、南征百越，打得少数民族对大秦帝国有了深入骨髓的恐惧感。此后西方一直把咱大中华叫做秦那，即使是到了秦朝灭亡，汉魏晋都结束了依然如此称呼中原王朝，这就是英文单词，CHINA 真正的来历。一些英语老师说CHINA 是瓷器，也是中国，因为中国的瓷器很厉害，所以用瓷器 CHINA 来代称中国。纯属拾洋人牙慧，误人子弟。

下面继续用秦朝来举例，比较古代冶铁技术的差距对东西方作战规模的影响。秦昭襄王手上有一个开国大将白起，号称战神。白起杀降的历史典故很出名，司马迁在《史记·白起王翦列传》中记载，白起“乃挟诈而尽阬杀之，遗其小者二百四十人归赵。前后斩首虏四十五万人。赵人大震。”这是公元前 260 年，秦赵之间的作战规模，仅仅杀降就高达 45 万，双方参战人数至少在百万量级。

与之形成强烈对比的是欧洲古代的战争规模。十字军东征是罗马天主教教皇乌尔班二世发动的、持续近 200 年的、发生在欧洲的最有名的一系列的战争总称，算得上是西方战争史上最拿得出手的战争规模了。十字军东征中著名的楚德湖战役，东征十字军的作战人数只有四千到五千人。这是公元 1242 年的中世纪，也就是白起长平之战过了 1500 年之后的欧洲作战规模。

古代欧洲和我国战争规模长期存在很大差距是常态，而不是偶然。即使到了英法百年战争，绝大部分战役双方兵力都未曾过万，包括著名的奥尔良战役、帕提战役、福尔米尼战役、卡斯蒂永战役。而我国古代的战争，牧野之战周朝就出兵十万了，赤壁之战曹操号称出兵八十万，淝水之战苻坚也是带着八十万军队进攻东晋的。在参战人员数量方面古代欧洲和我国存在巨大差距，简直不是一个档次。相当于中华这边已经兵团作战烽火连天了，他们还在欧洲地面上和泥巴、玩小孩子过家家。这不禁让人惊讶，为什么欧洲中世纪和我国古代战争规模会存在如此悬殊的差距？

很多战争史的专家，一般都把它归结在政治文化地域的差异上。简单来讲，还是欧洲的技术落后，特别是冶铁技术落后。欧洲的冶铁是在13～14世纪才开始大规模使用的。在这之前，让他们组织一个几万人、几十万人的军队，是非常困难的，没这个能力和技术实力。所以说，科技是第一生产力，更是第一战争力！

前文讲了CHINA这个单词，还有瓷器的意思。下面结合冶铁技术，科普一下古代中国的瓷器技术。张骞出使西域，开辟了古代丝绸之路，打通了东西方的商贸往来。聪明的中华先民把土挖出来揉搓，放在窑里一烧，就变成了瓷器；把树上的叶子摘下来，放在锅里一炒，就变成了茶叶，卖给西方人换回来大把的金银珠宝。从来没有人提出疑问，西方的先人们难道不知道把泥巴烧成瓷器，把树叶炒成茶叶，能减少点贸易逆差？事实上更可能是，他想干却干不了，干了却干不出来。科技是第一生产力，冶铁炼钢的温度需要达到1200～1500℃。瓷器的烧成温度与冶铁的温度条件相似，至少达到1200℃，且必须使用专用的炉窑烧制。而欧洲古代的块炼铁技术炉窑温度长期只能达到800～1000℃，这个温度炼不出来高质量的铁，也烧不出来高质量的瓷器。古代欧洲没有高温燃烧的炉窑技术，导致炼不出来大规模的铁，烧不出来大规模的瓷器，无法制造大规模的铁锅、铁铲，更烘焙不出来大规模的茶叶。这才是根本的技术原因，这是一个完整的手工业生产技术体系的竞争，不是一个想干就能干的事情。最后给大家介绍一个生活小常识：装修房子选瓷砖，选那种玉化光泽度高的，它代表着烧制的炉子温度高，技术好，质量好。

第二节　工业文明时代，以近现代物理四大理论为代表的西方文明后来居上

第一节讲了古代农耕文明时代，中国先进的铁器技术，中华文明的领先。但到了工业文明时代，近代中国史却是要多屈辱有多屈辱，屈辱得让人学那段历史的时候，恨不得拿笔把历史书都给戳个血窟窿。落后就要挨打，而这

个落后，指的不是经济落后，而是科技落后，尤其是军事科技落后。清政府签订多个不平等条约，多次战争赔款，都验证了这一点。

失败是成功之母，为什么文明、科技领先的我们到工业文明时代就处于落后局面了呢？先还原整个历史过程，基于事实找答案。

从公元前的夏商周一直到16世纪，长达2000多年的历史长河中，中华民族一直处于世界科技舞台的中心，遥遥领先。但是到了17世纪，我们的噩梦却逐渐开始了。

本书只列出来西方近现代物理四大学科理论诞生的重要年份里，中国当时都处在什么时期，进行对比。近现代物理四大学科理论分别是：牛顿的经典力学、麦克斯韦的电磁场理论、普朗克为代表的量子力学、爱因斯坦的相对论。下文将逐一进行讲述。

1687年8月，英国科学家牛顿的《自然哲学的数学原理》首次出版，书中提出了万有引力定律，这是“人类心灵上最令人惊叹的单一成就”，直到今天，《高等数学》《微积分》，以及《大学物理》中的力学三大定律还是牛顿当年写的内容。牛顿出版《数学原理》的同年9月，法国国王路易十四派遣6位传教士千里迢迢来到紫禁城，为大清皇帝康熙带来了30多箱的科学仪器和科技书籍作为礼物。很遗憾，康熙大帝表面上欣喜接纳，却把这些当时西方高科技的最新成果当做“奇技淫巧”封存进了皇宫的库房里。包括康熙在内的所有中国人，还沉浸在接下来几十年的康乾盛世的美梦里，丝毫没有感受到前所未有的危机、一百多年的浩劫正一步步来临。再后来，东西方的科技差距越拉越大，中国人也就越陷越深。

1865年，英国物理学家麦克斯韦的论文《电磁场的动力学理论》发表，在这篇论文中麦克斯韦完善了他的方程组。该方程组采用拉格朗日和哈密顿创立的数学方法，直接推导出了电场和磁场的波动方程，其波动的传播速度为介电常数和导磁常数的几何平均的倒数，恰好等于光速 c，至此电磁波理论确立。并且麦克斯韦还大胆断定，光也是一种电磁波。直到今天，《大学物理》中的电磁学还是麦克斯韦当年写的内容。而且现代的无线电通信、卫星导航、雷达探测等所有的电子信息相关技术领域用的还是这些电磁场辐射理论。那一年对应的是同治四年，太平天国运动被镇压的第二年，清政府正忙着让曾国藩的湘军裁撤，重用左宗棠剿灭太平天国李世贤等人率领的残余抵抗势力。

1900 年，德国物理学家普朗克在《德国物理学会通报》上发表一篇只有三页纸的论文，题目是《论维恩光谱方程的完善》，第一次提出了黑体辐射公式。12 月 14 日，在德国物理学会的例会上，他作了《论正常光谱中的能量分布》的报告，在报告中指出，为了从理论上得出正确的辐射公式，必须假定物质辐射（或吸收）的能量不是连续地、而是一份一份地进行的，只能取某个最小数值的整数倍，这个最小数值就叫能量子，提出了能量量子化，$\varepsilon = hv$。这标志着量子力学的诞生。而 1900 年那一年，义和团运动爆发，许多外国使馆和传教士遭到袭击。由英国、美国、法国、德国、俄罗斯、日本、意大利和奥地利匈牙利帝国组成的八国联军入侵北京，镇压义和团运动，烧杀掠夺。慈禧太后带着光绪帝逃往西安。

1905 年，德国人，瑞士籍的物理学家爱因斯坦 3 月发表“量子论”，提出光量子假说，解决了光电效应问题。4 月向苏黎世大学提出论文《分子大小的新测定法》，取得博士学位，提出了分子运动论。5 月完成论文《论动体的电动力学》，独立而完整地提出狭义相对论，开创物理学的新纪元。1905 年因此被称为“爱因斯坦奇迹年”。同年，日俄战争爆发，战场却在中国东北，清政府无耻“中立”。但是这一年，也总算看到一点点改变的希望。清政府废除了科举制度，开办新式学堂。科举制度是中国传统的选拔人才制度，从隋唐开始，一直延续到清朝。虽然有其优点，但是也有很多弊端。1905 年 9 月 2 日，袁世凯和张之洞联名上奏《请废科举折》，并得到了端方等名臣的支持。慈禧太后下旨，停止一切科举考试。这标志着在中国延续了 1300 多年的科举制度正式结束。新式学堂在各地兴起，为中国人接受西方知识和思想打开了大门，上海复旦大学就是这一年创立的。同年，孙中山在日本东京成立同盟会，提出三民主义；袁世凯在北洋六镇，7 万人的新军全部练成，奠定了近代北洋军阀的基础。

牛顿的经典力学、麦克斯韦的电磁场理论、普朗克的量子力学、爱因斯坦的相对论是近现代物理的四座殿堂一般的存在。当这些科学技术横空出世、突飞猛进，直接推动着西方的产业先后出现以蒸汽机为代表的第一次产业革命、发电机为代表的第二次产业革命时，大清的很多臣民们还扎着马尾辫、捧着大烟枪在醉生梦死中沉沦。幸亏有孙中山、毛泽东为代表的一位又一位的革命先烈挺身而出，抛头颅、洒热血，救中华百姓于水火，否则今天中国人恐怕还生活在水深火热中，任由西方列强的铁骑践踏在祖先留下来的故土上。

第三节　三次工业科技革命，让西方的生产力突飞猛进

第二节讲了当欧洲正在经历科学技术大跃进、产业革命大升级时，我们还停留在农耕文明的清王朝最后一抹夕阳的余晖中。那为什么农耕文明的旧学霸遇上了工业文明的新学霸，甚至哪怕是个学渣时，竟会输得毫无还手之力，惨不忍睹？还是那个道理，科技是第一生产力，科技是第一战争力！

亚当·斯密的《国富论》里面讲，工厂的工人生产铁钉，按照流水线分工协作的方式，可以将生产效率提高到各自分头去干的240倍，甚至更多。但是，实际上他只讲对了一半，生产效率获得根本性提高的真正原因，并不是分工协作这些生产模式的简单改变，而是工业生产中科学技术的跨越式革新，这才是提升生产效率最底层的王道。下面，我们就对几次工业技术革命给人类尤其是西方国家所带来生产方式和战争形式的根本性变革进行梳理。

1. 第一次工业革命

18世纪60年代，以蒸汽机为代表的机械化让英国、德国等西方国家进入到了第一次工业革命。詹姆斯·瓦特，英国发明家、企业家，第一次工业革命的重要人物，1776年改良生产出第一台具有实用价值的蒸汽机。他开辟了人类利用能源的新时代，使人类进入“蒸汽时代”。瓦特可以称得上工程师创业的鼻祖。靠技术赚钱最光荣，最后还写在了人类的物理书上。后人为了纪念他，把功率的单位定为“瓦特”（简称“瓦”，符号W）。在蒸汽机出现之前，主要靠人力，好一点的靠畜力干活，不管是人还是牲口，他都是动物，就必然受吃饭睡觉、身体状态、心情起伏的限制，效率也低，而且干活的人和牲口实在太过辛苦，雇主还要考虑给人发工资，给牲口吃饲料，生老病死、婚丧嫁娶，福利保障等，一大堆具体而微细的麻烦事。蒸汽机出现后，比人力、畜力简直好太多了。通过机械力压铸每天生产的铁钉，和蒸汽机出现之前依靠人力捶打每天生产的铁钉相比，无论是质量、规格、效率，二者之间的差异又何止240倍？这才是蒸汽机出现后，用机械力代替人力、畜力，在农业、工业生产方面带来的巨大革命和巨大红利。

2. 第二次工业革命

19 世纪 70 年代，以发电机、电动机为代表的电气化又让英国等西方国家进入到了第二次工业革命。电力的出现是人类驾驭能源的根本性变革。英国物理学家、化学家、发明家法拉第发现了电磁感应原理，即“当磁场的磁力线发生变化时，在其周围的导线中就会感应产生电流”。基于这一原理，法拉第于 1831 年发明了世界上第一台发电机——法拉第圆盘发电机。这一发明标志着人类从蒸汽时代进入了电气时代，再一次给人类社会的生产力带来了翻天覆地的变化。法拉第是一位自学成才的科学家，出生在一个贫苦的铁匠家庭，在他的求学和科研生涯中，他从来没请过教培、没上过名校，甚至都没受过正规教育，却为经典电磁学理论的建立奠定了坚实基础，作出了巨大贡献。简直可以作为贫民子弟拼学习、干科研的精神灯塔。后来，麦克斯韦就是在他的磁力线理论的基础上，总结出了麦克斯韦方程组，最终创建完成了经典的电磁学理论。法拉第发明的发电机具有着重大的划时代意义。它不仅推动了电力工业和电气制造业的迅速发展，还使得电力成为一种方便人类广泛使用又价格低廉的新能源和新质生产力，比蒸汽机还好用些。一经发明就快速广泛应用于工业生产中，从而推动了人类历史的巨大进步。最直白地说就是：电力作为能源和动力的优势十分突出。在电力出现之前，蒸汽机比人力畜力有进步，但是蒸汽机需要烧煤、加水，固体的燃料运输不方便，大量加水也不方便；因此后面便出现了内燃机，内燃机烧油、烧气，无需加水，柴油、汽油、天然气，这些液体、气体的燃料能量密度、运输便捷性要明显优于煤炭类固体燃料。内燃机是人类第二次工业革命中除电动机以外的另一大动力技术发明，是对蒸汽机的重大技术替代。但不管是蒸汽机还是内燃机，由于需要使用固体或液体燃料，设备走到哪里就需要把燃料运到哪里，运输成本、效率、便捷性方面还是存在一定的不足。开过高速或者长途的汽车司机都经历过，走在半道上，最担心的就是油烧完了，还没找到加油站，那就只能等救援了。这就是蒸汽机发动机使用固体或液体燃料的物理限制。而使用电力就不一样了，牵一根电线就可以轻松搞定，源源不断的能量就可以沿着导线传输过来。电力的传输成本、效率、便捷性，是人类以前掌握的所有能源形式所不具备的，没有可比性。人类一经拥有，就爱不释手。有人会提出疑问，那现在路上跑的电动车不比烧汽油的油车，更怕扔在半道上？没电了比没油了不更麻烦些？那属于电力的另一个问题：移动应用场景的储能问题。但是不得不承认，把电源源不断地传输到一个固定的场景、固定的地方比把煤炭或者石油、天然气源源不断地运输过去要方便的多，简单的多，成本也低、效率也高。电力的能源传输方式比燃料的物质传输方式方便实惠，效率高。按照效率和成本排序的话，能源传输效率：固体（煤、碳）< 液体（油、醇）< 气体（天然气、氢）< 电荷（交流电、直流电、电磁场）。而运输成本则反过来。

3. 第三次工业革命

20 世纪 50 年代，以计算机和手机为代表的信息化又让美国等西方国家进入到了第三次工业革命。冯·诺依曼，是第三次工业革命的灵魂人物。他是 20 世纪少有的可以与爱因斯坦比肩的科学家，在现代计算机、博弈论、核武器和生化武器等诸多领域内都有杰出建树，是个科学全才，被后人称为“计算机之父”和“博弈论之父”。冯·诺依曼原籍匈牙利，布达佩斯大学数学博士，先后执教于柏林大学和汉堡大学。1930 年前往美国，后入美国籍。历任普林斯顿大学、普林斯顿高级研究所教授，美国原子能委员会会员，美国科学院院士。开创了冯·诺依曼代数，主要著作有《量子力学的数学基础》《计算机与人脑》《博弈论与经济行为》《连续几何》等，现在大学里的本硕博一众学子还在学习他当年的一堆著作。以计算机和手机为代表的电子信息技术革命，也就是第三次科技革命，是人类文明史上继蒸汽技术革命和电力技术革命之后科技领域里的又一次重大飞跃。第三次科技工业革命以电子信息技术的发明和应用为主要标志，涉及电子信息、新能源、新材料、生物、空天和海洋等诸多领域，持续至今、方兴未艾。它不仅极大地推动了人类衣、食、住、行、用等日常生活和学习、工作、思维等行为方式发生天翻地覆的变革；更推动了整个人类社会经济、政治、军事等领域的根本性变革。

第一次工业革命，蒸汽机的机械力代替了人力畜力；第二次工业革命，发电机的电力代替了蒸汽机的机械力；第三次工业革命，难道也是要用电子信息的什么力代替发电机的电力？并没有。但是它所带来的改变却更加波澜壮阔、更加具有划时代意义。那又是为什么？这要从另一个维度：信息维度才能说明白。

人类绵延香火几千年，哲学书上讲人类和其他动物的根本区别在于人类能够制造和使用工具进行劳动。站在信息专业的角度，其实还应该补充一点：

人类能够使用语言和文字进行信息、经验、知识的描述、记录、交流、传播、继承和发扬，这才使得人类的科学技术可以一代一代地加速往前迭代发展。而人类对于信息或者知识的记录、传播方式大致经历了以下阶段。

（1）岩画、壁画：人类祖先以石器、颜料作为工具，用粗犷、古朴、自然的方法进行石刻、石绘，以描绘、记录他们的生产方式和生活内容，改变和丰富自身的精神世界，创造了灿烂多姿的岩画图像。目前发现的远古岩画、壁画遗迹，遍及世界五大洲，主要集中分布于非洲、亚洲、欧洲，包括法国、意大利、埃及、埃塞俄比亚、南非、苏丹、印度、中国等 150 多个国家和地区，最早的据说已有四万年的历史，绵延到今天的一些原始部族仍有制作。

（2）结绳、符号：原始人在生活中用来表达自己的“图画”形式。慢慢地从原始图画变成了一种“表意符号”，包括大中华《易经》64 卦中的阴阳符号排列组合、汉字中的象形符号和西方文字中的字母符号。距今 6000 年前的属于仰韶文化的半坡遗址的陶钵口沿上刻的二三十种刻划符号，即半坡陶符，被认为是文字起源阶段所产生的一些简单文字，其中一些是数字符号。西方拉丁语系中的字母，就是表音符号，每个字母代表一个语音。公元前 2000 年左右，腓尼基人发明的文字，被认为是最早的字母符号系统之一。

（3）语言文字、纸质书籍：公元前 14 世纪，殷商时期的古中华出现甲骨文，此后大致按照：甲骨文→金文→小篆→隶书→楷书（行书、草书）的顺序逐渐演变为今天的汉字。相对应地，汉字载体则大致经历了从龟甲（动物骨头）→青铜器→竹简→帛（绢）→纸质书的演变过程。其中，汉代的蔡伦和宋代的毕昇作出了巨大贡献。蔡伦是东汉的一名太监，他经过无数次的试验，并虚心听取周围老百姓的建议，终于在汉和帝永元十四年（102 年），发明创造了一种以树皮、麻头、破布、旧渔网为原料的纸张。这种造纸的原料广泛，成本低廉，是人类造纸技术发展史上的一大进步。并于元兴元年（105 年）奏报朝廷，汉和帝下令推广蔡伦造纸法。后人将这种造纸方法所造出来的纸称之为“蔡侯纸”，以表示对蔡伦的纪念。造纸术作为中国古代四大发明之一，有力地推动了人类文明的发展。蔡伦为人类文化的传播和世界文明的进步作出了杰出的贡献，被后世奉为造纸鼻祖、纸圣、纸神。毕昇则是北宋的一个平民百姓，长期在杭州书籍铺做雕版刻工。在雕版印刷实践中，毕昇发现雕版最大的缺点就是每印一本书都要重新雕一次版，不但要用较长时间，而且加大了印刷的成本。毕昇发明活字印刷方法既简单灵活，又方便轻巧。其制作程序为：先用胶泥做成一个个规格统一的单字，用火烧硬，把它们分类放在木格里，一般常用字备用几个至几十个，以备排版之需。排版时，用一块带框的铁板作底托，上面敷一层用松脂、蜡、纸灰混合制成的药剂，然后把需要的胶泥活字一个个从备用的木格里拣出来，排进框内，排满就成为一版，再用火烤。等药剂稍熔化，用一块平板把字面压平，待药剂冷却凝固就成为版型。印刷时，只要在版型上刷上墨，敷上纸，加上一定压力即可。印完后，再用火把药剂烤化，轻轻一抖，胶泥活字便从铁板上脱落下来，下次可以再用。其事迹见于沈括《梦溪笔谈》。毕昇活字印刷术的发明是中国书籍印刷术发展中一个根本性的改革，也是中国古代四大发明之一，对中国和世界的文化事业具有着重大贡献。反观欧洲、非洲其他文明，他们的文字和书籍的发展脉络就没有中华文明如此脉络清晰。按照时间顺序，先后出现的西亚两河流域苏美尔人的泥板书（将刻上字以后的软泥板晒干或烘干）、古埃及人的莎草纸书（将莎草茎剥成薄片制作而成）、古希腊人的羊皮纸书（新鲜的牛羊皮制作而成）都没有办法大规模生产出便于书写的纸张和广泛印刷的书籍。这也是中华文明在曾经2000多年的历史长河中一直领先于西方的另外一个重要因素。我们的技术通过书籍和印刷技术可以方便、高效地传播、继承和发扬。到今天，除了中国有详细可信的二十四史以外，试问还有第二个文明或民族有完整的编年体历史吗？被外国学者奉为经典的《荷马史诗》也只是口口相传的结果。除了中华文明史，其他很多民族的历史都语焉不详，作不得信史，这实在是因为古代信息载体的核心技术：造纸和印刷掌握在中华先民手上。

（4）图片音视频、电子文件：到了电子信息时代，人类的信息载体除了传统的纸质书，电子信息技术开始大行其道。从当初1.44M的软盘、128M的U盘、700M的CD、4.7G的DVD、500G的硬盘到如今的U盘动辄1～2T，见怪不怪！古人云，书非借不能读也。今天，我们随便一个U盘就可以拷得下大清政府图书馆里整个的《四库全书》，可能还只占了一丁点的存储空间，而且还是零成本，非常方便。不经意间，人类的信息记录、传播手段和效率发生了跨时代的变革，影响深远、意义巨大。在这么一个电子信息时代，势必迎来人类历史上前所未有的信息大爆炸。

过去要把货物商品或能源燃料由一个地方运送到另一个地方，必须要靠人扛马拉。书信作为信息的载体，要运输到另一个地方，大致上也只能是靠这样的方式。所以形容一个人学问很深，叫学富五车，就是说他读的书要拉五马车；形容一个家里面藏书很多，叫汗牛塞屋、汗牛充栋，就是说他家里的书塞满了整个屋子，搬一次，都能把牛累够呛，出一身汗；形容书信传输得快，叫八百里加急，就是说书信一天可以传递八百里，那已经是快得不得了了。那时候国家要设立专门的驿站，传送情报和信息，八百里加急就相当于今天的特快专递，只有国家机器和皇帝才配享有这样的服务，普通老百姓就别想了。

到了信息时代，信息的传输方式完全改变了。按照电力技术的方法，扯根电线或者光纤就可以把语音、文字等信息调制在电信号上，从一个地方传递到另一个地方，对方只需要把这个信号解调下来，还原成语音、文字等信息就可以了。这是有线传输方式。线扯到哪里，信息就能传输到哪里。而且信息的传输不需要像电力能源的传输那么大的功率，只需要能正确接收到信号就可以了，这是信息传输和能量传输不一样的地方。能量传输属于强电，称作电力技术；信息传输属于弱电，采用电子技术，所以一般把电子和信息，两个词连起来称为电子信息技术，它和信息技术所指的基本上是一回事。说到信息的有线传输，必须要提到美国人摩尔斯。1837 年摩尔斯便发明出来人类第一台有线电报机并不断完善；1843 年，摩尔斯用国会赞助的 3 万美元建起了从华盛顿到巴尔的摩之间长达 64 千米的电报线路。翌年 5 月，他在华盛顿国会大厦最高法院会议厅里，向巴尔的摩发送了世界上的第一封电报，电文内容是《圣经》中的一句话：上帝啊，你创造了何等的奇迹！到现在为止，一些狗血的谍战片里还时不时地让男女主角展示一下用摩尔斯电码来进行暗语交流的特技。而有线电话机则晚于电报机，是美国人贝尔 1876 年发明的。贝尔用两根导线连接两个结构完全相同、在电磁铁上装有振动膜片的送话器和受话器，实现了电线两端的语音通话。除了有线传输，还有更便捷的无线传输，这得感谢麦克斯韦的电磁场理论。他为人类的无线电传输信息作出了巨大的理论贡献，工程实现则是其他人。任何一个伟大的技术革命，从理论到工程，从工程到产品，从产品到产业，实在是一个漫长的过程，需要一拨又一拨的人不断踩着前人的足迹往前再往前。1896 年，意大利人马可尼实现了人类历史上首次无线电通信。他在英国做演示试验，进行约 2 千米距离的无线电通信实验，获得成功，并首次获得了此项发明专利权。1897 年，马可尼在伦敦成立了一家名为“马可尼无线电报”的公司。1899 年，马可尼发送的无线电信号成功穿越英吉利海峡。从此，人类打开了无线电世界的大门。除了马可尼，还有另一位大神级的科学家：特斯拉。尼古拉·特斯拉除了与爱迪生的交直流之争，他在电磁场领域还有着多项革命性的发明，是现代无线电通信的基石。1897 年，他几乎与马可尼同时间实现了无线通信技术。1898 年，他又发明无线电遥控技术并取得专利（美国专利号码#613.809），以他名字而命名的磁力线密度单位（1Tesla = 10,000Gause）更永远铭记着他在电磁学上的贡献。当今世界科学产业界的奇才马斯克把自己的电动汽车公司命名为特斯拉，也是对他的另一种形式的致敬。信息的无线传输比起有线传输，连一根线的束缚条件都没有了，想传输哪里传哪里，只要两个天线的方向图相互之间对准就可以，它的便捷性更不可同日而语！今天，任何人一部小小的手机就可以让我们祖先千里传音、千里传图的奢望变为稀松平常的现实，神话照进生活！人人赛过活神仙！无线电可以实现便捷的信息传输，而无线电实现能量传输则要困难得多。据说特斯拉当年实现过无线电的能量传输：特斯拉无线系统可以用无线手段和低廉的成本实现远距离传输电能。特斯拉还在科罗拉多建立了试验站，并通过仔细研究和测算证明，该系统可以传输任何规模的能量，而且损失不会超过百分之几。很遗憾，这个技术并没有保留下来，或者说这项技术的真正成功与否已无从考证。今天的工程师们能实现近距离的无线充电技术就已经显得很不错了，远距离无线电的能量传输还遥遥无期。无论怎样，有了强电——电力技术的能源传输手段，加上弱电——电子技术的信息感知、处理、传输手段，人类的科技水平实实在在地往前跨越了一大步。

在人类现代科技专业中，电力属于强电技术，代表能量系统；电子属于弱电技术，代表信号系统。电脑、手机、电视机，几乎任何一个电器设备都离不开这两大系统。用人体来打比喻，电力相当于消化系统和血液系统，负责供电、提供能量；电子则相当于五官大脑和神经系统，负责信号的发射接收、处理传输、存储读取。

因为人类在电力能源和电子信息两大领域取得了一系列技术突破，也获得了巨大收益，因此人类技术文明就沿着电力、电子这条路一路狂奔。到了今天，关于电的理论最完善、技术最丰富，导致几乎所有的传感器最后都需要偏置电路来提供能源，压力、风速、流量等其他形式的物理参量也都需要转换到电压、电流等电信号上来进行测量和控制，人类文明迎来了一个电力、电子为代表的能源与信息时代。

第四节　农耕文明时期，以冶铁技术为代表的中华文明辉煌灿烂

前面讲了三次工业革命技术的来龙去脉，下面就进一步分析这些技术对人类生产、生活方式的改变，特别是战争形态的改变。我们一直说技术是第一生产力，更是第一战争力。首先，我们结合冶铁技术进一步摆事实、讲道理，深挖农耕文明时期中西方文明差异的技术根源。

1. 马镫

前面讲过，长达几千年的农耕文明时代，中华的冶铁技术遥遥领先，这直接决定了古代中国的生产效率远远超过了欧洲，战争规模远远超过了欧洲。这里面对于战争的影响，还有一个铁器的发明不得不说，那就是马镫。马镫是中华先民捣鼓出来的最伟大却又不起眼的一项发明，它供骑马的人在上马时踏脚方便上到马背上，大多用铁制成。最早的马镫是单边的，后来逐渐演化成双边，其最大功能还不仅仅是为上马那一下的动作提供方便，更重要的是在骑行时可以用双脚蹬着马镫、夹着马背用力，为骑马的人提供安全保障，方便解放出来他们的双手，拿着武器格斗厮杀，大大提升了骑兵的战斗力。从晚商到春秋时期，马在中原地区的交通工使用中主要用来拉车，很少骑乘。主要原因就在于缺少骑乘的马具。一套完备的马具，由辔、鞍、镫、胸带、肚带以及障泥组成。马镫关系到骑兵在马背上的稳定性和安全性，是晋代最重要的发明。马镫的发明和普及对骑兵的发展有着密切作用，曾经在古代中国的交通、战争领域起到了至关重要的推动作用。其历史贡献的伟大程度几乎接近于四大发明，只是因为到了今天，人们都开上了汽车，对马镫的历史贡献才严重忽视、认识不足。那么，为什么西方发明不出来马镫？导致他们打个仗，派出几百上千人的骑兵，都属于大规模作战？答案就是西方的冶铁技术远远落后于东方。都没有铁，何谈发明铁制的马镫？

除此之外，冶铁技术水平的差距还直接导致了中西方建筑、饮食、医疗等方面的一系列差异。

2. 建筑工具

我们学习东西方建筑艺术，都知道古西方建筑全部都是石头砌的城堡和房子，而我们的大部分都是土木结构。很多人羡慕西方这些石头城堡，常说，“你看，人家的石头建筑就是好，结实耐用，一住就是几百年。再看看咱们的木头房子，存在个几十年就没了。”可是从来没有人从生产技术以及建筑效率的角度思考过这个问题。石材的加工，利用粗笨的工具尚可完成；木材的榫卯结构，则必须要使用相对精巧的锯、斧、锛、凿、钻、锤、刨。铁器技术的广泛普及是木材榫卯结构大量生产的工具基础。石材的开采、加工、运输，地域限制大，效率低，一个建筑一盖就是几十年、上百年，几代人才能够建设完成，这个在西方古城堡的建设史上屡见不鲜。而土木结构的房子取材、加工、建设，地域限制小很多，效率高很多。一个建筑一年半载的工夫就盖好，住进去了。所以中国古代历史上，别说房子扒了重建，就是一个王朝的都城，迁都重建都经常发生。这在西方古城堡的历史上，并不多见，几代人才能够盖好的房子，谁舍得随便搬？说白了，就是建筑工具和建筑效率的差距问题。古代中国也有石头建筑，包括石拱桥、石头城等，所以并不是中国就没有石头建筑的技术，实在是因为在古代相比于木材加工，石材加工的效率太低了，没有办法大规模推广使用。反过来，西方为什么只有石头建筑，没有发展出建设效率更高的榫卯结构的木建筑，不是他想追求坚固耐用，想要慢工出细活，而是铁器工具没有平民化，冶铁技术不过关。

3. 锅铲炊具

中华的餐饮文化博大精深，八大菜系享誉世界，烹调方法更是五花八门：蒸煮烧炖烤烹煎，炒炸烩爆溜卤焖。再反观西方就逊色得多，牛排、沙拉、意面、汉堡，翻来覆去就是这几样东西，顶多牛排再分个三分熟、七分熟。西方人的体毛、体臭很大程度都来自于他们的先民长达几千年的冷食、生食。从来没有人从铁锅铁铲这些餐厨器具生产技术的成熟度以及推广使用的平民化这个角度，去思考东西方餐饮的差异原因。中国的餐饮文化丰富多样，离不开铁锅的成熟生产和广泛使用，家家户户都可以买得起、用得起，长达几千年吃熟食喝开水进化下来，中国人的体毛、体味才比普通动物少了很多；欧洲餐饮手段的贫乏，说白了是因为他们的祖先生产不出来铁，就谈不上生产出来铁锅，更谈不上用铁锅来炒菜做饭、发展出来五花八门的菜谱菜系，他们只能够习惯适应去吃生的、喝冷的，几千年下来，一般人体毛、体臭就仍然比较严重。今天，部分人饮食习惯全面西化，岂不知从某种意义上来说并不是饮食文化的时髦洋气，而是返祖退化。适当地兼容并蓄、尝尝鲜是可以的，但是搞过了就过犹不及。

讲了骑乘的马镫、木工的工具、厨房的锅铲，这些铁器技术的差距对东西方各方面所产生的巨大影响，再说一个小得不能再小的小玩意儿，铁针钢针。

4. 铁针

铁针的出现可以追溯到春秋战国时期，最早在山西侯马的东周遗迹中发现。与使用骨针相比，铁针的优势在于制作周期更短，针面更加光滑、针尖更加锐利，能够轻松穿透各种布料。特别是在楚国，铁针得到了大规模的生产。历史书上“楚虽三户，亡秦必楚”这句话和楚国的冶铁技术不无关系。文献记载，秦昭王就对楚国钢铁技术称赞不绝，楚国先进的铁器技术在战争中发挥着巨大作用。针，就是楚国冶铁技术在日常生活用具上的一个小小体现。今天，长沙被称为有色冶金之都，除了中南大学的技术贡献以外，冥冥之中也有着楚国人某种基因的传承。在春秋战国时期的中国人就已经发明出了铁针，但钢针则要等到1000多年后的宋朝。在宋朝，人们会采用钢丝冷拔的方法来获取不同粗细的钢针，制作这些钢针还要采用磨制、冲眼、渗碳等一系列的手续，是当时一门高科技的手艺活。宋朝有个比较有名的制针大户“济南刘家功夫针”，吃的就是制针这碗技术饭。到了明朝，针的制作工艺已经达到了一个空前成熟的水平。明朝的百科全书《天工开物》中就曾记述了制针的具体方法。中华老祖宗对针的使用，不仅用来绣花和缝纫，在医疗上还有很大用处，就是“针灸”。这一枚小小的针，就是中医针灸治疗手段的技术基础。其实，早在春秋战国时期，《黄帝内经》中就对人体的经络穴位进行了系统介绍，并对针灸的使用方法和对应病症都进行了详细描述。应该说，如果中国古代没有针的技术领先，就没有针灸技术的广泛应用。任何东西，做太大、做太小了都不太容易，这属于加工尺度上的问题。在古代做针就和今天做芯片没什么两样，只不过曾经是我们卡着别人核心技术的脖子。明朝时，日本、柬埔寨等国都非常喜欢我国的钢针，使得钢针远销海外。一枚小小的针，不仅代表了当时中国冶炼技术的成熟和先进，也成为了中国的制造业在国际市场上除了瓷器、茶叶的另一张名片。一枚小小的针，竟然扮演过如此重要、如此丰富的历史角色，恐怕没几个人意识到。针对于人类历史的贡献，不能忽视。当中国的祖先穿着用针线缝制的整整齐齐的衣服、礼仪庄重、幸福美好时，西方的先民仍然身披麻袋或者腰缠树叶。这或许才是西方审美文化里，衣服穿得越少越时髦、衣服裁剪得越粗越时尚的原因。

其实，除了冶铁，造纸、印刷等其他技术水平的差距还直接导致了中西方教育、科技水平的差异化。中国上千年的科举考试，普通的平民百姓的孩子都可以通过读书认字，当官发财，改换门庭、光宗耀祖。其实还是建立在纸张、书籍可以规模化生产基础之上的制度与文明。反观西方，教育、当兵、做官，都是贵族子弟的特权，也是因为他们书籍的大规模生产能力跟不上，没办法普及到普通老百姓。站在科学技术的角度去看历史、看当下、看未来，随便拉出来一个话题都是一篇文科博士论文很好的选题方向。

第五节　工业文明时代，三次工业科技革命让西方的战争力称霸全球

上面大略讲完了大中华在农耕文明时代的先进辉煌，下面重点讲咱们在工业文明时代的落后苦难。

一、第一次工业技术革命：机械力对东西方生产力、战争力的改变

以蒸汽机为代表的机械动力一经出现，机械力就快速取代了人力、畜力，全面改造了人类的生产、交通和战争方式。

机械力在生产上的应用主要表现为用机械代替了纯手工，极大地提高了人类的生产效率。前文提到了，一个专门生产钉子的机械设备，比以前单纯靠手工去生产钉子在效率成本、质量稳定性等方面的提升程度达到成百上千倍，远远超乎了人类在几千年农耕时期所积累的认知经验。学习历史时，书上一直说我们在汉、唐、宋、明期间，生产力有多发达，老百姓有多富足，尤其是到了宋、明时期，都已经有了手工业、小资本家的良好萌芽。可是到了清代，尤其是清晚期，一下子画风突变，满纸说的全是我们的生产力有多落后，老百姓有多穷困不堪，跟西方发达国家的差距触目惊心。难道真的就是因为清政府是个少数民族政权，这些皇帝全部都昏聩无能，才把国家治理成这样子的又穷又弱，不堪入目？让西方国家一夜之

间反超上来，甩开老远了？实际上，仔细对比前面的几个大一统的朝代，就会发现清十三帝，全部算得上是我国两千年封建王朝历史上少有的连续勤政治国、没有明显劣迹的好皇帝。他们在治国理政中对于汉文化的学习和贯彻不可谓不努力。但是，最终却差点落得个让中华民族亡国灭种的危难境地，仿佛这一切都是统治阶级的错。孙中山先生因此才提出了“驱除鞑虏，恢复中华”的革命口号。稍微翻看二十四史看看，就会发现前面几个大一统的朝代，每朝每代都会出几个昏君，皇帝淫暴、外戚干政、门阀党争，状况五花八门，出的问题比清王朝还多些，也没看见大中华危急到亡国灭种的地步。其实，在清代，中国贫穷积弱，根本原因是全社会生产力的落后，不单纯是统治者的问题。生产力的先进与落后从来都是相对的，既有历史维度的纵向比较，也有世界维度的横向比较。在农耕文明时代，清代社会的生产力，与前面几个王朝不会有本质差距，甚至还会有略微缓慢的进步。但是，与西方列强一比就差很多。当我们还四平八稳地行进在农业文明时代，他们已经进入到了工业文明时代。工业文明对农耕文明生产、积累的财富超越，几乎可以在一夜之间完成。生产力代差式的落后，这才是历史书上所写的我们的老祖宗在前面的历代王朝如何富足，到了清晚期却突然显得如何贫弱的根本原因。而生产力的代差来自于科技的代差。这就好比两户人家，东边这家会种地，长期日子小康富足；西边这家不会种地，长期日子拉饥荒。突然一天，西边这家发现了一个矿，一夜之间办起了工厂，当起了煤老板，变成了暴发户。东家和西家的财力自然没得比了。可怜了清王朝的统治者，就像一个勤奋好学的农家子弟，谦虚认真地向前面的父辈和兄长们学习了以往每一届的考试科目《小麦播种》。结果上了考场，试卷发下来，考的却是《选矿与挖煤》。学的没考，考的没学。基本上就是这个道理。

机械力在交通上的巨大改变，则是以蒸汽机为动力的火车、轮船直接淘汰了马车、牛车、人拉车和小木船，实现了在陆地海洋上大规模物资运输的新方式。在人类改造世界的过程中一个最大的刚需就是把人财物从一个地儿运到另一个地儿去。以前是靠人力、畜力人扛马拉，蒸汽机出现后，机械力就直接把人、马、牛给淘汰了。这里只讲地上跑的火车，水里跑的轮船同理。首先介绍一个名叫德里维斯克的英国矿山技师，他利用瓦特的蒸汽机造出了世界上第一台蒸汽机车。这是一台单缸蒸汽机，能牵引 5 节车厢，时速 5 ~6 千米。真正意义上的蒸汽机车即火车则是由乔治·斯蒂芬森发明的。斯蒂芬森出生在一个英国矿工家庭，直到 18 岁，他还是一个目不识丁的文盲，不顾别人嘲笑，和七八岁的孩子一起坐在课堂里学习。1810 年，他开始制造蒸汽机车。1817 年，他主持修建从利物浦到曼彻斯特的铁路线，完全用蒸汽机车承担运输，从此火车开始奔腾在了人类的历史舞台上。其实在火车刚发明出来的时候，速度还非常慢。有人嘲讽式地组织了一场火车与马的赛跑比赛。毫无悬念，马跑赢了。但是随着技术的改良，火车很快就提速到了每小时几十上百千米，把马车远远甩开了。因为当初这种车采用蒸汽机为动力，使用煤炭木柴做燃料，所以中国人都叫它“火车”，沿用至今。但是实际上后来的火车由最开始烧煤的蒸汽机车逐渐演变到了烧油的内燃机车和用电的电力机车作为动力方式。为什么会这样演变，参考本章第三节讲的能源的传输效率：固体（煤、碳）<液体（油、醇）<气体（天然气、氢）<电荷（交流电、直流电、电磁场）。

机械力在战争方式上的巨大改变，则是以步枪、大炮为代表的武器对农耕时代的大刀、长矛实现了彻底的碾压蹂躏。鲁迅在《电的利弊》一文中曾经说过：“外国用火药制造子弹御敌，中国却用它做爆竹敬神。”这句话表达的是一种对当时国内社会现状的失望和忧虑，以及对国外科技发展的关注和赞赏。但是，这种说法并不完全准确，还误导了很多中国人，导致大家严重缺乏自信心，从一个极端走向另一个极端。火药的发明可以追溯到公元 9 世纪的唐朝。它是中国古代炼丹家在炼丹过程中无意中发现的。据传说，唐朝神医孙思邈在炼制丹药的过程中，无意中发现了一种具有强烈爆炸性的物质，这就是火药的前身。后来，经过不断地研究和发展，终于发明出了火药。最早的火药配方是将硝石、硫磺和木炭按一定比例混合而成。因为主要成分是黑色的硝石，因此被称为黑火药。黑火药作为中国古代四大发明之一，是中国古代科技的一项伟大成就，对世界历史的发展产生了深远的影响。在中国古代，火药除了炼丹、烟花、爆竹，在消炎、止血等医疗领域也有广泛应用，但是最主要的还是在军事领域。任何一个先进技术，基本上都会最先考虑为统治阶级服务，最先用在军事领域。从唐朝开始，火药就逐渐应用于军事领域。宋元时期，一直在发展和改进，出现了突火枪、火炮等武器。尤其是到了明朝，火药技术达到了高度发展的阶段，出现了先进的火药武器，如火铳、火炮等。讲到明朝的火铳，必须要提到一个人叫陶广义。陶广义（1338—1390年），字焦玉，又字思温，号东宁伯，被称为火器神，生于浙江婺城陶家。平时喜欢钻研炼丹术，有一次炼丹发生爆炸事故，引起了他的兴趣，开始转型试制火器。元朝末年朱元璋打下浙江后，陶广义带着一帮弟子投奔朱元璋，以陶氏祖传《用军策》，还有自己平日制作火器的经验所编撰的《火神器谱》呈献给朱元璋。随后，跟随朱元璋南征北战，屡立奇功，因为他所制作的火器威力巨大，逐渐成为朱元璋军队的主要制式兵器。面对朱元璋的起义军，人人手里拿着火铳，曾经称霸欧亚大陆的蒙古铁骑算是遇到了真正的克星。尚且不说当时的火铳已经在几十米范围内具备一定的杀伤力，就是火药爆炸时巨大的声响和耀眼的闪光，也足以造成蒙古军的马匹受到惊吓，四下逃窜，不受指挥，发生严重的踩踏伤亡。所以曾经不可一世的元朝铁骑，几十年后在战场上莫名其妙地败亡，与大明起义军火器的普遍使用有着巨大的直接关系。还是应了那句话，科技就是战争力！后来，朱元璋专门成立神机营，也就是人类史上最早的使用火枪作为武器的制式部队，并任命陶广义为神机营坐营官。再后来，朱元璋封赏陶广义为万户。自此以后，人们便称他为万户。这就是人类航天史上有名的名人：万户的来历。晚年的万户告老还乡，为了实现飞上天空的伟大梦想，以身试险，实验载人火箭，发生爆炸身亡，却成为了人类历史上利用火箭飞上天的第一人，被称为“世界航天第一人”。20世纪70年代，国际天文联合会召开会议，决议将月球背面的一座环形山，命名为万户山（Wan Hoo），用来纪念陶广义科学研究的开创精神。因此，鲁迅说中国发明火药只会用来放烟花是不准确的，他对于中华文化的很多批判性的观点都比较激进。那么为什么明代还领先世界的火铳、枪炮等火器技术和战斗力，到了清朝却严重落后于西方了？主要原因有两个：第一，清朝的统治者，满族也是马背上打的天下。蒙古铁骑、满族铁骑都对发展火器有天然的抵触心理。火器容易让马儿受到惊吓，不好管理和训练。因此就不会像明朝的朝廷一样去重点发展火器技术，更不会建个专门的神机营。我们不重视、不发展，别人却在快速发展，自然就落后了。第二，也是最重要的，西方的机械化生产，让枪炮的生产效率、产能、精密度、稳定性、杀伤力都发生了根本性的改变，并非我们用手工作坊的方式生产出来几根土枪、几门土炮所能望其项背的。这两个，前者是直接原因，后者是系统原因。还是那句话，科技就是生产力，科技就是战争力！这是中国在鸦片战争以及此后与西方列强的诸多战争中连吃败仗的技术和生产力上的根本原因。

1840 年（道光二十年），英国政府以林则徐的虎门销烟等为借口，决定派远征军侵华。6 月，英军舰船 47 艘、陆军 4000 人在海军少将乔治·懿律、驻华商务监督查理·义律的率领下，陆续抵达广东珠江口外，封锁海口，发动了第一次鸦片战争。鸦片战争历时两年，以中国失败并赔款割地而告终。中英双方签订了中国近代历史上第一个丧权辱国的不平等条约——《南京条约》。中国开始向外国割地、赔款、商定关税，这严重危害了国家主权，中国开始沦为半殖民地半封建社会，丧失独立自主的地位，并促使了几千年继承发展下来的农耕文明和小农经济快速解体。

1856 年 10 月至 1860 年 10 月，英、法两国在美、俄支持下联合发动了第二次鸦片战争。这场战争是第一次鸦片战争的延续和扩大，其目的是进一步打开中国市场，扩大在华侵略利益。英、法分别以亚罗号事件及马神甫事件为借口发动战争，所以又被英国人称为亚罗号战争、英法联军之役。1860 年，英法联军攻入北京，清咸丰帝逃往承德，英法联军闯入圆明园并掠夺珠宝、将其焚毁，火烧圆明园。战争中，沙俄出兵并以调停有功自居，胁迫清政府割让东北外兴安岭 150 多万平方千米领土，从而成为了最大赢家。最终以清政府被迫先后签订《瑷珲条约》《天津条约》《北京条约》等一系列不平等条约而结束，列强侵略行径进一步加深，外国势力扩大到了沿海各省和长江中下游地区。

同时，两次鸦片战争也揭开了近代中国人民反抗外来侵略的历史新篇章。

鸦片战争，在英国称之为“通商战争”，代表着工业文明对农业文明生产力、竞争力的碾压。作为西方资本主义国家的远洋贸易商人，相比于买鸦片给中国人，更希望的是打开中国的超级市场大门，源源不断的把他们所生产的工业品、日用品倾销到中国来。两次鸦片战争给中国人带来了深重的灾难。同时，两次鸦片战争也揭开了近代中国人民反抗外来侵略的历史新篇章。

二、第二次工业技术革命：电力对东西方生产力、战争力的改变

19 世纪 70 年代，以发电机和电动机的发明、应用为主要标志的第二次科技革命，让人类开始学会了驾驭电力和电动力。相比于第一次工业革命中蒸汽机为代表的机械动力，电力具有着更独特的优势，特别是在传输效率、传输成本、便捷性方面得到进一步提升。前面讲过，在电力出现之前，蒸汽机比人力、畜力更有效率，但是蒸汽机在运行时需要消耗大量的煤炭等固体燃

料，同时还需要大量的水资源来产生蒸汽，而且噪声大、效率低。1860 年，比利时工程师艾蒂安·勒努瓦制成了首台以天然气为燃料的燃气发动机，这是世界上第一台实用的内燃机，宣告了内燃机取代蒸汽机，即将走上历史舞台。虽然，内燃机相对于蒸汽机技术有巨大进步。但是，无论蒸汽机，还是内燃机，都需要烧煤、烧油或烧气。电力一经出现，就快速超越了机械力，成为目前人类工业文明中最主要的能源形式，更进一步全面改造了人类的生产、生活、交通和战争方式。

电力以发电机、电动机为代表对人类生产、生活上产生了一系列巨大改变，一经出现就如同洪水猛兽般，势不可挡。发电机是产生电，电动机是使用电，二者之间是可逆的。前面提过，英国物理学家法拉第是发电机的发明者，同时他也是电动机的发明者。在 1831 年，法拉第首次发现电磁感应现象，进而发明了圆盘发电机，这是人类历史上的第一个发电机。在此之前，电力主要由静电机器和化学电池方法产生，这些方法无法产生巨大的力量。法拉第发电机实现了机械能向电能的转变，为现代电力工业奠定了基础。电动机是将电能转化为机械能的设备，现代电动机是建立在电磁感应定律上的旋转机械。法拉第早在 1821 年，就发明了法拉第电机，并完成水银杯转动实验，首次利用电流磁效应将电能转变为旋转运动的机械能。1832 年，俄国籍的德国人楞次提出楞次定律：电动机 - 发电机原理，证明发电机和电动机可逆。1870 年以前，直流发电机与电动机一直独立发展。1870 年，比利时的格拉姆提出发电机环形闭合电枢绕组的结构，很快取代了 T 型绕组。自此，电动机的可逆原理为公众所接受，发电机和电动机的发展合二为一，统称为电机。电机先后经历了从直流电机到交流电机的发展转变，以及从有刷电机到无刷电机的技术进步。电机的发明和应用，尤其是电动机的发明，极大地促进了人类工业自动化和机械化的进程。其应用范围渗透到了现代工业、农业、家用电器等方方面面，几乎无处不在。现代社会中，车铣刨磨钻镗各式机床生产装备；电脑手机、电灯炉灶、冰箱空调洗衣机各种家庭电器，哪一样都离不开电！以至于到了今天，都难以想象离开了电，现代人类的生产、生活将是怎样的寸步难行、无所适从！

电力工业革命时期对于人类交通方式的改变，并不是直接采用了发电机和电动机技术，而是内燃机技术。在电力工业革命同时期，出现了取代蒸汽机的内燃机技术，它热效高、功率和转速范围宽、配套方便、机动性好，获得了广泛应用，成为人类汽车、拖拉机、农业机械、工程机械、船舶、小型飞机、小型移动电站在内的主要动力装备，至今仍在人类活动中占有非常重要的地位。所以，有必要补充介绍一下它的发展历史。在19世纪中期，科学家完善了通过燃烧煤气，汽油和柴油等产生的热转化为机械动力的理论。这为内燃机的发明奠定了基础。1860年，法国的勒努瓦模仿蒸汽机的结构，设计制造出第一台实用的煤气机。这是一种电点火、无压缩、使用照明煤气的内燃机。随着石油的开发，比煤气易于运输携带的汽油和柴油引起了人们的注意。1883年，德国人戴姆勒（Daimler）研制成功第一台立式汽油机，它的特点是轻便高速。当时其他内燃机的转速不超过200转/分钟，它却一跃而达到800转/分钟，特别适应交通运输机械的要求。内燃机的发明，直接推动了汽车的实用化。在以汽油为动力燃料之前，蒸汽汽车就已经诞生了，但是受汽车体积重量动力限制，拉的煤炭有限，跑的里程有限，效率和实用性并没有蒸汽火车强。蒸汽机用在火车上，大规模去拉东西勉强还可以实用化；仅仅是拉个人出门代步就有点笨拙，不方便实用。一直到柴油、汽油内燃机的出现，才让汽车的实用化变为可能。因为液体的汽油能量密度比固体的煤炭能量密度大，装在车上可以跑出去更远。1879年，德国工程师卡尔·本茨首次成功实验了二冲程实验发动机。1883年，本茨创建了“本茨公司和本茨莱茵发动机厂”。1885年，他在曼海姆制造了第一辆本茨专利发动机三轮汽车。1886年1月29日向德国专利局申请汽车发明专利，同年11月2日专利局正式批准其发表。因此，1886年1月29日被公认为世界汽车的诞生日，而本茨的专利证书也成为世界上第一份汽车专利证书。本茨的第一辆三轮汽车是世界上最早的汽车原型，收藏在德国本茨汽车博物馆。1881年，发明汽油内燃机的戴姆勒与威廉·迈巴赫合作，开办了当时第一家汽车工厂。1885年，戴姆勒发明了第一辆四轮汽车。本茨和戴姆勒被公认为内燃机驱动的现代汽车发明者，被称为“汽车之父”。而汽车走进千家万户则要感谢美国人亨利·福特和他的福特公司，福特实现了人类历史上第一次大规模生产小汽车。1896年，福特T型车正式下线，让家用汽车的神话彻底变为现实。福特汽车的流水线生产方式，大大降低了汽车生产成本，扩大了生产规模，造就了庞大的汽车产业，也使得当时世界的汽车生产中心从欧洲转移到了美国。内燃机技术的发展还直接推动了水中交通工具轮船的进步和空中交通工具飞机的诞生。1903年12月17日，美国的莱特兄弟制造的飞机试飞成功，实现了人类翱翔天空的梦想，预告了人类交通运输新纪元的到来：从地面走向天空。而在陆地上，电力工业革命时期，还直接出现了电车。用电作为动力的公共电车，曾经以及目前仍是一些城市交通的重要工具。这些电车的电能从架空的电源线供给，分有轨和无轨两种。1881 年德国人，冯·西门子发明了有轨电车，此后在世界范围内推广应用；20 世纪 70 年代，出现了大批无轨公共电车，目前有些城市依然在使用无轨公共电车。相比于公共电车，当初以福特公司为代表的汽车公司选择内燃机技术发展私家汽车，而不是直接采用电动机技术发展电动车，电池的储能技术达不到高效、长航时、低成本是最主要原因。公共电车行驶路线固定，可以采用外部架设电缆供电；私家电车行驶路线灵活机动，就必须采用储能电池供电方式，这在当时的技术条件并不成熟，无法快速实现实用化。一直到了 21 世纪，随着电池储能技术的发展，用电作为动力的私家电动汽车，才逐渐走向市场，开始了批量生产销售，其中以科技狂人马斯克所创建的特斯拉汽车公司为杰出代表。

上面讲了电力技术为代表的第二次工业革命对人类生产、生活、交通方式的全面改变。同时，电力工业革命对人类的战争规模、作战方式和战争破坏力的改变更是尤为深刻。它直接导致了以欧洲为中心的两次世界大战的战争规模一下子达到了数百万、上千万人，欧洲再也不是几千人的作战人数了，并且战争中所使用的武器杀伤力远超两千年来各场战争中所有冷兵器杀伤力的总和。

如今，老百姓耳熟能详的现代武器几乎都是在前两次科技工业革命后诞生的。当年笔者上军校时，讲授军事史的朱亚宗教授说过一句话：纵观人类近现代科技史，所有最先进的技术，都是最先使用在国防军事领域，为国家机器的意志服务。当时，听了这句话我有一种茅塞顿开、醍醐灌顶的感觉，并为自己有幸能够进入我国军事科技的最高学府：国防科学技术大学学习感到深深的激动和庆幸。后来在学习、工作中观察发现，以西方列强为引领者的几次科技工业革命，无不印证了朱教授这句话。枪械、大炮、坦克、装甲、舰船、潜艇、飞机、电台、雷达，无不是用最先进的技术造出来最先进的武器，都被用在第一次世界大战、第二次世界大战最残酷的战场上，为各个列强们攫取利益服务，而不是去造福人类。这里，只重点讲三个科学技术在武器装备上的应用：飞机、电台、雷达。它跟我们学生学习的信息专业有直接关系，所以拿出来先讲。

1. 飞机

早在2000多年前，中国古人发明的风筝，虽然不能把人带上天空，但它确实可以称为飞机的鼻祖。在18世纪、19世纪，先后经历了两次工业技术革命后，人类进入到了20世纪。20世纪最伟大的发明之一，就是飞机。1903年，美国人莱特兄弟制造出了第一架依靠自身动力进行载人飞行的飞机——“飞行者”1号，并且获得试飞成功。此后几十年，飞机技术快速迭代改进。20世纪30年代后期，活塞驱动的螺旋桨式飞机最大平飞时速已经可以达到700千米，俯冲时可接近音速，音障的问题日益突出。要使飞机飞得更快更高，必须更换发动机。于是，喷气式飞机诞生了。当时，苏、英、美、德、意等国都大力开展喷气发动机的研究工作。最早提出喷气推进理论的是法国的马克尼上尉和罗马尼亚的亨利·康达。康达还在1910年前后试制过最早的喷气式飞机，但未能成功。1935年6月，英国空军教官弗兰克·惠特尔得到一些空军人士和银行家的支持资助，成立动力喷气有限公司，开始设计制造真正的喷气发动机，最终制造出人类历史上第一台涡轮喷气发动机。几乎与惠特尔同时，德国的冯·奥亨也在研制涡轮喷气发动机，并在1937年9月使发动机第一次运转成功。由于得到亨克尔飞机公司的支持，装有冯·奥亨研制的涡轮喷气发动机的He178飞机于1939年8月27日首次试飞成功，成为世界上第一架喷气式飞机，它标志着人类航空史上喷气飞行时代的到来。喷气式飞机研制出来后，科学家们想进一步让飞机实现突破音障的飞行，经过10多年的努力，最终这项工作在“二战”后被美国人率先完成。1947年10月14日，在美国加利福尼亚州的桑格菲尔地区，贝尔公司试飞能冲破音障的飞机。在一架巨大的B－29轰炸机机舱下，悬挂着一架造型奇特的X－1火箭飞机。X－1飞机装有4台火箭发动机，使用的燃料是危险的液氢和酒精，总推力2700千克。当B－29轰炸机把它从空中放下时，它的4台火箭发动机相继点火。在发动机启动1分28秒后，马赫数达到1，飞机达到音速。最终在燃料几乎用尽时，速度达到1.06马赫数，这是人类历史上第一架超音速飞机。飞机一经发明，西方列强们最先想到的并不是要用在老百姓的交通运输上，而是第一次世界大战、第二次世界大战的战场上。作为一种新武器，飞机在“一战”前期主要是执行侦察、通信、炮校等辅助性任务。当时，几乎所有大国都有军事航空部队，但是飞机总数并不多，作战双方一共约有1000架。随着双方频繁的空中侦察，空中遭遇次数快速增多，飞行员们开始不满足于在空中互相谩骂和挥舞拳头。于是，将各种攻击性武器搬上了飞机。这一时期，飞机上的武器五花八门，钩子、标枪、手枪、步枪、机枪应有尽有，完全取决于飞行员的个人喜好和想象力。当然，这些装备的作战效能极其有限，但人类历史上，空战时代的序幕正徐徐拉开。战斗机已经呼之欲出了，对地攻击、远程轰炸等多项任务开始出现，并逐渐从单机发展到编队飞行。“一战”全面爆发后，法国飞行员罗朗·加罗斯经过几次战斗，发觉一边驾驶飞机一边进行射击的难度太大，于是他在飞机前端加装了一挺机枪。这样，就可以将射击目标和飞行方向合二为一。为了防止螺旋桨被子弹击中，他还在螺旋桨上加装了钢片保护层，并完善了机枪射击协调器，使飞行员在开枪射击时能够与飞机螺旋桨的转动协调动作，使子弹从旋转的叶片空隙中射出，而不至于把子弹射击到螺旋桨叶片上。这个技术使得战机的战斗力大大提高。从 1915 年 4 月 1 日开始半个月时间，他成功地击落了三架德国空军的飞机，在法国声名大振。悲剧的是，他于1915 年4 月 18 日迫降被俘，德国人也获得了这一项技术，而且还改进提高了。这样一来，双方都拥有了这项技术，人类历史上残酷的空战开始了。“一战”中，飞行员在空战中的死亡率近乎百分之百。随着战争越来越残酷，双方越难以打开僵局，就越渴求新武器。这种军事上的需求，促进了战机技术的快速进步。“一战”后期，飞机已经变成左右战争走向的决定性武器之一。防空侦察、空中格斗、对地攻击等战术手段纷纷走上战场。到 1918 年“一战”结束的时候，专用战机已经和 1914 年开战之初的辅助军用飞机完全不同了：无论是气动设计、结构、发动机、飞机性能等都有了显著进步。“一战”期间，作战双方投入作战的飞机总计约 10 万架次。英国还首先建立起专门的空军，航空兵发展成为了一个独立军种。等到了 1939 年开始的第二次世界大战，战机的作用更加彻底显现出来。“二战”的主要战场上都爆发过大规模的空战和空中轰炸，空军成为影响战争走向的关键力量。空军，作为独立军兵种成为各国都极为重视的军兵种。尤其是德国在战机技术方面处于相对领先优势。在亨克尔和冯·奥亨研制成功喷气式飞机后，因为喷气式飞机比螺旋桨式飞机要快 160 千米/时，德国政府将其快速投入空战。1944 年 8 月，德军用 37 架喷气式飞机击落了 18 架美国的螺旋桨飞机，在同盟军中引起深深震惊。提到德国战机，还不得不提及梅塞施密特所主持的飞机公司：梅塞施密特股份公司。它是当时德国最大的飞机制造商，设计制造了许多著名的飞机。如被称为“德意志之鹰”的 Me－109；世界上首架以火箭发动机为动力的战斗机 Me－163；世界上最早投入实战使用的喷气式战斗机 Me－262 等。这些著名机型中，最具代表性且最值得一提的是 Me－109（也称 Bf－109）。该机是法西斯德国专门为发动战争而设计，且在整个“二战”中充当了德国空军绝对主力机型。Me－109 从战争爆发一直使用到战争结束，从欧洲打到非洲，参加了德国空军几乎所有的空中战役。该机型是德国在战争中生产数量最多的一种战斗机，也是“二战”中生产量名列前茅的机种之一，前后共生产了 35000 架，总装备数占德国全部战斗机的 60%。为什么“二战”后期，同盟国攻克柏林后，美国、苏联纷纷去抢占德国的科学家、实验设备、技术资料？根本原因还是在战场上被德国人给打疼了、打惨了，发自内心地对德国先进的军事科学技术佩服和认可。为什么飞机的出现从根本上改变了人类的战争模式？根本原因在于飞机让人飞到了天上，把存续了几千年的地面作战形式，扩展到了天空中，从二维到三维，维度发生了根本性改变。战争形式由地面到空中，增加了一个维度，就彻底升级了。即使是到了今天的现代化战争，从一定程度上来说依然打的是制空权。谁拥有了制空权，谁等于就获得了战场的主动权。飞机之所以能安全飞在天上，还直接与下面的电台、雷达两项专业技术有关系。

2. 电台

专业术语叫无线电通信，就是使用电磁场与电磁波，实现无线方式的文字、语音等信息传输过程。前面讲了电报机和电话机，最开始都是有线的。到 1896 年，意大利人马可尼实现了人类历史上首次无线电通信。他在英国做演示试验，进行约 2 千米距离的无线电通信实验，获得成功。1899 年，马可尼发送的无线电信号成功穿越英吉利海峡。除了马可尼，还有特斯拉，他几乎与马可尼同时间实现了无线通信。从此，人类打开了无线电通信的大门。无线电通信一经发明，也是最先使用在了军事领域，就是军用无线电台，包括无线电报和无线电话两大类型。“一战”期间，使用长波通信的军用无线电报机；“二战”时期，使用超短波通信的军用无线电话机先后投入战场使用。无线电大致遵循以下基本规律：频段越低，波长就越长，波长越长要产生谐振辐射和接收需要的天线就越大，但是作用距离也就越远；反之亦然，频段越高，波长就越短，波长越短天线就越小，作用距离就越近。根据这个规律稍作分析就可以知道，为什么使用长波通信的军用无线电报机只能传输摩尔斯符号，再译成文字，但是作用距离远，可以传输成百上千千米。因为它频率低，波长长，带宽受限。为什么使用超短波通信的军用无线电话机可以实现语音传输，但是作用距离近，一般只有几到几十千米。因为它频段高，波长短，带宽大。“二战”前，美国的SCR－300无线电话诞生，当时产量很小，最初只有美国总统才能配备。到了“二战”中期，美国海军陆战队才开始配备。这种无线电话最大的优点就是重量从几十千克下降到了2千克，通讯距离从5千米提高到了20千米，跟我们后来出现的对讲机类似。红色电影《英雄儿女》讲述的是“二战”结束后，朝鲜战争时期英雄王成的故事。最后有一段特别感人，王成对着报话机喊“为了胜利，向我开炮！”如果站在无线电通信专业的角度看，就会发现他背负的报话机背上竖着一根鞭状天线，不是有线的电话机，是无线的电话机。由此可以看到，在朝鲜战争期间，我们的苏联老大哥也有了军用无线电话技术，不然当时的志愿军也不可能自己装备。军用无线电话机就是现在我们所使用的手机的原型。所以学会了科技专业知识，看军事电影都会有新的观察角度和专业收获。这就叫外行看热闹，内行看门道。

3. 雷达

专业术语叫无线电探测与测距，就是使用电磁场与电磁波，实现对飞机、火箭、舰艇等高速移动军事目标的无线探测过程。前面讲了，马可尼、特斯拉是我们全人类无线电通信技术的先驱。历史上，先有了无线电信息通信，后来才有了无线电目标探测。1900年，特斯拉最早提出可以利用电磁波的反射来实现对移动的金属物体的探测。1935年，英国皇家无线电研究所的所长沃特森·瓦特利用电磁波实现了对12千米以外飞机的成功探测。沃特森·瓦特是蒸汽机发明者老瓦特的儿子，即小瓦特。老瓦特发明了蒸汽机；小瓦特发明了人类第一台可实用化的雷达。1936年1月，沃特森·瓦特在索夫克海岸架起了英国第一个雷达站。随后，英国空军又增设了五个。1937年，马可尼公司替英国继续加建了20个链向雷达站。这些雷达对空防御链在第二次世界大战中发挥了重要作用。“二战”期间，希特勒命令德国空军对英国进行伦敦大轰炸。英国依靠雷达系统可以提前探知掌握德国轰炸机群的信息，包括数量、航向、速度、位置等，有效降低了伦敦被德军轰炸的损失。同时，通过及时的升空拦截和防空炮火，对德国也造成了一定的损失。1940年左右，美国、苏联、德国、法国和日本都相继开发了不同的雷达设备。在战争的推动下，雷达技术在第二次世界大战期间获得了强劲的发展，为现代雷达技术的发展奠定了坚实的基础。到今天为止，雷达除了用于军事领域以外，在工业监测、天气预报、考古挖掘、人体探测等方面都有成功应用。

关于通信技术和雷达技术，这属于梁老师电子信息专业的老本行。下面会更详细讲述。这里我们需要重点讲的是飞机、电台、雷达三者之间除了独立发展，还是一个伴生的技术关系。当年这几个技术装备是相互促进、相互迭代发展起来的。首先，这是敌我关系的现实需要。试想一下，当有了飞机的空中打击手段，对方势必就要发展防空力量。雷达探测就是最主要的探测飞机的技术手段。另外，站在己方角度，同样也需要发展通信与探测技术。飞行员驾着飞机飞到天上后，茫茫一片，没边没际，也没有路牌，飞行员说我现在在哪儿？我要飞到哪儿？空中格斗时再翻两个跟头，不是彻底迷路了吗？并且，后方的指挥平台也需要时刻掌握己方的飞机动向。飞机离地三尺，就不可能给他牵根绳子、扯根电线去控制它。没办法有线，就只能无线，就只能依靠无线电技术，也就是无线电通信和无线电探测技术。前者跟他通话通信，后者帮他定位导航。而无线电通信就是通信专业，无线电探测就是雷达专业。“二战”期间，发展出了地对空、空对地、空对空、敌我识别等多种用途的雷达。无线电通信和雷达技术就这样伴随着飞机技术的发展而发展起来了。今天，我们一讲到飞机，一般只会想到飞机主要包括机身、机翼、发动机、起落架和操纵系统等。其实站在无线电专业的角度，可以把这些统称为飞行器平台。而一个飞行器飞在天上，除了平台更需要载荷，特别是用来通信和探测的电子载荷。除了电子载荷，还要有陀螺仪、地平仪、罗盘等仪器仪表。平台只是保证飞机能够飞起来，载荷才是控制飞机能够飞得好、飞得正确明白的关键。打个比喻，平台就是飞行器的肉身，载荷才是飞行器的眼睛、耳朵和大脑，是飞行器的灵魂。这就是航空航天专业和探测制导与控制专业之间的底层逻辑关系。

人类经过前两次产业科技革命，无论是生产的建设力，还是战争的破坏力，均得到了前所未有的加强。西方的文化里可没有什么孔融让梨、谦逊礼让的说法，崇尚的就是凭实力说话。当一个人拥有了强大的力量，就喜欢秀肌肉，打一架，欧洲贵族之间的决斗、美国西部牛仔的流行莫不如此。国家之间也一样，当这些列强们拥有了前所未有的科技力量，面对掠夺海外殖民地的巨大利益，相互之间争夺利益，就直接导致了两次世界大战的产生。真应了中国人那句古话：鸟为食亡，人为财死，国为利战。

1. 第一次世界大战

第一次世界大战发生于1914—1918年，在德、奥、意等同盟国与英、法、俄等协约国两大帝国主义军事集团之间展开。1914年6月发生了萨拉热窝事件。奥匈帝国皇储斐迪南大公及夫人在萨拉热窝视察时，被塞尔维亚民族主义者加夫里若·普林西普枪杀。两大集团利用这一突发事件，推波助澜，导致国际局势迅速恶化。7月奥匈帝国对塞尔维亚宣战，战争爆发。起初，战场集中在西欧、东欧和巴尔干半岛，而后扩大到土耳其、意大利及亚洲、非洲多个殖民地。战争伊始，同盟国占据主动，在西欧展开战略进攻。受阻后，双方由运动战转入阵地战。1916年，同盟国开始丧失主动权，陷入战略僵局。1917年美国、中国等国也陆续参战，德国在东、西两线转入防御。好汉难敌双拳，再厉害的德国也不能两线作战。这是德国在“一战”历史上血的教训，可惜记吃不记打，后来在“二战”中德国这毛病又犯过一次。“一战”进行到1918年，协约国夺取主动权，在各战场全面反攻，双方进入战略决战。同年11月《贡比涅停战协定》签订，战争以同盟国的失败而告终。

“一战”结束后，有两件大事值得一提。第一，《凡尔赛条约》。各战胜国于1919年1月在巴黎凡尔赛宫召开了战后协约会议。经过激烈较量和彼此妥协，6月28日，各战胜国在凡尔赛宫镜厅签订了《凡尔赛和约》。根据《凡尔赛和约》及之后的一系列条约，世界秩序被重新勾画。奥匈帝国瓦解，奥地利、匈牙利变成独立的两个国家，捷克斯洛伐克和南斯拉夫也宣告成立。罗马尼亚从匈牙利和保加利亚手里接管了部分领土。波罗的海沿岸国家纷纷独立，其大部分都是从俄罗斯帝国分裂出来的。同样，波兰独立、法国重新获得在普法战争中丢失的阿尔萨斯和洛林地区、比利时与丹麦也获得德国部分领土，这些加在一起让德国大约失去了其战前领土的13%，而其海外殖民地也变成了协约国成员的新属地。德国民众心存不满，这给后来的“二战”种下了祸根。第二，国际联盟。在美国总统威尔逊的敦促下，还建立了世界上第一个由主权国家组成的常设国际组织——国际联盟。国际联盟是为维持战后世界和平所建立的国际秩序的典型代表。但是它在保持和平、维护集体安全、制止战争等决策机制方面存在巨大漏洞和严重问题，权力极为有限，大国强权政治依旧盛行。这一切使得战后国际秩序残缺不全，在客观上助长了“二战”的继续发生。

“一战”的惨痛结果和重要影响也值得介绍。第一，伤亡惨重。“一战”的破坏力超越了欧洲以前历史上的任何一场战争，给人类带来了深重灾难。参战国家达33个，投入军队超过7000万人，15亿人被卷入战争，850万士兵和1300万平民死亡，2100万人受伤。战争造成的经济损失达2700亿美元。第二，科技进步迅猛。“一战”虽然让人类伤亡惨痛，但是在客观上也促进了科学技术的迅猛发展。战争期间，武器装备和军事技术层出不穷：坦克、高射炮、反坦克炮、迫击炮、远程火炮、毒气弹、烟幕弹、高爆弹、飞机、飞艇、潜艇、无线电通信等。这些高新技术武器开始大量装备部队并获得广泛运用，由此产生了坦克兵、航空兵、防化兵等新兵种，使战争样式发生重大变化。“一战”后，总体战、闪击战、机械化战争、空中战争等军事理论快速形成和发展，都与第一次世界大战的经验积累有直接联系，并且很快在第二次世界大战中得到应用和检验。这实在有点像两个黑帮打架抢地盘，打赢的一方回去大碗吃肉、大口喝酒，顺便总结一下胜利的战斗经验；打输的一方打着绷带，抹着眼泪灰溜溜回去，舔着伤口，在心里恨恨地总结失败的教训，暗暗骂一句：君子报仇，二十年不晚。

2. 第二次世界大战

第一次世界大战结束二十年后，第二次世界大战再次全面爆发。在此之前，墨索里尼担任意大利总理，希特勒担任德国元首，广田弘毅担任日本首相，先后建立军事法西斯专政。随着他们的上台，德、意、日相继签订反共产主义协定，形成了三国为主的轴心国联盟。1929年，西方经济大萧条导致社会矛盾激化，法西斯主义恶性发展。面对德、意、日法西斯的崛起和扩张，英、法、美等西方大国采取明哲保身、处处退让的绥靖政策，极大地助长了法西斯国家的气焰。1937年7月7日，日本发动全面侵华战争，成为第二次世界大战在亚洲爆发的标志。1939年9月1日，德国闪击波兰。随后英、法对德宣战，世界大战全面爆发。苏联建立“东方战线”；英法实施“静坐战”，谁都不愿意真正卖力，心里面都打着坐山观虎斗的小算盘。到了1940年，德国进攻法国，英法联军被迫在敦刻尔克大撤退，法国沦陷；沦陷后，戴高乐继续开展对德斗争；德国则按照“海狮计划”进攻英国，展开不列颠之战，伦敦大轰炸。应该说是大自然的力量：英吉利海峡帮助英国人勉强抵挡住了希特勒的猛烈进攻。1941年，德国按照巴巴罗萨计划，发动侵苏战争，苏联也被拖下场了。再到1941年底，日本偷袭珍珠港，美对日宣战，太平洋战争爆发。到这里，战场上主要的巨头们都到齐了，“二战”扩大到全球规模。1942年，反法西斯国家通过《联合国家宣言》加强内部团结。1943年，斯大林格勒战，德国战败，这成为“二战”的重要转折点；9月8日，意大利投降。1945年5月8日，德国投降；8月6日、9日，美国分别用原子弹轰炸了日本的广岛、长崎，把两座城市夷为平地，大约20万人丧生；见识到了原子弹的巨大威力，8月15日，日本天皇宣布无条件投降。战争最终以世界反法西斯同盟的胜利而结束。

“二战”结束后，同样有三件大事值得一提。第一，联合国成立。根据雅尔塔会议协定，为了维护国际和平与安全，美、苏、英、法、中为首的同盟国在1945年10月24日发起成立了联合国，美、苏、英、法、中成为了安理会常任理事国。中国能进五常，和两次世界大战中正确站队，关系重大。这也是咱老祖宗喜欢当仁义之师的战争智慧。第二，民族独立。“二战”后，全球范围内的民族独立运动迎来了高潮。特别是中国和越南、朝鲜先后革命成功，独立建国，为亚非拉民族解放运动起到了强烈的示范作用。截至20世纪60年代，亚非拉地区共诞生了104个独立国家，其中69个是新独立国家。这些斗争的胜利彻底摧毁了帝国主义的殖民体系，深刻改变了世界格局。第三，两大阵营对抗。“二战”极大地改变了世界范围的力量对比，英、法、德等西欧大国普遍衰落，彻底结束了数百年以欧洲为中心的国际政治格局，整个世界由英国为中心的统治时代过渡到了美苏两极争霸的国际政治格局时代。战后，以雅尔塔体系为基础，又快速形成了以美国和苏联为首的北约、华约两大阵营，双方从相互合作逐渐走向冷战对抗，这种局面一直持续到20世纪90年代初，随着苏联解体才发生根本性改变。

“二战”的惨痛结果和重要影响也值得介绍。第一，伤亡更加惨重。“二战”的破坏力远远超越了“一战”，给人类带来了更加深重的灾难。战争范围从欧洲到亚洲，从大西洋到太平洋，先后有61个国家参战，84个国家和地区和约20亿的人口被卷入战争，占当时世界总人口80%以上，是人类历史上规模空前的一场全球性战争。全世界在战争中的伤亡总人数超过1亿，军费开支1.3万亿美元，经济损失4万多亿美元。第二，技术更加现代化。“二战”期间，为了战争的需要，各国投入了大量的人力、物力和财力并且发展相应的科学技术，制造新式武器，客观上推动了科学技术的迅速发展。与之配套的作战形式和方法、军事思想和战略理论也发生重大变革。战后，这些用于制造武器的科学技术相继用于民用领域，推动了人类文明的进步。喷气式飞机、雷达、声呐、航母、导弹、原子弹等，这些现代化武器，无一不是在“二战”中逐渐成熟发展起来的，至今依然是现代化国家的国防重器。尤其是“二战”后期，原子弹的出现，直接开启了第三次工业革命中原子能技术发展的序章。美国在广岛、长崎投放的两颗原子弹，威力之大令人咋舌。爱因斯坦在目睹了原子弹的巨大破坏力后，曾说过：“如果有第四次世界大战，人们将只会用木棒和石头战斗。”充分表达了他对未来如果发生第三次世界大战，原子弹等高科技武器对人类文明将会造成毁灭性破坏的深深担忧。

讲完了前两次工业革命及第二次工业革命后所发生的两次世界大战对人类所带来的巨大灾难，可以进一步印证科技是第一战争力。这些科学技术如果不能被文明人掌握，不能被人类正确使用，它所带来的巨大破坏力足以反噬整个人类文明，威胁全人类的安全。

三、第三次工业技术革命及美苏冷战

前面讲了，从20世纪50年代开始至今，第三次工业革命主要是以信息化为代表性技术。除了信息化，第三次科技革命还包括原子能技术、空间技术、生物技术和海洋技术等诸多领域科技的全面爆发。与前两次工业革命相比，以电子信息为代表的第三次工业革命对人类的工作、学习、生活和战争方式更是产生着更加全方位、更加颠覆性的改变。

1. 信息化在工作方面的改变

以计算机、手机为代表的电子产品取代了传统的劳动工具，成为人类生产、工作中的标配工具。以前的农民扛着锄头，工人开着机器就可以干活，现在的办公室里没有了电脑，身上离开了手机，工作根本无从下手。因为大量的文件资料撰写查阅、专业图纸设计绘制、数据分析运算处理、设备运行控制操作，甚至包括信息沟通上传下达，都需要在计算机、手机上来完成。这些电子产品，让如今的人类畅游在信息的海洋之中，有点像柳宗元笔下小石潭里的鱼儿：皆若空游无所依。而一旦没了这些信息产品，我们简直就是鱼儿离开了水，活在信息的真空中，无法呼吸。

2. 信息化在学习方面的改变

以计算机、手机为代表的电子产品取代了传统的书本文具，成为人类学习、教育中的重要工具。以前古人讲：书非借不能读也。现在变成了：书一搜就能读了。人类知识的学习、传播手段发生了根本性转变：由书本、期刊演变到计算机、手机。从这些电子产品上面获取知识信息的丰富度、便捷度、实时性、廉价性远非传统的纸质印刷品所能比。而这些技术手段的革新也促使当前的教育方式、学习方式正在发生根本性变革。与之不匹配的是我们很多学生、家长、老师、学校的教育理念和教育体制还没有转变过来。教育的本质就是对人类先哲们积累的知识的传播、继承和发扬，所以信息化技术，冲击最大的行业最终一定是教育，就看我们这些学校和老师们有没有准备好去迎接前所未有的风险与挑战了。

3. 信息化在生活方面的改变

以计算机、手机为代表的电子产品取代了传统的生活用具，成为人类娱乐、生活中不可或缺的核心用具。以前人类的生活娱乐实在单一、原始。大人们回家生火做饭、做针线活，看个武侠小说、下个象棋、听个戏就算是比较高级的娱乐休闲方式；小孩子丢沙包、滚铁环、捉鸟捕蝉、干干家务、看看连环画，都是这些接近大自然或者书籍的健身益智类的玩乐成长方式。电力技术、电子技术出现以后，人类的家电产品层出不穷：电视、冰箱、空调、洗衣机、电磁炉等，让我们的生活越来越幸福美好。其中最重要的就是电视机，它极大程度地丰富了人们的精神生活。与文字图片相比，视频影像对人、甚至对动物有着天然的吸引力优势。一经发明，就风靡全球。20 世纪 80 年代，万人空巷、人头攒动挤在一个小小的电视机面前看《大侠霍元甲》的记忆，相信很多 70 后还历历在目。而随着互联网，尤其是移动互联网的兴起，计算机、智能手机给人们提供的娱乐方式更为丰富、多样、个性化，大有取代电视机的势头。特别是智能手机，堪称人类最伟大的发明之一，干掉了电视机、照相机、收音机、录音机、摄像机、随身听、游戏机等一大堆的电子产品和行业。智能手机既招人爱又招人恨。以前不离不弃叫夫妻，现在不离不弃是手机。现在很多人每天的职业就是刷手机，手机才让自己觉得人生有意义。手机彻底改变了人们在衣、食、住、行、玩方方面面的生活习惯。

为什么一个小小的信息化竟能给人类带来如此天翻地覆的变化？这里面的底层逻辑究竟是什么？前面提到过，三次工业科技革命，前两次都是提升了人类对能源、力量的获取和驾驭方式；而第三次则是提升了人类对于信息的获取和传播方式。整个社会就像人一样，前者是让我们有个好身板，后者是让我们有个好脑袋。套用伟大领袖毛主席的话：文明其精神，野蛮其体魄。我们小时候上小学，老师教我们写记叙文：时间、地点、人物、事件，几个要素一个都不能少。它其实隐含了人类绝大部分信息的本质，信息就是对人和事的感知与描述，里面所包含的最主要的信息要素就是时间和空间。也就是说，我们人类几千年延续进化下来，所积累、传播、交流的知识、信息，90%以上都是对于人和事物的记录以及规律的总结概括。信息时代，基于电子技术的进步，信息的感知、获取、记录、传播的手段发生根本性进步，人类的生产、交流、学习、娱乐的信息成本必然大幅度降低，效率必然大幅度提高，最终对人类社会产生天翻地覆的变化就不足为奇了。

除了工作、学习、生活，信息化对战争方式的巨大改变则体现在以电子战、导弹、原子弹等为代表的新型高科技武器对飞机、大炮、坦克、装甲等现代常规武器所产生的技术迭代和碾压优势。

1. 电子战

电子信息技术对人类战争方式的改变更是根本性、革命性的，直接导致了电子战、信息战全新的作战方式、作战模式的诞生、完善和成熟。当年在军校里刚开始学习这个词的时候，周教授讲：电子战的本质就是敌我双方对电磁频谱使用权的争夺，就是要尽可能地保证在战场上，让我方享有电磁频谱的使用权；并尽可能地剥夺敌方对电磁频谱的使用权。当时听得我血脉偾张，现代战争居然是这样的打法？那为什么要去抢占电磁频谱的使用权？当然是因为电子、信息不分家，我先把你使用电磁频谱的能力打残，你变成了聋人、盲人，没有了信息的探测、通信手段，接下来的空战、地面战才更好下手。如果我们仔细去学习海湾战争、科索沃战争、伊拉克战争、利比亚战争、叙利亚战争的经验，那么会发现美军的打法上基本都是这个顺序，而且越来越炉火纯青。所以老百姓在电视新闻上，看着这几场战争中一上来就导弹空袭、飞机轰炸，热闹得不得了。岂不知，在肉眼可见的有形的战斗之前，肉眼不可见的无形的信息域的战斗早就开始了，甚至早已结束了。还是那句话，外行看热闹，内行看门道。

2. 导弹

中国人喜欢喊它为二炮。这还是敬爱的周总理出于保密原因发明的词汇，结果后来广为人知，脍炙人口，因为它实在太形象贴切、生动活泼。大炮打出的是炮弹，二炮打出的是导弹。怎么理解这句话？导弹和炮弹的区别就在于这个导字，可以用雷达、光学等传感器技术手段引导着自己飞向目标的弹就是导弹。没有制导手段，只能靠初速度靠惯性飞出去的就是炮弹。一个是指哪打哪，一个是爱飞哪飞哪，这就是第二炮兵和炮兵的区别。所以说，中华文字形象简单，大家一看就懂。西方的单词可就没这么容易理解：Missile，半天也看不出个所以然。关于文字的先进性，我后面会专门讲。这里言归正传，只讲导弹。世界上第一枚导弹诞生于20世纪初，由德国大科学家冯·布劳恩研制成功，名为A4火箭（即V2导弹），又称“银鹰”。这里大家可能纳闷了，怎么讲导弹又变成了讲火箭？大家要明白，在技术上，火箭和导弹基本上是一回事，主要区别是看有没有装填炸药，有没有战斗部。没有战斗部就是火箭，有战斗部就是导弹，前者送人“上天”，后者送人“上西天”。这枚导弹采用液体火箭发动机，通过燃烧液氧和液氢产生推力。长约4.6米，直径0.3米，重135千克，采用惯性制导系统，通过陀螺仪和加速度计自动调整飞行姿态和方向。V2导弹的成功研制，标志着人类进入了导弹时代。它不仅在军事上具有重要意义，开创了远程打击的新纪元，还对航天探测等领域产生了深远影响。“二战”期间，纳粹德国将其用于军事目的，给世界带来了巨大的灾难。从1944年9月起，德国向英国发射了约2000枚V2导弹，给英国造成了巨大的伤亡和损失。德国战败后，美国将冯·布劳恩和他的设计小组带到美国。移居美国后，冯·布劳恩任美国国家航空航天局（NASA）空间研究开发项目的主设计师，主持设计了阿波罗探月工程的运载火箭：“土星”5号。NASA评价冯·布劳恩：“无庸置疑，他是史上最伟大的火箭科学家。”在美国航天领域还有一个大神级的科学家，叫冯·卡门。两个冯，两座丰碑。一个是“二战”前主动投奔，一个是“二战”后被动投降。冯·卡门是匈牙利人，在德国哥廷根大学攻读博士学位；后留校任教；1913年担任德国亚琛工业大学航空学院院长；1930年移居美国，担任加州理工学院古根海姆航空实验室主任；1936年加入美国籍。由于他投奔美国要早于冯·布劳恩，所以美国人对他显然更信任重用一些，宣传力度也大。冯·卡门开创了数学和基础科学在航空航天和其他技术领域的应用。他的研究包括非弹性形变、尾流、层流、湍流稳定性和超音速空气动力学等。冯·卡门对中国最大的贡献就是培养出了钱学森，两个人合作有一个著名的冯·卡门－钱学森公式，主要是对可压缩边界层的研究。后来，钱学森冒死回国后，为开辟新中国的两弹一星事业作出了巨大贡献，这个大家都熟悉。我们经常讲两弹一星，一星指的是卫星；而两弹，有些人以为指的是原子弹和氢弹，其实不对。正确地说，两弹指的是导弹和原子弹。原子弹相当于是战斗部，要靠导弹这个运载工具才能把战斗部扔到别人家的家里去，总不能在自个家里点炮仗玩，容易伤着自己人，必须扔得越远越好，这就要靠导弹。

3. 原子弹

利用铀 235 或钚 239 等重原子核裂变反应，瞬时释放出巨大能量的原子能武器，也称核武器。原子弹的威力通常为几百至几万吨级 TNT 当量，利用核反应的光热辐射、冲击波和感生放射性射线造成杀伤、破坏和核污染作用，是大规模杀伤性武器。美国科学家奥本海默是人类原子弹之父。同时爱因斯坦写给美国总统的信，建议制造原子弹，也起到了推波助澜的作用。于是，在一大堆科学家努力下，人类打开了原子弹这个潘多拉魔盒。1945 年 7 月 16 日，美国成功爆炸了世界上第一颗原子弹。1945 年 8 月 6 日，美国用 B－29 轰炸机将人类实战中使用的第一颗原子弹“小男孩”投向日本广岛。8 月 9 日，美国又将第二颗原子弹“胖子”投向日本长崎。8 月 15 日，日本天皇投降，发布投降诏书。到 1949 年，苏联第一颗原子弹爆炸成功；1952 年、1960 年英国、法国也分别爆炸成功自己的原子弹；1964 年 10 月 16 日，新中国的第一颗原子弹爆炸成功，成为世界上第五个拥有核武器的国家。至此，五个常任理事国，都拥有了大杀器，达到了核力量平衡。

4. 氢弹

广义上讲氢弹也应该属于原子弹，都是原子能武器。在元素周期表中，铁元素是个分界线。排在铁元素之后的重核元素，裂变可以释放能量，聚变需要吸收能量；排在铁元素之前的轻核元素，聚变可以释放能量，裂变需要吸收能量。这就是核聚变和核裂变的区别。一般原子弹，用的是铀、钚等重核元素裂变释放巨大能力；氢弹，用的是氘、氚等轻核元素聚变释放巨大能力。前者是重原子核裂变、后者是轻原子核聚变。氢弹的杀伤破坏因素与原子弹相同，但威力要大得多。原子弹的威力通常为几百至几万吨 TNT 当量，氢弹的威力则可大至几千万吨 TNT 当量。1949 年，当苏联研制成功第一枚原子弹之后，美国科学家特勒力促杜鲁门总统加快氢弹的研究。1952 年 11 月 1 日，世界上第一个热核聚变装置在太平洋上的恩尼威托克岛爆炸成功，特勒成为名副其实的“氢弹之父”。1954 年 3 月 1 日，美国在太平洋的比基尼珊瑚礁上试验成功第一枚真正意义上的氢弹。苏联紧随其后，1955 年 11 月 22 日，试爆成功第一颗万吨级氢弹——“斯大林”－37。苏联的原子弹之父库尔恰托夫对苏联氢弹之父萨哈罗夫说：“我们研制出核武器，成了万恶不赦的罪人。”萨哈罗夫说：“我想自杀。”赫鲁晓夫却说：“我喜欢玉米棒子，更喜欢核大棒子！你们给我用吃奶的力气搞个大氢弹，我要狠狠地揍美国佬的屁股！”1967 年 6 月 17 日，中国成功爆炸第一颗氢弹。于敏被誉为中国“氢弹之父”，为中国核武器的研制和掌握中子弹设计技术作出了卓越贡献。由于保密的原因，他曾经隐身三十年之久。直到 1988 年，他的名字才得以解禁。1999 年 9 月 18 日，在中央军委表彰为研制“两弹一星”作出突出贡献的科学家大会上，于敏第一个被授予“两弹一星功勋奖章”，并代表科学家发了言。连他的妻子都说：“没想到老于是搞这么高级的秘密工作的。”国际上，氢弹有两种构型。一种是泰勒－乌拉姆 TU 构型，一种是于敏构型。泰勒－乌拉姆 TU 构型源自美国，而于敏构型是中国独创。中国的氢弹构型更轻、更小、更容易投放。令人惋惜的是，2019 年于敏院士也去世了。于敏、钱学森这些大科学家才是共和国的脊梁，才是孩子们应该追的明星。老师、家长和社会要大力加强宣传引导。

5. 棍棒

棍棒是未来战场的主要作战武器之一；另一个为石头。爱因斯坦晚年最大的悔恨就是催生了原子弹、氢弹这些足够摧毁世界的杀人武器。并说：“如果有第四次世界大战，人们将只会用木棒和石头战斗。”美国曾经做过摧毁苏联需要多少武器的预计，最后得出结论：200 颗氢弹就能够把苏联打回青铜时代。两颗氢弹攻击一个城市，而对苏联工业排名前 100 的城市进行核打击，只需要 200 颗氢弹。这样，苏联将不得不转入地下，并进入石器时代。冷战期间，美、苏两国所储备的核武备足以把地球毁灭若干次。大家注意，这个摧毁并不是说把地球给炸没了，而是通过核武器所产生的巨大威力和严重后效，足以把人类花费几千年所积攒下来的财富、文明、工业生产资料全部化为乌有。并且在核大战之后，地球上还将面临漫长的核冬天，会有大量的烟尘进入大气层，导致漫长的暗无天日的寒冷天气降临地球。

介绍完这些大杀器，可以看到，人类经过第三次产业科技革命，无论是生产的建设力，还是战争的破坏力，都比前两次工业革命以及两次世界大战厉害太多。特别是威力巨大的核武器，让所有大国之间产生了恐怖的核平衡，于是世界进入到了美苏冷战时代。

冷战，是对“二战”结束后，1947年至1991年之间，以美国为首的资本主义阵营和以苏联为首的社会主义阵营，既非战争又非和平的长期对峙与竞争状态的生动描述。1946年，英国前首相丘吉尔发表“铁幕演说”，拉开冷战序幕。1947年，美国提出杜鲁门主义，标志着冷战正式开始。伴随着1949年北大西洋公约组织、1955年华沙条约组织两大阵营军事联盟的成立，美苏全面对峙，两极格局正式形成。在这期间，先后爆发了柏林危机、古巴导弹危机、朝鲜战争、越南战争、阿富汗战争等危机和局部战争，但双方都尽力避免爆发大规模战争，主要通过局部战争、代理战争、军备竞赛、太空竞赛、外交竞争等方式进行“相互遏制、不动武力”的冷对抗。双方不是不想热战，是不敢热战、不能热战。当双方之间由于科技的战争力、破坏力达到一定的恐怖平衡后，居然也反向促进了科技的和平、发展、建设力量的上升。这种冷战状态直到20世纪80年代末东欧剧变、1991年苏联解体才宣告结束，两极格局全面崩溃。

美苏冷战对“二战”后世界历史进程产生了重大影响。两极格局瓦解后，美国成为唯一的超级大国，世界多极化趋势加强，世界格局呈现出“一超多强”的局面。这个“多强”里面，终于也包括了中国。我们一直讲列强，很自然地就把自己摆在了弱者的位置，对进入“多强”之列，很多人的心里其实是不适应的，总觉得自己还很弱。这种心态要逐渐调整，树立民族自信心。

第六节 何等屈辱，中华民族错过前两次科技革命后惨痛的百年近代史

我们身边经常有这样一些人，抱怨中国这也不行，那也不行。有一些是真正的洋奴心理，恨不得去跪舔西方尤其是美国的脚指头；有一些则是哀其不幸、怒其不争，出发点尚是好的，只是脑袋里没装多少真学识、真主见，没有想得真正有多明白，乱发牢骚罢了。如果真的把他扔回鸦片战争、军阀混战任何一个时期，穿越回去来个七日游；或者扔到巴勒斯坦、叙利亚的难民营，过去体验生活放个小长假，再回来肯定都得欢天喜地、磕头作揖，感谢今天在中华大地上的幸福生活。我们要感谢中国近现代历史上涌现出的仁人志士，他们抛头颅洒热血，救亡图存，挽狂澜于既倒，扶大厦之将倾。因

此我们有必要再回顾一下中国百年近代屈辱史。

中国人必须要教育小孩不忘国耻，努力奋斗，要培养他们重塑大秦、大汉男儿气概和军人血性，不能认为这就是狭隘的民族主义，这才是中华民族屹立于世界民族之林，几千年绵延不断的真正血脉传承。前事不忘，后事之师，忘记历史就意味着背叛！中国近代历史，实质上就是一部外族不断侵略，仁人志士们不断寻求救亡之路的历史。这部历史从 1840 年开始，直到 1949 年才彻底结束。这些列强在中国大地上犯下的累累罪行罄竹难书，下面只列出列强们的几个典型代表对中国的侵略史，警醒后人。

1. 英国

凶残地向中国开出殖民第一枪的国家，就是英国。1840—1842 年，英国发动对中国的第一次鸦片战争，英国称之为“第一次中英战争”或“通商战争”。这是中国近代屈辱史的开端。战后，英国逼迫战败的清政府签订了中国近代史上第一个丧权辱国的不平等条约：《南京条约》。中国割让香港，并赔款 2100 万两白银给英国。1856—1860 年，英国伙同法国分别借口“亚罗号事件”和“马神甫事件”发动第二次鸦片战争，并攻入北京，把圆明园付之一炬。战争以修改《天津条约》和签订《中英北京条约》《中法北京条约》而结束。根据条约，清政府分别赔偿英国 850 万两白银、法国 820 万两白银。1888 年，英国占领了印度和尼泊尔之后，发动第一次侵藏战争，派出一支约 300 人的武装队伍侵入锡金与亚东的交界处，向隆吐山发动进攻，经过 6 天激战，我军伤亡惨重，隆吐山失守，西藏地方政府被迫与英方签订《拉萨条约》。《拉萨条约》严重损害中国的主权，清政府坚持不予批准认可。1890 年，清政府代表、驻藏帮办大臣升泰与英国代表、印度总督兰士丹在印度的加尔各答签署《中英会议藏印条约》，中国失去藩属国锡金和大片土地。到了 1903 年，英国再次发动第二次侵藏战争，英国驻印度总督寇松勋爵，任命荣赫鹏上校率领英军入侵西藏境内，攻占了交通要隘帕里宗，占领了日喀则和拉萨。十三世达赖先逃到青海、又逃到乌拉巴托。1906 年 4 月 27 日在北京，中英签订《中英续订藏印条约》。清政府再次赔款、并出让西藏大量权益。在第二次侵藏战争之前，1900 年 5 月 28 日（清光绪二十六年），英国还带头发动八国联军侵华战争。1900 年春，义和团运动兴起，成为了八国联军侵华战争的导火索。以此为借口，英国组织了 8 个国家共同进攻中国，这 8 个国家分别是英、美、德、法、俄、日、意、奥匈帝国。八国联军只用了 10 天，就从天津登陆、最终攻陷北京。战后，八国联军逼迫清政府签订《辛丑条约》。因为中国当时有4.5亿人，条约要求清廷赔款4.5亿两白银，意思是每个中国人都赔偿一两白银。伤害性极大，侮辱性极强。八国联军中，英国共获得赔偿本息合计1.114亿两的白银。中国自此彻底沦为半殖民地半封建社会，给国家和人民带来了空前沉痛的灾难。

到了1949年4月，英军“紫石英”号护卫舰无视中国人民解放军限期要求外国舰船在4月20日前撤离长江的通告，闯入我军前线预定渡江江段。双方发生炮战，“紫石英”号重伤搁浅，两次挂起白旗，这是英国海军舰艇在1840年鸦片战争后第一次向中国军队挂起白旗。英国海军随后接连派出多艘舰只，企图抢回“紫石英”号，均被解放军击退。直到7月30日，才在我军睁一只眼闭一只眼的监控下，趁夜逃走。史称“紫石英号事件”。这一事件表明，以毛主席为代表的中国共产党捍卫国家主权的坚定决心和强大勇气，也标志着英国等列强在中国“炮舰外交”的最后终结。今天，当您在异国他乡的大英博物馆看到了数不胜数的中国文物时，一定要铭记历史，那是侵华者累累罪行的铁证。

2. 法国

与英国一样，法国也属于对中国作恶最多的西方列强之一。1856—1860年，法国与英国发动第二次鸦片战争。战争签订《中法北京条约》。根据条约，清政府赔偿法国820万两白银。1883—1885年，法国侵略中国和越南引发中法战争。第一阶段，战争集中在越南北部，因为越南是中国的藩属国，所以中法开战。第二阶段扩大到中国东南沿海。虽然法军在多数战役中略占上风，但并未能取得决定性胜利。老将冯子材带军奋勇抵抗，取得了镇南关大捷，让中国在军事、外交上都处于有利地位，但李鸿章等人却主张“乘胜即收”，建议清政府立即与法国缔结和约。1885年6月9日，李鸿章为代表，与法国政府代表、驻华公使巴德诺在天津签订《中法会订越南条约》，中国承认法国吞并安南。从此，中国西南门户大开。法国侵略势力以印度支那为基地，长驱直入云南、广西和广州湾（今湛江市），使之变成法国的势力范围。战后，清政府意识到海防的重要性，加紧建立北洋舰队，并在台湾设省，加强防御措施。1900年，法国参与八国联军侵华。战后，八国联军逼迫清政府签订《辛丑条约》。法国获得赔偿1.55亿两白银。

3. 德国

与英、法两国相比，德国对中国主要是强占青岛胶州湾，试图将这里打造成远东桥头堡。结果应了那句话，偷鸡不成蚀把米。1860 年，德国地质学家冯·李希霍芬多次到中国考察，认为胶州湾是一个天然良港。1895 年，中国甲午战争惨败，日本试图吞并辽东半岛，俄、德、法三国联合起来进行干涉。然而干涉是有条件的，德国要求中国让出部分土地作为报偿，经过反复对比，他们在中国沿海的战略要地中，选择了胶州湾。1897 年 11 月 13 日，在威廉二世的授意下，德国舰队以处理山东教案为借口，大摇大摆地驶入了胶州湾。直隶总督王文韶遵从清廷旨意，要求决不能“衅自我开”，将青岛及周边地区拱手让出。最终，清政府被迫签订《胶澳租借条约》，条约规定胶州湾由德国“租借”99 年，沿岸 100 华里以内区域，德国人可自由通行，允许德国修建从青岛到济南的铁路等，由此开启了德国对青岛地区长达 17 年的统治。青岛是德国在海外为数不多的据点之一，因此德国不惜血本，要把这里建设成模范殖民地。1898 年德国向青岛投入 500 万马克，1899 年增加到 850 万马克，之后 8 年平均每年的支出都在 1200 万马克以上。德国的巨额投入主要集中在交通和矿业方面。据统计，截至“一战”爆发前夕，德国在青岛地区的总投资为 2.1 亿多马克，光是青岛港的建设，就花费了 5383 万马克，占总投资的四分之一还多。在德国的大力建设下，青岛港从一个默默无闻的小渔港成长为东方大港。而胶济铁路是德国在青岛的另一项重大基础设施建设，这条铁路与青岛港几乎同时开建，于 1904 年竣工，干线长 395.2 千米，共耗资 5290 多万马克。根据《胶澳租借条约》，德国拥有在铁路沿线开矿以及建设工程等特权，因此德国借助胶济铁路，将侵略的爪子伸向了山东腹地，并通过与津浦铁路联运，不断扩大在华势力范围。在矿业方面，德国设立了山东矿山总局，管辖坊子煤矿、淄川煤矿、金岭铁矿等重要矿山。以淄川煤矿为例，矿区面积 418 平方千米，从 1904 年开工建设，共开凿竖井 3 个、通风井 1 个，其他电厂、医院、宿舍、办公楼一应俱全，总投资约为 623 万马克。淄川煤矿使用了当时世界上最先进的机器设备，有蒸汽锅炉、蒸汽提升机、发电机、电动水泵、通风机和钻机等，是当时中国完全实现机械化生产的四大煤矿之一。投入大，产出也大，到德国退出山东为止，共掠夺山东煤炭 385 万吨，约占同时期山东全省煤炭产量的一多半。在青岛市的市政建设上，德国殖民当局针对青岛地区多丘陵的状况，重新平整土地，修建了 75 条有名字的城区道路，这些道路大多沿用至今，仍然发挥着重要作用。最后，德国还在青岛设立兵营、炮台、机车修理厂、舰船修理厂，以及与生产生活相关的各种近代化工厂，如著名的青岛啤酒厂等。青岛因此成为仅次于上海、天津的国际化大都市。然而这一切，都在第一次世界大战的硝烟中易手了。1914 年，第一次世界大战爆发，日本以英日同盟为依据，向德国宣战。10 月底，日军向青岛发起总攻。在被攻克了中央堡垒后，德军见大势已去，被迫于 11 月 7 日宣布投降，青岛落入日军之手。随着“一战”的战败，德国在青岛的一切投入都付诸东流。巴黎和会上，英法操纵会议，将德国在山东的特权转交给日本。直到 1921 年，华盛顿会议，日本才与北洋政府签订条约，将青岛归还中国。回顾这段历史，有时候也会让人啼笑皆非，虽然德国的动机并不高尚，但是客观上却为青岛的建设作出了贡献。

4. 印度

大家会觉得奇怪，印度 1757 年就沦为英国殖民地，还不如半殖民地的中国境况好，怎么也在侵略中国的列强之列？狗仗主人势，讲的就是它。有时候恶狗比恶人还更可恶些。印度自古就很少有大一统的情况存在，几千年土邦林立，混战不堪，造成印度历史上多次被外敌征服统治。到了近代，印度又被英国统治，严格来说它就是英国的一个东印度公司。英国极力拉拢印度土邦君主和贵族阶级，作为压榨底层人民的傀儡和对外侵略的帮凶。在鸦片战争中，印度的许多土邦君主起了非常恶劣的作用。在某种程度上，正是上百名在鸦片贸易中大发横财的印度土邦联名给英国女王写“请愿书”，才促成了鸦片战争的爆发。战争爆发后，又是这些土邦积极提供兵员，甚至直接组织“志愿军”跟随英军参战。由于英军数量少，所以实际上侵华的英军大多是印度兵，到了中国后印度兵无恶不作，比英国士兵还更可恨些。鲜为人知的是，印度人除了狐假虎威跟在英国后面侵华外，还有一次独自入侵中国的历史。1841 年，印度克什米尔地区的森巴土邦国王趁火打劫，带兵侵略我国西藏的阿里地区，企图与英国东西夹击。结果，西藏军民同仇敌忾，一举歼灭森巴主力，杀死头目倭色尔·辛格，收复所有被侵占之地，让印度踢到了铁板，吃到了苦头。次年，森巴军队再次进犯，噶厦派中国军队迎战后攻入被查谟王室占领的拉达克境内，森巴请求讲和，达成停战协议，并出具永不滋事的保证书。森巴入侵阿里的战争是一场侵略与反侵略的战争，在西藏乃至整个中华民族反侵略斗争史上具有重要的地位。可惜的是，我们对鸦片战争的研究汗牛充栋，对森巴战争却知之甚少，应该加强对这段历史的学习。关于印度这个国家，还有必要继续帮大家补充更详细的历史，引起国人重视和警惕。

印度建国于1947年，当时是一个很落后的国家，但印度的统治者长期沿袭英国殖民侵略扩张政策，对中国等邻国实施侵略扩张，直到今天。英国结束对印度的殖民统治的时候，采用西方人惯用的分而治之的手法，把庞大的印度分为了印度和巴基斯坦，还留下了高达600多个印度土邦。印度刚独立时，全国共有15个大邦。而今天的印度，总共有29个大邦。多出来的14个大邦都是被吞并的小土邦合并而来的。1961年，嗜打成瘾的印度人攻打果阿邦。果阿邦是葡萄牙的殖民地，从始至终都和英国人无关，但印度人直接以十倍兵力攻击果阿邦，迫使葡萄牙军队撤军。印度的开国史就是一部侵略史，大鱼吃小鱼，大国吞小邦，版图像滚雪球一样越滚越大。当时的印度总理尼赫鲁，曾经宣称他要建立一个“大印度联邦”，其中就包括中国西藏、缅甸、锡金、阿富汗和其他国家。吞掉葡萄牙殖民的果阿邦后，印度的自信心极度膨胀，盯上了中国的西藏。虽然中国军队的战斗力很强，但尼赫鲁经过权衡，认为自己仍有胜算。1961年，为制衡中国，苏联大肆在中国边境增兵，并给印度提供了15亿卢布的贷款，和13个陆军师、2个空军师的全套苏制武器。而美国，也在政治和外交上大力援助印度，出售给印度很多尖端武器。印度同时得到了世界两大强国的全力支援。而中国则被世界两大强国同时压制，还遭遇了三年困难时期，真可谓内忧外患。尼赫鲁挑选的时机非常精妙，1961年是新中国成立以来最虚弱的时刻。尼赫鲁经过仔细权衡，认为侵略中国成功的概率极高。一旦成功就可吞并掉中国西藏，美苏会全力支持印度肢解中国。而即便失败，美苏也一定会插手，印度安全无忧。在美苏的强大压力下，中国绝不敢调集重兵来西藏边境，而印度则可以轻易调集大量兵力进入西藏。从纸面上来盘算各种内外因素，可以发现，发动小规模边境战争，印度胜算极大。中国方面息事宁人，不愿意和印度在此时开战，提出了各退一步的方案，争议地区一人一半，双方划定边界。为表诚意，中国还率先单方面后撤20千米，希望两国能和平地在谈判桌上解决边境问题。但印度方面不同意这个方案，甚至还抛出了另一个极为荒谬的方案，那就是把西藏划归印度，同时把中国四川省列为非武装区，要求在成都驻扎印度军队以进行监督。中印边境高度紧张，战争一触即发。1962年10

月，尼赫鲁公然宣称，要把中国军队从西藏清除，并在边境部署了多达十几个旅的兵力。但令人始料未及的是，美苏突然爆发了古巴导弹危机。1962年10月22日晚上7点，肯尼迪向美国和全世界发表广播讲话，通告了苏联在古巴部署核导弹的事实。美苏双方剑拔弩张，世界大战一触即发，中国边境的美苏压力短暂消失了。中国军队抓住这稍纵即逝的时机，以几万人的边防部队，将印度打得溃不成军，兵临新德里，硬生生让印度把对中国的侵略战打成了印度的首都保卫战。这就是史上有名的对印自卫反击战。1962年11月20日傍晚，中国先锋部队已经推进到距离新德里仅有几十千米的地方，新德里夜间的灯火都清晰可见，整个首都陷入一片恐慌。1962年11月20日夜，美国总统肯尼迪宣布苏联已经同意在30天内从古巴撤走所有导弹、轰炸机和核弹头，震惊世界的古巴导弹危机就此结束。1962年11月20日深夜21时30分，中国总参谋部向边防部队下达《停止反击作战的命令》，下令所有边防军立即撤退。及时撤军，军事上无懈可击，没有给美苏留下任何进攻机会。中国主动无条件释放了数千名俘虏，道义上也让世界各国无话可说。这次自卫反击战，中国西藏边防军在一个月内以4万人的兵力，击溃了印度30万的部队，全歼了2个旅，并歼灭了3个旅的大部分，其余部队也被击溃了建制。印度被俘数千人，中国无一人被俘，创造了军事史上的奇迹。印度的国威大大受损，国际地位严重降低。印度开始转变策略，蚕食周边的小国。

巴基斯坦建国时，国土被分割为东西两部分，印度夹在其中间。对印度而言，如果巴基斯坦强大，那就是对印度的两面夹击；但如果不强大，那注定就是一个被各个击破的阵型。而印度根本就不承认巴基斯坦是一个独立国家，认为印巴分治严重损害了印度文明的统一性，一直寻求机会吞并巴基斯坦。1971年，印度终于抓住机会，趁东巴基斯坦的孟加拉人闹独立时，悍然出兵。1971年12月3日，印度军队从四个方向全面入侵东巴基斯坦，并轰炸东西巴基斯坦的港口，切断其军事联系。1971年12月16日，东巴基斯坦被迫投降，独立为孟加拉国，从此成为了印度的附庸国。而西巴基斯坦被迫在停战协议上签字，丧失大量国土并损失几千万的人口，国力大大削弱。

1975年2月3日，印度军队占领锡金国，软禁锡金国王，将其吞并为印度的一个邦。锡金是“二战”后全世界唯一的一个被吞并的主权国家，侵略者为印度。印度独立后，尽管高喊由周总理提出的和平共处五项原则，但所作所为却尽显侵略本色。也正是对印自卫反击战，打出了中国西部边境50年的和平。补充介绍完了印度，我们再继续说其他列强的侵华史。

5. 日本

中国与日本一衣带水，据说大约在公元前210年，秦始皇派徐福率领5000名童男童女东渡日本，为其寻找长生不老之药。这可以视为中日历史交流的起点。自汉代以后，两国交往更加频繁。在隋唐时期，中日交流达到一个高潮，日本多次派遣使臣到中国朝贡，并学习中国的文化、艺术和政治制度。但是基于岛国民族的本性，日本对我国边境的侵扰持续千年，战争冲突时有发生：从唐朝的白江口之战、元朝的元日战争，再到明朝戚继光抗倭等。从近代史来说，日本侵华始于1871年，终于1945年，历时74年，是对中华民族造成伤害最为巨大、深重的列强，没有之一。近代，日本对华侵略的主要罪行包括，但不限于：

（1）侵占中国台湾。1871年日本明治政府吞并中国藩属琉球。1874年初，日本政府以台湾居民杀害琉球渔民为借口，发动侵台战争。5月初，日本陆军中将西乡从道率领3600余日军向台湾进犯。登陆后，烧杀掳掠，对台湾人民犯下严重罪行。同年10月31日同清政府签订《日清两国间互换条款及互换凭章》，迫使清政府支付50万两白银赔款。

（2）入侵朝鲜江华岛。1875年5月25日，日本政府派“云扬”号等3艘军舰进入大清藩属国，朝鲜釜山港。随后在朝鲜东部沿海进行武装侦察和作战演习，武装挑衅，炮轰江华岛，登岛后大肆烧杀劫掠。1876年2月，日本迫使朝鲜签订不平等的《江华条约》。江华岛事件是近代日本侵略朝鲜的开端。

（3）发动中日甲午战争。1894年，朝鲜爆发东学党领导的甲午农民起义。应朝鲜政府之请，清政府派袁世凯6月出兵朝鲜。这才有了袁世凯崛起的历史机遇。而伺机侵略朝鲜的日本政府，在保护使馆和侨民的名义下，也大量向朝鲜出兵。7月23日，日军占领朝鲜王宫，成立傀儡政权。7月25日，日本海军在丰岛海面突袭中国运兵船。29日，日本陆军向驻成欢的清军进攻，次日占领牙山。8月1日，日本向中国正式宣战。9月，中国军队在平壤战役和黄海海战中受挫，日军侵占朝鲜全境。10月，日军渡过鸭绿江入侵中国，攻占九连城和安东（今丹东）。同时，日军渡海在辽东半岛花园口登陆。11月，先后攻陷大连、旅顺，并制造骇人听闻的旅顺大屠杀。1895年2

月，日军占领威海卫，清军北洋舰队全军覆没。3 月，日军攻陷牛庄、营口、田庄台。至此，甲午战争以清军的彻底失败而告终。4 月 17 日，日本迫使清政府签订《马关条约》，割取辽东半岛（后被迫归还）、台湾和澎湖列岛，索取赔款 2.3 亿两（含赎辽费 3000 万两）白银。

（4）参与八国联军侵华战争。1900 年，日本参与八国联军侵华。战后，八国联军逼迫清政府签订《辛丑条约》。日本先后共获得赔偿本息合计 7954 万两白银。因为要分期支付，对日一直赔付到 1937 年抗战全面爆发，9 月份日本攻占上海，国民政府才宣布终止赔付。

（5）发动日俄战争。1904—1905 年，日本和俄国为争夺在朝鲜和中国东北的权益爆发大规模战争。中国东北成了这场帝国主义战争的战场，给中国人民的生命财产造成了巨大损失。日军所到之处，擅立官府、私发货币、滥杀无辜。1905 年 9 月，日俄两国签订《朴次茅斯和约》，规定俄国把旅顺、大连的租借权，以及长春至旅顺间的铁路权利转让给日本，并承认日本在朝鲜的统治权。从此，日本加紧向中国东北实行殖民扩张，并吞并朝鲜。

（6）占领青岛胶州湾。1914 年，“一战”爆发，日本帝国主义利用欧洲各国无暇东顾之机，极力扩大对华侵略，其矛头首先对准德国在华租借地——胶州湾及整个山东。8 月 23 日，日本对德国宣战，陆、海军部队同时开始军事行动。9 月 7 日，日军完成在山东半岛北岸龙口的登陆作战，兵分三路进攻青岛。11 月 7 日，德军投降，日军占领青岛和胶州湾，并控制了青岛至济南的胶济铁路全线。1915 年 1 月 18 日，日本政府向袁世凯政府提出旨在灭亡中国的《二十一条》，最终因中国人民坚决反对和帝国主义列强之间的矛盾而未能得逞。此后，日本对青岛和胶济铁路实行了长达 7 年之久的军事占领，直到 1922 年 2 月 4 日才被迫从山东撤兵，但仍保留有许多侵略权益。

（7）出兵西伯利亚。为干涉俄国“十月”革命及掠夺西伯利亚的丰富资源，日本于 1918 年 8 月 2 日宣布将同美、英、法等国一起向西伯利亚出兵。8 月 18 日，大谷喜久藏大将率领的 1.2 万名侵略军于海参崴登陆。此后又多次增兵，至 11 月，西伯利亚日军已达 7.3 万人，他们竭力破坏俄国革命，遭到苏俄人民强烈反对。1922 年 6 月，被迫从西伯利亚撤军。

（8）三次入侵山东。日本为扩大对华侵略，1927—1928 年三次派兵入侵山东省。1927 年 5 月 28 日，日本政府以保护日侨为名，向山东派遣 2000 名士兵，于6月1日在青岛登陆，7月8日抵达济南，8月撤军。1928年4月17日，再次出兵山东。第6师团5000人于4月25日在青岛登陆，第11旅团于26日入侵济南。5月3日，向中国军队发起进攻，并在济南奸淫掳掠，屠杀中国军民5000余人，制造了“济南惨案”。5月4日，第三次出兵山东，从关东军抽调一个旅团，从日本派遣第三师团至山东，于5月11日占领济南。至此，日军控制了山东。由于中国人民的强烈反对和帝国主义国家之间存在的矛盾，1929年5月，日军撤出济南。

(9) 侵占中国东北。1927年东方会议后，日本帝国主义加紧策划侵略东北和内蒙古。1928年6月，日本关东军炸死张作霖，企图一举侵占东北未能得逞。经关东军参谋板垣征四郎、石原莞尔等人精心策划，日军于1931年9月18日夜，在沈阳北郊柳条沟炸毁南满铁路，反诬是中国军队所为，随即炮轰北大营的中国军队。次日占领沈阳和长春，一手制造了“九·一八事变”。接着占领营口、辽阳、鞍山、本溪、抚顺等地。1932年1月3日侵占锦州，2月5日占领哈尔滨。至此，东北除热河省外，全部被日侵占。1932年1月28日进攻上海，制造了“一·二八事变”。由于遭到中国军民英勇抗击，英、美等国出于自己的利益，反对日本的军事行动，日本同国民党政府于1932年5月5日签订了《淞沪停战协定》。1932年3月1日，日本帝国主义在东北制造伪满洲国傀儡政权，实行殖民统治。1933年2月下旬，驻东北日军开始向热河及华北进犯。3月占领热河全省，5月侵占秦皇岛、唐山等地，进逼平、津。

(10) 发动全面侵华战争。1937年7月7日夜，日本侵略军在北平西南卢沟桥一带进行挑衅性军事演习，并以中国军队拒绝日军进入宛平县城搜寻一名走失士兵为借口，炮轰卢沟桥和宛平城，进攻中国守军。“七·七事变”后，日本大量增兵中国，开始全面侵华战争。7月30日占领北平、天津，8月13日进犯上海，11月12日上海沦陷。12月13日，由华中派遣军司令松井石根指挥的日军占领南京，随后制造了震惊中外的南京大屠杀，被杀害的中国军民多达30余万。1938年10月日军占领武汉、广州，战争进入相持阶段。中国人民坚持抗战，使日本侵略者陷入战争泥潭而不能自拔，经过8年抗日战争，1945年8月15日，日本宣布无条件投降。至此，日本长期对华侵略的罪恶行径才宣告结束。日本侵华战争给中国人民带来了空前浩劫，也彻底唤醒了中华民族的坚决抵抗。

6. 俄国

俄国历史学家克留切夫斯基说："一部俄国史，就是一部不断向国外殖民，进行领土扩张的历史"。俄国之所以能够成为当今世界面积最大的国家，与近代对外疯狂扩张有关。1689 年，沙俄入侵黑龙江流域，引发清、俄两国正面冲突。后来，清政府和沙皇俄国签订第一份边界条约《尼布楚条约》，中国丧失兴安岭及额尔古纳河以西约 25 万平方千米国土。1727 年，清政府被迫与沙俄签订《恰克图条约》，丧失贝加尔湖之南及西南约 10 万平方千米国土。1858—1860 年，俄国入侵中国黑龙江和乌苏里江流域地区，爆发中俄阿穆尔战争，中国战败。当时正是第二次鸦片战争时期，英法联军入侵北京。1860 年，俄国逼迫清政府签订《瑷珲条约》，割让黑龙江以北约 100 多万平方千米土地。同年 6 月，俄国在天津以和事佬的身份又逼迫清国政府签订《中俄天津条约》。不久后，俄国也跟着英法一起同清朝政府订立《北京条约》。即使不谈俄国在《天津条约》《北京条约》中得到的好处，单一个《瑷珲条约》就如恩格斯所指出的那样："俄国从中国夺取了一块大小等于法德两国面积的领土和一条同多瑙河一样长的河流"。在第二次鸦片战争期间以不同面目出现的侵略中国的强盗中，沙俄反而成了实际获取赃物最多的那个强盗。《瑷珲条约》签订后，穆拉维约夫以征服黑龙江的胜利者自居，在海兰泡举办庆祝大会，宣布将此城改名为"布拉戈维申斯克"，意为"报喜城"；后又将海参崴改名为"符拉迪沃斯托克"，意为"统治东方"。1895—1898 年，俄国迫使日本归还辽东半岛，趁机索取报酬，诱迫清朝与其签订了《中俄密约》。根据该条约，俄国修建中东铁路，把东北变成了它的势力范围；并逼迫清朝租借旅顺、大连给俄国。1900 年，八国联军侵华，俄国作为成员国之一，直接以"保护铁路"的名义，派遣 17 万大军霸占东北。1901 年，清朝与八国联军在北京签订《辛丑条约》。在赔款中，对俄赔款最多，占总额的 28.97%，约 2.84 亿两白银。以上这些发生在沙俄时期，1917 年十月革命后，苏俄时代对中国的领土侵占依然继续发生。1921 年（民国 10 年）外蒙古在苏俄支持下，宣布脱离中华民国独立，1924 年建立蒙古人民共和国。外蒙古独立后，1944 年，苏俄又强行将外蒙古所辖唐努乌梁海并入苏联，更名为"图瓦苏维埃社会主义自治共和国"，17 万平方千米土地终归苏俄所有。1929 年中东路事件，苏联强行占领中国东北中东铁路支线，驱逐中国铁路管理人员，标志着苏联开始直接控制中国东北。1945 年，俄要挟英美订立雅尔塔协定，同年十月怂恿外蒙古举行所谓公民投票，国民政府被迫承认其所谓“独立”，我们丧失对蒙古面积达156.6万平方千米土地的有效统治。从此，成吉思汗的家乡蒙古被一分为二：内蒙古、外蒙古。1960年，中苏正式交恶。1962年中印爆发边界战争，苏联支持印度对我国领土的非法占领。1969年，苏联出兵侵占珍宝岛，从而引发珍宝岛事件。在冲突中，中国部队阵亡29人，伤68人，失踪1人；苏联方面阵亡58人，伤94人。1969年6月10日，中苏边界西部地区的新疆塔城地区塔斯提河畔（巴尔鲁克山），苏联边防部队阻挠中国牧民的正常作业，开枪打死中国牧民孙龙珍。附近赶来的中国边防部队开火还击，冲突升级。8月，中苏在西部边界地区再次发生武装冲突。苏军出动直升机掩护坦克装甲部队，袭击在铁列克提地区巡逻的两个中国边防军巡逻分队，其中一支巡逻分队28人被围，全部阵亡。1979年，勃列日涅夫怂恿越南反华，中越爆发边界战争，苏联全力支援越南，派出大量军事顾问协助越南对我国的战争，并在中苏、中蒙边境陈兵百万，伺机入侵。

回顾这些历史，无疑会让国人有切肤之痛，对两国的关系也会出现不和谐的声音。有句俗话：宁有穷亲戚，不遇富邻里。站在国家层面，中国周边，俄、日、印，强邻环伺，且在近代历史上都对中国造成过巨大伤害。如何相处、如何发展，是对我们民族智慧的巨大考验。归根结底，恐怕自己发展强盛才是硬道理！

7. 美国

在世界资本主义国家中，美国是后起之秀；又位置优厚、资源丰富，这两个因素让它首先看重在国内的经营，然后才加强海外扩张。因此，美国侵略中国的过程，大部分都是追随别国，后面才逐渐发展为独立侵略。两次鸦片战争中，基本都是趁火打劫。1842年《南京条约》签定，英国得到很多特权，美国很眼红。1844年2月，美国军官顾盛对清政府进行外交讹诈，软硬兼施，逼迫清政府签订《望厦条约》，不费一枪一弹，不仅得到英国的所有特权，而且还扩大了领事裁判权、军舰通行权以及设立教堂等特权。1851年太平天国起义爆发，美国的华尔洋枪队直接介入镇压行动，用洋枪洋炮屠杀中国人民。1900年（庚子年），美国参与八国联军侵华。1901年（辛丑年），八国联军逼迫清政府签订《辛丑条约》。美国获得赔偿3290万两白银。条约规定，中国从关税中拿出4亿5千万两白银赔偿各国，按4%的年息，分39年还清，本息共计 9 亿 8223 万 8150 两。这笔钱史称“庚子赔款”。后来，在中国驻美公使梁诚、美国传教士明恩溥的游说下，1908 年 7 月，美国驻华公使柔克义向中国政府正式声明，将美国所得“庚子赔款”的半数退还给中国，作为资助留美学生之用。1911—1924 年，共计退回余款本利 1250 余万美元。早在 1909 年 7 月，清政府外务部、学部就会同设立游美学务处，附设游美肄业馆，专门办理派遣学生赴美留学一切事宜。1909—1911 年，游美学务处利用美国退还的赔款，选送三批，共 180 名学生赴美留学，其中包括梅贻琦、胡适、赵元任、竺可桢、胡刚复等。1911 年，清政府批准将游美肄业馆改名为清华学堂。1912 年 10 月，清华学堂更名为清华学校，归北京政府外交部管辖。学制 8 年，分中、高等两科，高等学生毕业后一般插入美国大学二、三年级。这就是清华大学的前身。到 20 世纪 30 年代，美国已超过日本，成为中国留学生最多的国家。同时，美国人还在中国建立多所教会大学和教会医院，这其中包括赫赫有名的燕京大学（今天的北京大学、清华大学、中国政法大学前身）和协和医院。为什么美国人想用退还的赔款办学？美国伊里诺大学校长詹姆士在给罗斯福的一份备忘录中称：“商业追随精神上的支配，比追随军旗更为可靠。”他希望通过吸引中国留学生，造就一批为美国服务、从知识和精神上支配中国的新的领袖。平心而论，中美两国在抗战胜利前，在中国与所有列强的关系中，大致算是最为友好的。但是抗战胜利后，由于意识形态的对立，关系急转直下，并复杂交织在美苏冷战的大背景中。1946—1949 年，美国出钱、出枪，积极帮助蒋介石打内战，企图消灭中国共产党及其领导下的革命力量。1950—1953 年，美国带领联合国军介入朝鲜战争。中国出兵，开始抗美援朝战争。1950 年及以后，美国出兵台湾，阻止中国全面统一。1954 年，美国组成东南亚集体防务条约组织，从军事上包围中国。1961—1973 年，美国发动侵越战争，战火延伸到老挝、柬埔寨等地。越南人民在中、苏等国支援下，以伤亡 200 多万人的代价，实现了国家统一。越战的失败，使美国在美苏争霸态势中陷于被动，被迫战略收缩。

介绍完英、法、德、印、日、俄、美，这些列强在近代对中国的侵略历史，让人掩卷长思、不免愤懑。因此我们更要铭记历史、勿忘国耻，鼓励学子们为了中华民族的伟大复兴更加好好学习、努力奋斗！

第七节　何其幸运，中华民族搭上了第三次工业科技革命的顺风车

回顾完中华民族百年的近代屈辱史，再去比较一下世界其他民族近现代发展史，我们更应该感谢中国近现代涌现出一批又一批的仁人志士，尤其是两位伟人：毛泽东、邓小平的高瞻远瞩与无私奉献。中华民族何其幸运，搭上了第三次工业科技革命的顺风车。我们能最终上车，并非偶然，而是努力、智慧加运气的综合结果。其中有几个关键事件，值得重点了解。

1. 朝鲜战争

1910 年，日本吞并朝鲜，开始了35 年的殖民统治。1945 年8 月，在日本战败投降前夕，美国提议以北纬38 度线为界，即三八线，美国和苏联分别占领朝鲜半岛南部和北部，得到苏联认可。这成为朝鲜半岛分裂为南北两国的导火索。1948 年 8 月和 9 月，由苏联支持的朝鲜民主主义人民共和国以及美国支持的大韩民国先后成立。金日成当选为朝鲜最高领导人，李承晚当选为大韩民国首届总统。南北朝鲜正式分裂，双方都不愿放弃统一目标，在“三八线”附近武装冲突不断升级，终于引爆大规模冲突。1950 年 6 月 25 日，朝鲜人民军最高司令官金日成在苏联的默许下不宣而战，跨过三八线大举进攻韩国，历时 3 年的朝鲜战争爆发。在战争初期，朝鲜军队节节胜利，占领了韩国 90% 的地区和 92% 的人口，韩国首府首尔也被攻陷，并一直把韩军和美军逼退到釜山。7 月 7 日，美国借联合国名义，组织“联合国军”参战。9 月 15 日，以美军为主的“联合国军”在仁川登陆，局势逆转。10 月，美军、南朝鲜军北上越过三八线，并推进至中朝边境，严重威胁中国安全。应朝鲜和苏联要求，中国人民为抗美援朝、保家卫国，组成中国人民志愿军，于 10 月 25 日赴朝参战。中、朝军队连续进行 5 次战役，把敌军从鸭绿江边赶回到了三八线附近。双方于 1951 年 7 月开始停战谈判。在谈判期间，美军先后发动多次攻势，均被粉碎。1953 年 7 月 27 日，双方在板门店签署《朝鲜停战协定》。美国上将克拉克曾说，他是美国历史上第一个在没有取得胜利的停战协定上签字的司令官。当时在朝鲜战争初期，毛主席下了很大决心，才做出了入朝参战的艰难决定。但正是毛主席的这个艰难决定和志愿军们的艰苦牺牲，才为新中国带来巨大回报，尤其

是在科技产业领域意义非凡。抗美援朝后，苏联打消了对中华人民共和国的顾虑，从 1952 年开始，大规模援助中国建设全面的工业基础。这些援建项目以及 1954 年定下的几十个工业项目被合称为第一个五年计划。苏联援助的 156 个重点项目，为中国打下了冶金、石油、矿山采掘、煤炭、发电、电力装备、机械制造、纺织、造纸、制糖、航空、航天、交通铁路、国防兵器制造等全面的科研生产基础，中华人民共和国从此开始了门类齐全、独立自主的工业化建设道路。同时，抗美援朝也让中华人民共和国获得巨大国际威望，中国人的自信心大大增强。中国人民志愿军司令员彭德怀形容："西方侵略者几百年来，只要在东方一个海岸上架起几尊大炮，就可霸占一个国家的时代，一去不复返了。"

2. 对越自卫反击战

越南战争结束以后，越南南北统一。加之，20 世纪 50 年代末，中苏分歧加剧，两国关系逐渐变冷。20 世纪 70 年代后，美苏两个超级大国在争霸中，出现了苏攻美守的局面，美国为扭转不利局面，谋求从越南脱身，转而同中国接近。毛泽东主席和周恩来总理敏锐地把握美国愿与中国缓和关系的时机，接受美国提出的改善相互关系的建议，邀请基辛格和尼克松先后访华，达成了《中美联合公报》（又称《上海公报》）。中美关系的解冻，对国际形势产生了深远的影响。1971 年联合国以压倒性多数通过恢复中国的合法席位，中国的国际地位空前提高。1975 年以后，依仗着苏联的越南黎笋集团开始疯狂反华，在中越边境挑起武装冲突，侵占中国岛屿，蚕食中国边境领土。1978 年 12 月 16 日，中美两国发表《中美建交公报》。中美两国宣布自 1979 年 1 月 1 日起互相承认并建立外交关系。为了进一步增进中美双方的了解、推动中美关系的发展，1979 年 1 月 29 日至 2 月 5 日，邓小平副总理应卡特总统的邀请对美国进行正式友好访问。这是中华人民共和国成立后中国领导人第一次访美，受到了美国政府和人民的欢迎。邓小平访美最重要的成果就是与美国总统卡特签署了《中美科技合作协定》。这是中美建交后两国签署的首批政府间协定之一。在该协定框架下，共签署了近 50 个议定书，涉及领域包括能源、环境、农业、基础科学、科技信息和政策、地学、自然资源、交通、水文和水资源、医药卫生、计量和标准、民用核技术与核安全、统计、自然保护、林业、高能物理、聚变、材料科学和工程计量科学、生物医学、地震、海洋、大气、测绘等。《中美科技合作协定》是我国与外国政府间在科技领域最大的合作机制。邓小平访美的第二件大事，就是向美方提前通报将发动对越自卫反击战。1979 年 2 月 17 日，中国《人民日报》发表《是可忍，孰不可忍》的评论文章，正式宣告将与越南方面在有限的时间、空间、规模进行自卫反击、保卫边疆的战斗。1979 年 2 月 17 日至 3 月 16 日，中国人民解放军边防部队对不断武装侵犯中国领土的越南地区霸权主义者进行自卫反击战。在 20 多天的作战中，中国边防部队重创越军 4 个正规师 10 个团，毙敌 37300 余人，俘敌 2200 余人，缴获大批武器装备和作战物资，摧毁了越南北部地区针对中国构筑的大量军事设施，给越南侵略者以有力的打击，在政治上、军事上取得了重大胜利。在完成预期目的之后，中国边防部队于 3 月 16 日全部撤回中国境内。此举充分展示了中国在国际外交和大国博弈中的谋略，成功为中国的改革开放打好了地基，从而让中国完美地融入全球经济一体化的趋势中，使中国可以顺利地完成工业化。同时，这场战争也展示了中国的军事实力和决心，增强了美国与中国合作的信心。

讲完了两场战争，下面继续讲两弹一星为代表的国防科技。

3. 两弹一星

两弹一星，最初指原子弹、导弹和人造卫星。后来，两弹中的一弹由原子弹演变为原子弹和氢弹的合称；另一弹是指导弹。一星则是指人造地球卫星。20 世纪 50 年代、60 年代，中国面对严峻的国际形势，为抵制帝国主义的武力威胁和核讹诈，以毛泽东同志为核心的第一代党中央领导集体，果断地作出了独立自主研制“两弹一星”的战略决策。大批优秀的科技工作者，包括钱学森等许多在国外已经卓有成就的科学家，怀着对新中国的满腔热爱，响应党和国家的召唤，义无反顾地投身到这一神圣而伟大的事业中来。1964 年 10 月 16 日，邓稼先等组织参与研制的中国第一颗原子弹爆炸成功。1967 年 6 月 17 日，于敏等参与研制的中国第一颗氢弹空爆试验成功爆炸，爆炸当量为 330 万吨级。从第一颗原子弹成功爆炸到突破氢弹，中国仅用了 26 个月，创下了全世界最短的研制周期纪录。1960 年 11 月 5 日，钱学森组织领导研制的“东风”一号近程导弹首次飞行试验成功。1964 年 6 月 29 日，第一发改进设计后的中近程地地导弹飞行试验成功。1966 年 10 月 27 日 9 时，两弹结合的“东风”二号核导弹点火升空。9 分 14 秒后，核弹头在距发射场 894 千米之外的罗布泊弹着区靶心上空 569 米的高度爆炸。两弹结合飞行试验成功，标志着中国有了可用于实战的核导弹，中国也有了面对核威慑的有力武器。同年，中国组建了战略导弹部队——第二炮兵。1970 年 4 月 24 日，中国用长征一号运载火箭，成功地发射中国的第一颗人造卫星——“东方红”一号，成为继苏联、美国、法国、日本之后，世界上第五个能独立发射人造地球卫星的国家。

钱学森是中国航天科技事业的先驱和杰出代表，被誉为“中国航天之父”和“火箭之王”。谈及此处，我们不得不重温这位伟大的科学家不断前行的一生。18 岁，他以第三名的成绩进入交通大学学习，常年平均分超过 90 分。24 岁，进入美国麻省理工学院航空系学习，一年后获得硕士学位，后转入加州理工学院航空系学习，成为科学家冯·卡门的得意门生，先后获得航空、数学博士学位。在美学习研究期间，与他人合作完成的《远程火箭的评论与初步分析》，奠定了地地导弹和探空火箭的理论基础；与他人一起提出的高超音速流动理论，为空气动力学的发展奠定了基础。35 岁，成为美国麻省理工学院的终身教授。36 岁，迎娶女高音歌唱家蒋英。钱学森的智慧和才华被美国人认为“不管在哪里都抵得上五个师。”1949 年，中华人民共和国宣告成立，钱学森希望早日回国。然而，美国却以各种方式阻挠。钱学森被迫参加了一场接一场的听证会。当时的美国海军部副部长放狠话：“他知道所有美国导弹工程的秘密。宁可把这个家伙给枪毙了，也不能放他回中国去！”面对美国人的威胁，钱学森毫不犹豫回答：“我效忠中国人民。”于是，他遭到了无理拘禁。探照灯 24 小时对准他，不让他休息。15 天的非人折磨，使他体重暴跌，一度失去语言能力。被保释出狱后，39 岁的钱学森开始长达 5 年的软禁生涯。直到 1955 年 6 月，钱学森及家人躲过联邦调查局的跟踪，在一张香烟纸上写下了求助信。这封信辗转寄回祖国，在信中，他说：“无一日、一时、一刻不思归国参加伟大的建设高潮。”周恩来等领导人高度关切，中美双方经过谈判，最终美政府同意钱学森回国。1955 年 10 月 8 日，钱学森终于回到阔别 20 年的祖国。有人曾说因为钱学森的毅然回国，中国导弹、原子弹的研发至少向前推进了 20 年。1956 年初，钱学森向中共中央、国务院提出《建立我国国防航空工业的意见书》。同年，国务院、中央军委根据他的建议，成立了导弹、航空科学研究的领导机构——航空工业委员会，他被任命为委员。1956 年，他受命组建中国第一个火箭、导弹研究所——国防部第五研究院并担任首任院长。他主持完成了“喷气和火箭技术的建立”规划，参与了近程导弹、中近程导弹和中国第一颗人造地球卫星的研制，直接领导了用中近程导弹运载原子弹的“两弹结合”试验，参与制定了中国第一个星际航空的发展规划，发展建立了工程控制论和系统学等。在空气动力学、航空工程、喷气推进、工程控制论、物理力学等技术科学领域作出了开创性贡献，是中国近代力学和系统工程理论与应用研究的奠基人和倡导人。

在那个条件艰苦的年代，为了强国之梦，“两弹一星”英雄群体用汗水、青春、热血乃至生命，筑起新中国的安全屏障，创造了世界科技史上的奇迹。他们艰苦奋斗、无私奉献，不怕狂风飞沙，不惧严寒酷暑，没有条件，创造条件；没有仪器，自己制造；缺少资料，刻苦钻研；以惊人的毅力和速度从无到有、从小到大，创造出“两弹一星”的惊人伟绩。“热爱祖国、无私奉献，自力更生、艰苦奋斗，大力协同、勇于登攀”的“两弹一星”精神，是爱国主义精神、集体主义精神、社会主义精神和科学精神的集中体现，是中国共产党领导中国人民创造的宝贵精神财富，是中国共产党人精神谱系的重要组成部分。“两弹一星”大大增强了中国的科技实力特别是国防科技实力，加强了中国在国际舞台上的大国地位。

正是有了上述这两场战争所展示出的解放军生猛的战争力，加上“两弹一星”所展示出的新中国国防科技的核打击硬实力，才有了改革开放坚实的和平环境和发展条件。

1978 年 12 月十一届三中全会开始，中国实行对内改革、对外开放的政策。中国的对内改革先从农村开始，1978 年 11 月，安徽省凤阳县小岗村实行“分田到户，自负盈亏”的家庭联产承包责任制，拉开了中国对内改革的大幕。1979 年 7 月 15 日，中央正式批准广东、福建两省在对外经济活动中实行特殊政策、灵活措施，迈开了改革开放的历史性脚步，对外开放成为中国的一项基本国策、强国之路。改革开放是中国人民和中华民族发展史上一次伟大革命，正是这个伟大革命推动了中国特色社会主义事业的伟大飞跃。我们也因此搭上了信息化技术革命的顺风车，产生了一批又一批的信息技术高科技民族企业，活跃于世界经济舞台的中央。这其中最值得一提的就是华为公司。

华为技术有限公司，1987 年由任正非创立，总部位于广东省深圳市龙岗区。经过三十多年的努力奋斗，目前已成为全球领先的信息与通信技术（ICT）解决方案供应商，在电信运营商、企业、终端和云计算等领域构筑了端到端的解决方案优势，在全球处于技术领先地位。2011 年初，华为终端开启从 To B 运营商市场向 To C 大众消费者转型 。2018 年，华为智能手机发货 2.06 亿台，在全球智能手机市场稳居全球前三 ；同年 2 月 23 日，沃达丰和华为完成首次 5G 通话测试。同年，华为开始遭到美国举国打压。2019 年 8 月 9 日，华为正式发布鸿蒙系统（Harmony OS）；8 月 22 日，2019 中国民营企业 500 强发布，华为以 7212 亿营收排名第一；12 月 15 日，华为获得了首批“2019 中国品牌强国盛典”年度荣耀品牌的殊荣。2023 全球移动宽带论坛期间，华为发布全球首个全系列 5.5G 产品解决方案。2024 年上半年，华为实现销售收入 4175 亿人民币。面对美国的极限打压，华为屹立不倒，已成为中国老百姓心中民族科技产业振兴的精神丰碑。

讲完了以三次工业科技革命为主线的人类科技发展历史，可以帮助我们树立正确、系统的科技史观；也为同学们对机械、电力、电子这些专业的来龙去脉有整体性、全局性的把握。下一章，开始深入展开分析当今形势。

第二章　当今形势

——“第三次世界大战”正悄然来临，一场没有硝烟的科技战

上一章讲了笔者的科技历史观，这一章讲笔者的科技世界观。前者是纵向看、后者是横向看，两个维度交叉后的中间落脚点就是与我们息息相关的现实生活中的问题，就简单、清晰、明了多了。

第一节　极限封杀，中国高新技术企业遭遇美国前所未有的制裁和打压

开篇讲，人类正面临一场对抗形式上最悄无声息的科技战，科技战将是目前及未来很长一段时期中美大国博弈的主战场。这是对当今世界形势的最简要概括。第一章结尾也提到，华为正面对美国的极限打压，并且仍然屹立不倒，已成为中国老百姓心目中民族科技产业振兴的精神丰碑。那么，美国为什么要撕下伪善的文明、民主、开放、自由的面具，举全国乃至整个西方盟友的力量发动科技战，欲除掉华为而后快？根本原因就在于：中美双方都在全力抢占以电子信息、人工智能为代表的第三次、第四次科技革命的信息技术产业高地，这在美国看来是一场不可调和的国运之战。近年来，美国对中国的制裁主要体现在如下方面。

一、美国全面制裁华为

一切要从孟晚舟被捕事件说起。孟晚舟是华为创始人任正非的女儿，时任副董事长兼首席财务官。

孟晚舟被捕后，华为坚决不妥协，坚持走法律程序要求放人。任正非面

对爱女被捕，表现出坚强的转业军人本色。他说，“华为本身一直就是伤痕累累，也不怕被再打击一下。我们现在处于一个非常困难的时期。必须要做好准备，在未来十年内可能会有很多困难。”身陷囹圄的孟晚舟坚决不认罪，坚持无罪辩护。孟晚舟最后的顺利释放，与任正非和孟晚舟的坚持有关，更重要的是他们有强大的祖国作为坚强后盾。

早在2008年开始，华为就遭到了美国政府的不断打压。华为与美国企业的多项业务合作，如2008年对3COM公司的并购和对AT&T公司的4G设备销售合同、2010年对Sprint公司的4G设备销售合同、2010年对2Wire公司的并购和对摩托罗拉公司无线业务的并购、2011年对3Leaf云计算技术的专利购买、2012年与赛门铁克的合资，先后都遭到阻挠失败，均是因为美国政府的干预。

孟晚舟事件后，美国重点对华为发动芯片和软件的全面制裁。2019年5月15日，美国商务部将华为及其70家附属公司列入“实体清单”，禁止美国企业向其出售或转让技术、软件和硬件产品。这意味着华为将无法使用谷歌提供的安卓操作系统，也无法使用英特尔、高通、英伟达等提供的芯片和其他技术。2020年9月15日，美国最终对华为实行芯片全面断供，妄图从硬件上绞杀华为。这是美国对华为最为致命的一击，也是华为面临的最大挑战。没有芯片供应，华为将面临生死危机。芯片是电子信息产业的核心，也是华为的关键命门。然而，华为并没有崩溃倒下，反而展现出惊人的抗击打能力和创新能力。首先，启动自主研发的操作系统“鸿蒙”，打破了谷歌安卓系统的垄断。其次，重点加大对其子公司海思半导体的投入和支持，提升了自主芯片设计和生产能力。第三，提前囤积大量芯片，以应对短期需求。如今写来短短几行字却是华为惊心动魄、生死攸关的重要历程。在没有硝烟的科技战场上，芯片是我们不得不冲锋、不得不插上红旗的最艰难、最惨烈的高地。所以，虽然科技没有国界，但科学家、科技公司是有祖国的。从中美全局战略意义而言，华为已经不止是为了自身公司的生死存亡而抗争奋斗，更多是为了民族科技产业的生存权、发展权而战。

华为是中国科技发展的缩影与代表。从2018年开始，美国集结盟友对华为的打压犹如金庸笔下的降龙十八掌，刚猛狂暴、连绵不绝，希望把这条东方巨龙彻底降服。按时间线稍作梳理如下。

1. 2018 年

华为失去了 AT&T 的手机订单；FBI 主管 Chris Wray 警告不要买华为手机；华为手机失去零售商百思买的支持；美国国防部禁止在美军基地销售华为和中兴手机；美国国会呼吁谷歌停止与华为合作；澳大利亚禁止华为参与 5G 网络建设；英国运营商 BT 声称将剔除华为的 4G 设备并且不采购华为的 5G 核心网设备；路透社报道日本将停止购买华为和中兴的设备。

2. 2019 年

波兰一名华为员工因涉嫌从事间谍活动被捕；美国以涉嫌盗窃商业秘密和欺诈为由对华为提出 23 项起诉；美国 FBI 突袭华为实验室，华为两名员工被驱逐出丹麦；美国政府敦促欧洲国家不要购买华为的 5G 设备；美国国务卿彭佩奥说使用华为技术的国家对美国构成了风险；意大利政客推动华为 5G 禁令；美国两党参议员组织推出了 5G 立法，该立法将使华为列入黑名单；特朗普政府表示将禁止政府与华为开展业务；美国检察官指控一名中国教授欺诈，罪名是涉嫌为华为购买加利福尼亚公司的技术；FCC 切断使用华为和中兴设备的无线运营商的资金支持；FCC 禁止华为和中兴获得联邦补贴，而参议员希望特朗普停止允许美国公司出售给华为的许可证；西班牙电信称将大幅减少华为 5G 核心网络的设备使用。

3. 2020 年

美国参议员汤姆·卡顿（Tom Cotton）宣布一项法案，禁止美国与使用华为 5G 技术的国家共享情报；美国敦促英国官员阻止华为进入其 5G 网络，美国参议员提议在 5G 补贴中提供超过 10 亿美元的资金，以抵消华为的主导地位；美国司法部指控华为进行敲诈勒索，盗窃商业秘密；美国禁止华为使用美国公司软件（芯片设计），台积电停止代工华为芯片；三星、LG 停止和华为合作。

4. 2021 年

英特尔停止向华为供货；法国拆除华为通讯设备，美国禁止向华为出口零部件，意大利取消华为合约；美国禁止颁发设备执照，延长制裁华为常态化。

5. 2022—2023 年

2022—2023 年，美国政府继续加大对华为的打压力度。不仅限制了华为使用美国软件和技术，还试图通过立法手段，进一步限制华为在全球市场的发展。在这一背景下，华为在全球市场面临着前所未有的压力。华为手机从巅峰期 2018 年、2019 年的 2.08 亿、2.4 亿部，断崖式下跌到了 2022 年的 2800 万部。2023 年 9 月 3 日，华为搭载国产芯片麒麟 9000S 的新机 Mate 60 上市，终于看到轻舟已过万重山的曙光。

美国对华为的打压招数，实际上在历史上对很多国家、很多公司都使用过。禁运，参见历史上的巴统组织和现在的瓦森纳协定；拘留高管，参见美国政府对阿尔斯通高官的做法；直接劝说别国不要采购，参见二十世纪八九十年代美国对日本产品的做法；学术切割，参见美国对伊朗和俄罗斯的一些科研单位的限制；媒体抹黑，更是美国的一贯做法。但世界上，还从来没有任何一个公司像华为这样倔强。

岁月如梦，渔舟唱晚。正如孟晚舟的名字所包含的意境一般，华为这艘科技巨舰正面对美帝国主义夕阳的余晖，悄然驶过万重青山掩映的江河，向着一望无垠的大海大洋激流勇进。2023 年，华为推出的新一代 Mate 60 系列手机，搭载华为自主研发的麒麟 9000S 芯片，拥有 5G 网速的芯片与卫星通话。该手机其他所有配置都一目了然，唯独缺少了芯片方面的描述。全球各大新闻媒体和竞争对手竞相拆解，试图找出华为麒麟 9000S 的生产工艺及制造商，最终却都是徒劳，这款芯片没有任何使用 EUV 的痕迹，不存在任何违反美国禁令的情况，美国至今无法对其进行制裁。IDC 最新数据显示，2024 年上半年，华为以 17.5% 的市场份额，打败苹果重新拿下国内市场销量第一。这展示出华为在逆境中艰难前进，百折不挠的拼搏精神和顽强不屈的抗争意志；更展示出如今的中国科技企业群体在通信技术领域的原创实力和强大战力。而这一事件也极大地激发出 14 亿中国人的爱国自豪感，这也是华为能走出困境的民众力量源泉。

华为除了在传统的半导体芯片领域进行创新，还在探索新的技术领域，如光子芯片。光子芯片相比传统的电子芯片，具有更高的速度、更低的功耗、更小的体积和更强的抗干扰能力，被认为是未来信息产业的发展方向，西方国家尚未掌握。

除了芯片领域，华为还在很多领域进行多元化发展，以增强自身的市场竞争力和抗风险能力。华为近年来开拓智能汽车业务，“问界”横空出世。同时，传统的 B 端业务，华为也在逆势继续发展。在 5G 网络建设方面，华为已经成为全球领先的供应商，与多个国家和地区合作建设 5G 基站和设备。此外，在云计算、大数据、物联网等方面，华为都有丰富的产品和服务。8月29日，华为公布2024年上半年财报，营收4175亿，同比暴涨34%，创下4年来新高，而且超过2019年的4013亿，净利润551亿，突破历史记录。

通过不断创新和多元化发展，华为成功抵御了美国的打压和封锁，正在实现从被制裁到胜利逆袭的科技传奇。华为抗美之战，是中美科技战最前沿阵地的一场遭遇战，也将是一场拉锯战、持久战。目前，华为面临的危机并没有完全消除，制裁仍在继续。

二、美国全面打压其他中国科技企业和科研院所

除了华为，美国“实体清单”上的中国科技企业、研究院所还有很多。截至2024年4月，美国商务部工业和安全局（BIS）以威胁美国国家安全和外交政策利益为由，制裁的“实体清单”（Entity List）共发布37次，其中2018年2次，2019年5次，2020年7次，2021年6次，2022年2次，2023年12次，2024年3次。有近800家中国实体被列在清单上。其中，超300家是拜登任内被纳入的，数量超过特朗普时期。清单包括中国企业617家、科研机构117家、人员16名、高校9所、国家机关19个。其中包括：华为、中兴、大疆、小米、比亚迪、景嘉微、寒武纪、国盾量子、长江存储、雷科防务等一众企业；还有北航、人大、湖大、川大、同济、哈工大、哈工程、西交大、西工大、国防科大、电子科大等一众高校。

再对照被美国工业与安全局列入实体清单的14大类新兴技术，我们不难发现，这些领域几乎涵盖了《中国制造2025》战略中强调的“十大领域”：新一代信息技术、网络安全、高档数控机床和机器人、航空航天装备、海洋工程装备及高技术船舶、先进轨道交通装备、节能与新能源汽车、电力装备、新材料、生物医药及高性能医疗器械、农业机械装备等。

为什么美国要把中国这些科技单位彻底地清除出其全球合作体系？

根本原因在于，在当下的电子信息时代和已经开启的人工智能时代，人类的生产、生活、学习方式在发生根本性变化，信息已经成为核心重要的生产资料。生产资料是指劳动者进行生产时所需要使用的资源或工具，传统的生产资料包括土地、厂房、工具、原料、机器设备等，主要是指物质条件。而到了信息时代以后，特别是在未来的智能时代，信息、数据在生产活动中将发挥着越来越重要的作用。它作为一种非物质的信息条件，也已经成为了

核心重要的生产资料，因此被称为新质生产力。信息以电子技术的方式获取、传输、存储、共享，并在此基础上进行运算、处理、决策、控制，没有质量、没有形状，看不见、摸不着，但是却实实在在、无处不在，深入到人类社会中的每一个毛孔、每一个细胞。谁掌握了电子信息的优势技术，谁就掌握了天下命脉，拥有绝对的生产力和战争力优势。生产力属于和平时期的建设能力，经济竞争力；战争力属于斗争时期的破坏能力，国防竞争力。从 20 世纪 90 年代开始，华为从通信领域 B 端的交换机开始做起，逐渐扩展到 C 端的手机产品，并且迅速发展壮大。以华为为杰出代表的中国公司通过工程师们的勤奋智慧、团结协作，几十年如一日，在 2G、3G、4G 时代迎头追赶，终于在 5G 时代变成了通信行业的技术引领者。这让美国惴惴不安。

美国的间谍窃听和信息窃密由来已久，可谓劣迹斑斑。2013 年 6 月，英国、美国和中国香港媒体相继根据美国中央情报局前雇员斯诺登提供的文件，报道了美国国家安全局代号为“棱镜”的秘密项目，内容触目惊心，坐实了美国在全球实施大规模、无差别监听，监控窃取人们在线通信、互联网活动和电话记录的关键事实，彻底揭开了美国的丑恶嘴脸。“棱镜”项目是一项由美国国家安全局自 2007 年起开始实施的绝密电子监听计划，微软、雅虎、谷歌、苹果等在内的 9 家国际网络巨头皆参与其中。监听对象包括所有在美国以外地区使用参与该计划公司服务的客户，或是任何与国外人士通信的美国公民。国家安全局在“棱镜”计划中可以获得的数据包括电子邮件、视频和语音交谈、影片、照片、VoIP 交谈内容、档案传输、登入通知，以及社交网络细节。斯诺登提供给《卫报》的一份文件显示，美方设于英国北约克郡的一处情报分支机构在 2009 年二十国集团峰会上监听时任俄罗斯总统梅德韦杰夫与俄国内的卫星通话。2015 年“维基解密”网站爆料，美国国家安全局曾对前后多位法国总统进行长时间窃听。2021 年丹麦媒体爆料，美国国家安全局通过丹麦国防情报局接入当地网络，在 2012—2014 年间窃听德国、法国、挪威、瑞典等国政要的短信和电话通话。2024 年 4 月，一批美军秘密文件出现在社交媒体上，内容涉及美国对联合国秘书长古特雷斯以及韩国、以色列、乌克兰等盟友的窃听行动，再次暴露美国监听行动范围之广。

2024 年发生在黎巴嫩的传呼机大规模爆炸事件，更是彻底颠覆了人们对美国和以色列信息监控卑劣行径的底线认知。2024 年 9 月 17 日，黎巴嫩首都贝鲁特以及黎巴嫩东南部和东北部多地发生手持寻呼机爆炸事件，寻呼机被炸成碎片，爆炸波持续了一个多小时，造成12人死亡，其中包括2名儿童和多名卫生部门工作人员。9月18日下午，黎巴嫩多地再次发生通信设备爆炸事件，设备包括寻呼机、对讲机以及无线通信设备等。据报道，黎巴嫩大规模传呼机爆炸事件，合计已造成39人死亡、约3000人受伤。9月19日，黎巴嫩真主党领导人纳斯鲁拉发表讲话时说，以色列引爆数千个通信设备试图杀死数千名黎巴嫩人，这越过了所有红线，等同于宣战。这些袭击是“史无前例的大屠杀”。

美国及其盟友恶行累累，以小人之心，度君子之腹，就会严重缺乏自信心和安全感。心理作祟，才会对中国信息高科技企业不择手段的进行打压制裁。

第二节　中美大国博弈，科技战以外的其他竞争领域

早在奥巴马政府时期，面对中国的崛起，美国就展开了一系列维护自身霸权的行动，到了特朗普、拜登政府时期更是变本加厉，达到高潮。2017年底，美国正式将中国定位为“战略竞争者”。2018年初，美国全面发动对华贸易战，拉开了新一轮大国战略竞争的帷幕。针对美国的五大霸权——科技霸权、经济霸权、军事霸权、政治霸权、文化霸权，中美之间的大国博弈除了科技战，还涉及诸多其他的竞争领域，介绍如下。

1. 经济战

美国为维护其霸权战略，在经济领域发动贸易战和金融战。

第一，贸易战。美国不仅对中国高新技术企业进行极限制裁、全面封锁外，还通过提高关税，抬高中低端产品对美准入壁垒，推动“中国制造”的价格上涨，削弱其价格优势，降低中国产品在美国市场上的吸引力。同时，美国对内实行产业复兴政策，联合盟友共同发起针对中国的各种贸易保护措施，挤压中国产品的国际市场。美国发动贸易战，旨在推动中国和西方国家的市场“脱钩”。

第二，金融战。美国利用美元霸权，采用美元潮汐的惯用手法向中国及其他国家发动金融战。在新冠疫情期间，美国滥发货币，向全球市场注入数万亿美元，采用无限量化宽松政策。然而，2022年，美联储又突然结束无限宽松的货币政策，转向暴力加息，导致国际资本大量涌入美国，国际金融市

场剧烈动荡。人民币、欧元、日元等多种货币大幅贬值，许多国家遭遇严重的通货膨胀、本币贬值和资本外流等困境。此外，美国还通过金融手段削弱中国企业与美国资本的联系，从资金链上对中资企业进行打压。例如，通过制度改革，为中国企业赴美上市融资制造障碍；通过行政命令，直接干预美国资本对中国企业的投资。美国发动金融战，旨在吞噬包括中国在内的他国财富并推动中美两国的金融“脱钩”。在这种金融战的政策背景下，美国金融业自身也面临巨大风险和压力。近年来，美国中小银行风险事件频发，未来形势仍可能进一步恶化。

总之，在中美世纪博弈中，美国政府开辟了科技和经济两大主战场，并且将科技战、贸易战和金融战作为其三大核心遏制手段，旨在削弱中国的“世界工厂”地位，迫使产业链和供应链从中国转移，从而阻止中国产业升级，最终实现遏制中国、捍卫自身霸权的目的。中国凭借雄厚的外汇储备，顽强抵御内外部金融风险挑战，成为维护国际金融市场稳定的中坚力量，但仍面临巨大压力。因此，近年来，沿海传统外贸企业、地方房地产市场纷纷出现困境，民众生活受到影响，这些与产业升级有关，更与美国发动的经济战有直接关系。其实，美国最希望打击的并非是中国的传统制造业，而是中国的高新技术产业。因为科技是第一生产力、第一战争力，而高新技术企业、产业是承载各种科学技术并将其转化为实际生产力、战争力的载体。这也是科技战与经济战交织的根本原因。

2. 军事博弈

奥巴马政府时期，美国就将战略重心重新放在了亚太，加强联合地区盟友，在台海、南海等地针对中国的挑衅频率大大增强，导致摩擦事件频发。中美两国作为联合国常任理事国和核大国，斗而不破是双方在理智状态下的最佳选择。更重要的是，经历朝鲜战争、越南战争的历史较量，美国并不想与中国发生正面对决的热战。然而，美国却时常通过其盟友搞小动作，干扰中国。最好能发生一两次代理人战争，将中国和陷入乌克兰战场的俄罗斯、欧洲一样也拖下水，这是美国所期望的。但直接面对中俄这种核大国，发动第三次世界大战，美国缺乏这样的历史斗争经验和战略勇气。每个国家的战争历史基因不一样，也很难改变。

中美军事博弈的主要地点包括：

（1）台海。2016 年，民进党的蔡英文就任后，两岸关系急转直下。美国趁机拱火，利用台湾牵制大陆。2022 年 8 月 2 日，美国众议院议长佩洛西窜访台湾，引发新的台海危机，这也是 25 年以来最严重的一次台海危机，中美台海对峙和紧张形势进一步升级。解放军开启了为期三天的“锁台军演”，体现出不同以往的高力度、高包围、高威慑的特点。2024 年 5 月 20 日，赖清德就职，讲话异常猖狂。5 月 23 日至 24 日，东部战区在台岛周边开展“联合利剑－2024A”演习。历史大势浩浩汤汤，海峡中线已被彻底抹去，两岸统一正进入快车道。

（2）南海。美军在南海盟友众多，印尼、马来西亚、新加坡等东南亚国家，都和美军是军事同盟关系，其中菲律宾最为积极。2024 年 8 月，菲律宾海警 9701 号船非法滞留在仙宾礁寻衅滋事，并恶意冲撞中国海警船，导致两船发生擦碰。近三十年来，菲律宾屡屡借黄岩岛、仁爱礁、铁线礁等岛礁的归属权问题在南海主动向中国挑起事端，甚至单方面向海牙仲裁法庭提起所谓“南海仲裁案”，并非其“一个人在战斗”，背后有美国撑腰。中菲海警船在仙宾礁海域发生擦碰的当天，美国就派出 P－8A 反潜巡逻机公然为菲海警船提供情报支持；此前，2023 年 12 月，菲律宾 2 艘运补船及 2 艘海警船擅闯仁爱礁附近海域，美国也派出 1 艘军舰及 4 架次军机在现场策应。南海本无事，但美国却喜欢跳出来煽风点火。

（3）朝鲜半岛。因为朝鲜战争的历史原因，中朝之间属于血盟关系，而韩国也长期有美国驻军存在，朝鲜半岛就成为中美之间博弈的一个重点区域。围绕朝鲜核问题的六方会谈持续十几年时间悬而未决，这其中与美国对朝的强硬制裁不无关系。2016 年，美韩决定将“萨德”反导系统部署在韩国东南部庆尚北道星州郡，并最终将部署地点选择在了乐天集团的星州高尔夫球场。美、韩明晃晃的将反导系统部署在了中国的家门口，对此，中方多次提出严正抗议，也导致中韩热络的政经关系一度出现冰冻僵局。

（4）中日钓鱼岛。1945 年，日本战败，琉球群岛（冲绳）被美国托管，钓鱼岛成了美军“靶场”，由美军代管。1970 年，美国把琉球群岛的管辖权交给日本，同时把钓鱼岛“送”给日本。中方拒不承认钓鱼岛主权归属日本。由此，钓鱼岛成为中日之间重要的领土纠纷，双方摩擦不断。2012 年 12 月 5 日，美国参议院在全体会议上表决通过了 2013 财年国防授权法修正案，明确写到将钓鱼岛作为《日美安保条约》第五条的适用对象。法案强调，反对试图通过“武力威慑和动武”来解决领土主权问题的举动。可以看到，中日钓鱼岛领土纠纷的历史和现状中，无不存在着美国人的身影。近年来，随着中国海军力量的快速壮大，实现了在钓鱼岛附近的常态化巡航，钓鱼岛问题才出现降温现象。

3. 政治博弈

中美之间的政治博弈主要分为美国对我国内政的干涉以及中美在国际政治关系中的较量。

第一，内政干涉，主要涉及台湾、香港和新疆西藏地区。在台湾问题上，除了美国政府官员访问台湾以外，美国还依据《与台湾关系法》进行对台政策的制定和执行，批准了多轮对台军售。仅拜登政府期间已批准 11 轮对台军售，总计金额近 50 亿美元。此外，还试图帮助台湾扩大其在世界卫生等国际组织中的参与度，从多方面作梗，阻挠中国统一台湾。在香港问题上，2014 年 9 月 28 日凌晨至 12 月 11 日出现的持续 79 天香港“占中”事件，乱港分子占领中环非法集会，背后就有英、美外部势力的作祟。美国、英国包庇支持反中乱港分子，为其兜售“港独”主张、散播政治谎言提供平台和资金支持；并污蔑诋毁香港特区事务，妄议香港警方执法行动，破坏香港繁荣稳定；多边串联施压，纠集盟友联手干涉香港事务，通过发表联合声明、炮制涉港法案等方式，抹黑中方对港政策，对香港事务说三道四、指手画脚，大肆干涉中国内政；并悍然实施制裁，妄图阻挠香港国安法和全国人大有关决定在香港顺利实施。中华人民共和国外交部于 2021 年 9 月 24 日发布《美国干预香港事务、支持反中乱港势力事实清单》对美国丑恶行径予以揭露并坚决回击。在新疆问题上，2020 年，美国以新疆籍的少数民族务工人员受到“强迫劳动”为由，宣布对中国新疆的棉花产品进行制裁，对有关中国企业采取限制措施。但新疆是全世界棉短绒的主要原产地，欧洲 70% 以上的棉短绒生产依赖中国新疆棉花。而这也直接导致了俄乌战场上欧美援助乌克兰时遭遇了尴尬的弹药荒。原因是炮弹要发射离不开发射药，发射药离不开硝化棉，硝化棉离不开棉短绒，棉短绒离不开新疆棉花。美国也因此搬起石头砸了自己的脚。2024 年美国国务院及一些西方势力发布新疆人权评估报告，罔顾事实、混淆是非攻击新疆人权状况，恶意诋毁中国治疆政策。该报告未经联合国人权理事会授权，没有征求中国政府意见，毫无真实可信的依据，是彻头彻尾的“三无产品”。人权理事会第 51 届会议拒绝了美国提出的所谓涉疆决定草案，表明了国际社会对该报告的态度。在西藏问题上，2024 年 7 月 12 日，美国总统拜登签署了《促进解决藏中争议法案》，对美国 2002 年《西藏政策法案》进行修订，鼓吹所谓“大藏区”，其真实意图和险恶用心就是遏制和打压中国，企图使所谓“西藏问题”国际化，向“藏独”势力发出严重错误信号，公然践踏了国际法根本原则和国际关系基本准则，严重歪曲历史事实，粗暴干涉中国内政。然而，随着中国实力的增长和自信心的增强，美国在内政干涉方面已越来越力不从心。

第二，外交较量，主要包括在中美俄、中美欧、中美亚、中美非、中美美等多边关系中的双方较量。在中美俄关系中，随着俄乌战争的发生，俄罗斯已全面转向东方，在这个三角关系中，中方处于相对有利地位。在中美欧关系中，随着俄乌战争的持续，欧洲已经被美国深度套牢。目前，在这个三角关系中，美方仍处于相对有利地位。但是法国、德国也越发重视外交政策的独立性，希望能够与中方保持深度经济合作。在中美亚关系中，日韩印、东盟、中东各国，大部分与欧洲相似，与美国是政治军事联盟，与中国是贸易合作伙伴。目前，在这个多边关系中，中国因地缘优势的原因，对有关国家的吸引力在快速增大。双方势均力敌，美国已处于相对守势，时间优势在我。比如在南海冲突中，与菲律宾的马前卒形成鲜明对比的是，其他东盟国家对南海的反应则相对平静得多。在中东地区，2023 年 3 月 10 日，伊朗和沙特的代表在北京经过 4 天的会谈之后达成协议，两国宣布正式恢复外交关系。毫无疑问，中国在其中提供了巨大的帮助，展示了一个超级大国对世界局势的影响力。毫不夸张的说，沙特和伊朗这两个中东大国的建交，将对中东地区乃至世界局势造成显著的影响。2024 年 5 月 30 日，中国－阿拉伯国家合作论坛第十届部长级会议在北京举行。国家主席习近平出席会议开幕式并发表主旨讲话。沙特阿拉伯国家对中国和平力量的认同正快速加强。在中美非关系中，随着中国在非洲地区的几十年无私援建、长期深耕，非洲已基本转向东方，一众非洲国家在经济、文化上对中国形成广泛认可。2024 年 9 月 4 日至 6 日，中非合作论坛峰会在北京举行，53 个非洲国家元首齐聚北京，国家主席习近平出席 2024 年中非合作论坛峰会开幕式并发表题为《携手推进现代化，共筑命运共同体》的主旨讲话。在这个三角关系中，中方处于相对有利地位。在中美美关系中，随着中国与巴西等美洲国家经贸关系的不断加强，中国已经把影响力扩展到了美国的后花园，但是短期内，美方仍处于绝对有利地位。受篇幅限制，此处只大致作规律性总结，不详细展开。我们需要明白，在这些多边关系中，中美之间的外交竞争内容主要围绕三个层面展开：一是围绕国际贸易全球化的竞争；二是围绕能源资源安全性的竞争；三是围绕国际制度主导权的竞争。大致上，中国在贸易竞争中处于相对有利地位；在能源安全性、制度主导权方面均处于相对弱势地位。其原因在于，中国的外交主要是建立在经济合作基础上的利益伙伴关系，具有很大程度的灵活性和开放性；美国的外交以其军事盟友为基础，具有很大程度的稳固性和封闭性；美国是现行国际制度规则的制定者和受益者，掌握有相对有利的舆论宣传优势资源。未来中美外交的竞争，本质上是中国倡导的贸易伙伴关系与美国所主导的军事盟友体系的竞争。并且，这将是一个长期复杂的博弈过程。

4. 文化侵蚀

朝鲜战争让美国人意识到他们是无法通过武力战胜新中国的，便由此转向文化侵蚀，希望借此达到其和平演变的目的。为了维护自身的霸权地位，美国长期以来对中国采取了各种渗透手段，试图从内部瓦解中国，阻碍中国的发展进程。美国深谙文化渗透的厉害之处，早在冷战时期就将其作为对付苏联的重要武器。通过输出美国的价值观、生活方式以及意识形态，美国试图在苏联内部制造思想混乱和社会动荡，最终导致苏联的解体。这种和平演变的策略，看似温和，实则暗藏杀机。美国对中国的文化渗透并非始于今日，早在《辛丑条约》庚子赔款时期，就有这方面的考量，才有了用赔款创办清华大学、燕京大学以及资助优秀大学生赴美留学的善意行为。新中国成立之初，美国更是仇视新中国，从派遣间谍到扶持反华势力，对中国的渗透和颠覆活动层出不穷。近年来，随着中国综合国力的不断增强，美国对中国在这条“隐蔽战线”的斗争愈发激烈。近年发生的“毒教材”事件就是一个典型的例子，一些别有用心的人将大量美国文化元素和价值观渗透到教材中，试图在潜移默化中影响中国学生的价值观，这引起社会高度警惕和强烈愤慨。除了教育领域，美国还利用媒体网络、文学作品、影视作品、宗教节日、音乐舞蹈、餐饮服饰等多种渠道对中国进行文化渗透，试图影响中国民众，特别是年轻一代人的思想观念。他们通过各种手段，歪曲事实、抹黑中国、宣扬西方价值观，试图在思想和文化上侵蚀中国。美国还利用一些在美国留学或工作的学者、专家，通过提供资金、项目等方式，拉拢他们为美国服务，收集情报，甚至公开发表不利于中国的言论，试图影响中国社会舆论，破坏中国的国际形象。面对美国的文化渗透，中国必须保持高度警惕，并采取有效措施加以应对，才能在这场没有硝烟的战争中立于不败之地。

第三节　世界风云变幻，中美博弈以外的其他地区形势

2023年2月，新华社、中华人民共和国外交部、央视新闻等机构联合发布《美国的霸权霸道霸凌及其危害》报告，分为五个方面，通过列举事实，揭露美国滥用这些霸权的种种恶行劣迹：一、肆意妄为的政治霸权；二、穷兵黩武的军事霸权；三、巧取豪夺的经济霸权；四、垄断打压的科技霸权；五、蛊惑人心的文化霸权。中国人一向温文尔雅，此次针对美国如此全面系统、有理有据、深刻到位、酣畅淋漓的批判，在历史上尚属首次。这份报告让中国人民和国际社会进一步看清了美方的恶劣行径，以及对世界和平稳定、各国民生福祉所带来的严重危害。仔细对比报告与本书前面对这五个霸权的排列顺序，可以发现有所不同。本书是科技、经济在前；它是政治、军事在前。通篇读下来还会发现，报告对于这些霸权针对中国的行为阐述，科技部分着墨最多，经济次之，军事、政治、文化均没有直接点名中国。这些都从侧方面说明，中美博弈，目前的主战场就是赤裸裸的科技战以及由此带来的经济领域激烈的贸易战、金融战；而军事、政治、文化则更为隐蔽一些。这是因为军事、政治主要是美国针对弱国、小国惯用的明晃晃的手段，在大国博弈中，美方一般都会比较谨慎克制；而对全球的文化输出和侵害则是一个看不见、摸不着的渐进过程。可见，美国人也喜欢专挑软柿子捏，也懂得润物细无声的智慧。在当前复杂的国际形势下，所有中国人必须保持清醒的头脑，认清美国对华的战略意图和一系列行为，只有这样，才能够万众一心，坚决维护国家安全和发展利益，彻底粉碎美国人的阴谋，确保中华民族伟大复兴事业的顺利实现。

反复强调，中美大国博弈是目前世界形势的主线。明确了这条主线，再去审视其他地区的战争、冲突与合作，便显得更为清晰。我们逐一梳理如下。

1. 俄乌冲突

2022年开始，俄罗斯对乌克兰发起“特别军事行动”，乌克兰称之为“俄罗斯全面入侵战争”。苏联解体后，北约不断东扩。泽连斯基上台后，乌克兰积极寻求加入北约，俄罗斯不希望北约把军事影响力扩展到自己的家门

口，因此强烈反对，拉扯中矛盾升级。2022 年 2 月 24 日，俄军发起“闪电战”，从乌克兰的北部、东北部、东部、东南部、南部方向同时发起进攻，快速向基辅、哈尔科夫等城市推进，并控制战略要地赫尔松；因乌军抵抗，俄军进攻受阻，3 月底，俄军从基辅地区撤军；此后，经数月激战，俄罗斯逐渐控制乌克兰约 20% 的领土，主要集中在与俄罗斯接壤的乌东地区；9 月，卢甘斯克、顿涅茨克、扎波罗热、赫尔松四地举行“入俄公投”，正式加入俄罗斯联邦；11 月，因后勤网络遭到打击，俄军撤出赫尔松，冲突进入僵持阶段。2023 年 6 月，乌军在多个方向发起反攻，都遭到俄军阻击，冲突再次陷入僵局；10 月，俄军对乌克兰东部的阿夫杰耶夫卡、马林卡、巴赫穆特等地乌军防线发动攻势。2024 年 2 月，俄军完全控制阿夫杰耶夫卡。8 月 6 日，乌军反向攻入俄罗斯库尔斯克州，一举占领了超过 1000 平方千米的俄方领土，这是“二战”以来俄罗斯首次被外军攻入。目前，冲突仍在持续。

以美国为首的西方国家忌惮俄罗斯的核打击能力，不敢轻易直接下场，但是自始至终都试图通过军援乌克兰、制裁俄罗斯等各种手段来影响决定俄乌冲突的走向和结果。2024 年 5 月 20 日，在乌克兰防务问题联络小组视频会议上，美国国防部部长劳埃德·奥斯汀称，美国及其盟国向乌克兰提供的安全援助总计已花费超过 950 亿美元。2022 年俄乌冲突爆发后，美国、欧盟纠集英加日韩等国，对俄罗斯发动制裁。2 月 26 日，美国发表声明，美国与欧盟委员会、德国、法国、英国、意大利、加拿大领导人决定将俄罗斯银行排除在环球银行金融电信协会（SWIFT）支付系统，并对俄罗斯央行实施限制措施，相当于直接将俄罗斯踢出了美国人所掌握的国际贸易支付体系。冲突爆发两周内，俄罗斯就遭受 2778 项制裁，遭受制裁总数达到全球第一。2023 年 2 月 24 日，美国国务院、财政部及七国集团盟国等共同对俄罗斯“主要创收部门”实施新的全面制裁。2022 年 2 月 25 日，俄罗斯联邦委员会（议会上院）主席马特维延科表示，针对西方的一揽子制裁回应措施已经准备好。2022 年 3 月 13 日，俄罗斯联邦工业和贸易部同数字发展、通信和大众传播部为在俄罗斯的生产制造公司和客户之间的直接互动创建了在线交易平台“进口替代交易所”，以修复因制裁而中断的供应链。2022 年 3 月 22 日，俄罗斯总理米舒斯京表示，俄罗斯政府计划出台支持经济的一系列措施，将涵盖药品进口、中小企业和地区发展、电力行业、设计开发等多个领域，以应对西方制裁对俄经济造成的冲击。2022 年 3 月 1 日，俄罗斯总统普京签署了一项旨在稳定俄罗斯金融市场的总统令，自3月2日起，禁止民众携带1万美元以上的等值外币现金或支付工具出境。2022年3月23日，俄罗斯总统普京作出决定，向欧洲国家供应天然气用卢布进行结算。2022年3月31日，俄总统普京签署了以卢布进行天然气贸易结算的法令，全面开启了俄罗斯反制美元霸权的金融战场。2022年3月，俄罗斯宣布，鉴于日本对俄罗斯施加的“单边不友好措施”，俄方全面停止与日本就缔结和平条约而进行的谈判，同时，俄罗斯还公布了一系列其他举措，包括鼓励中国在内的国家对这些地区进行开发。

俄乌冲突是“二战”结束以来欧洲伤亡人数最多的战争。冲突发生后，西方国家对俄罗斯施加严厉的制裁，俄罗斯经济遭受震荡，但之后逐步展现出韧性；乌克兰经济也遭到严重破坏，国家预算近四分之一依赖西方援助。同时，冲突还对地区政治安全、世界经济复苏、粮食能源安全、全球减贫、生态环境等诸多方面带来严重负面冲击。

俄乌冲突以及西方对俄制裁加剧了因疫情和芯片短缺所造成的供应链压力，使得许多跨国公司在俄乌两国停工停产，尤其是食品加工、钢铁、建筑、汽车、半导体等产业供应链受到严重冲击。俄罗斯是全球主要石油生产国和出口国，也是全球天然气最大储量国和出口国，石油、天然气全球供给地位显著。俄乌冲突爆发以来，美西方对俄罗斯进行制裁，欧洲大幅减少对俄石油及天然气进口，全球能源贸易格局随之改变，俄罗斯对西方国家石油天然气出口大幅下降，美国对欧洲的能源主导作用增强，俄罗斯对中国、印度、土耳其等新兴经济体能源出口明显增加。2022年9月26日，由俄罗斯经波罗的海向欧洲输送天然气的“北溪－1”和“北溪－2”两条天然气管道先后被炸，发生严重泄漏，无法使用，使得欧洲天然气价格大幅走高。石油天然气价格高涨，欧洲能源密集型企业为了节省能源成本，不得不减产、停产或转产，欧洲制造业受到极大冲击。

同时，乌克兰是氖、氩、氪、氙等气体供应大国，俄罗斯是全球镍、钯金的生产大国，这些都是微芯片生产的关键材料，俄乌冲突导致这些产品供应链受阻。出于避险和全球寻找低成本生产区域的动机，欧洲跨国公司进行产能国际转移，形成一波转产浪潮，引发全球产业链供应链的重构。此外，俄、乌两国都是全球重要粮食出口国。乌克兰号称世界粮仓，战前两国小麦、玉米出口分别占全球份额近30%和20%，乌克兰大麦、油菜籽、玉米等作物出口均占全球10%以上。俄乌冲突以来，俄乌两国粮食生产和出口受到影响，农业劳动力短缺，农作物播收冲击严重，出口物流阻滞，全球粮食价格持续上涨，联合国食品和农产品价格指数创历史新高。综上所述，俄乌冲突对全球经济也造成了严重的负面影响。2023年7月，联合国贸易和发展会议发布的《2023年世界投资报告》显示，受俄乌冲突等因素影响，2022年全球外国直接投资较2021年下降12%至1.3万亿美元。其中，流入发达经济体的外国直接投资额下降37%至3780亿美元，流入发展中国家的外国直接投资额则受中国因素影响，小幅增长4%至9160亿美元。

此外，俄乌冲突还影响到人道主义、国际合作等其他诸多领域。

（1）难民潮。2023年1月31日，联合国难民署指出，自2022年2月24日俄乌冲突爆发以来，至2023年1月31日，共有1820万人逃离乌克兰。

（2）国际航空。2022年2月26日，英国、波兰、保加利亚、捷克、爱沙尼亚、拉脱维亚、立陶宛、斯洛文尼亚、罗马尼亚、奥地利、丹麦、冰岛、比利时、瑞典等多个欧洲国家宣布对俄罗斯飞机关闭领空。3月8日，俄罗斯正式暂停全部国际航班。俄乌冲突给全球航班影响造成重大影响，众多航线被取消或改道。

（3）电力安全。2022年2月24日，乌克兰东部地区卢甘斯克以北35千米的斯拉维扬诺谢尔布斯克地区由于冲突导致多处输电线路受损严重，造成近11000多户居民住宅停电。2023年3月9日，乌总理什梅加尔表示，乌克兰8个地区的发电和配电设施在袭击中受损，导致多地临时停电。3月9日，乌克兰能源部发布称境内有超1250个定居点和约1.1万个变电站因俄乌冲突而断电，波及范围超72万人。

（4）网络攻击。2022年2月23日，乌克兰国家银行、乌克兰内阁、外交部等多个网站因遭遇大规模网络攻击而关闭。2月26日早上，包括克里姆林宫官网、俄罗斯外交部、红星电视台在内的多家俄罗斯网站处于不稳定状态，部分用户无法正常打开页面。国际黑客组织“匿名者（Anonymous）”声称对此次网络攻击负责。

（5）体育赛事。2022年2月，欧足联官方宣布，考虑到当前的安全形势，本赛季欧冠决赛场地将由圣彼得堡变更为巴黎，法兰西大球场将成为新的比赛场地。欧足联同时确认，俄罗斯、乌克兰的国家队和俱乐部赛事的主场比赛，将全部改至中立场地进行。2022年3月3日，国际残奥委会理事会召开会议，决定禁止俄罗斯和白俄罗斯运动员参加北京冬残奥会。

（6）航天合作。2022 年 2 月 26 日，俄罗斯联邦航天局局长米特里·罗戈津宣布，为回应欧盟对俄罗斯的制裁，俄罗斯将暂停与欧洲航天机构在法属圭亚那航天中心的太空发射合作。

俄乌冲突长期持续削弱了欧盟独立自主，压制了俄罗斯崛起空间，原本已呈现“脑死亡”迹象的北约重新恢复活力。2023 年以来，美国阻挠各方和谈努力，并利用冲突造成的危机感进一步将欧盟绑定在自己的遏俄、遏华的外交战略轨道上。大多数欧盟国家深受俄乌冲突刺激，中东欧、北欧国家是在强烈不安全感的驱动下向美国靠拢，德国在乌克兰问题上也逐渐由犹豫徘徊变得主动积极，客观上与美国战略更加合拍。当下欧盟民众的反俄情绪已成为短期内难以改变的社会主流态度。俄乌冲突的僵局背后，是俄罗斯与美西方的激烈角力。美国意图通过对乌克兰的支持，利用这场局部冲突拖累俄罗斯和欧洲，借此维护其全球霸权。俄乌冲突长期化改变了全球地缘政治格局，使大国关系发生变化。一方面，俄欧关系、美俄关系破裂，美欧关系、俄中关系走近。另一方面，美国仍未改变遏制中国的主要战略目标。俄乌冲突加剧全球阵营化对抗，世界出现冷战结束以来最大的国家群体之间的分裂，使得国家集团间的裂痕扩大，世界陷入“二战”后最混乱的安全局势。

俄乌冲突对中国的启示：当年苏联的领导人戈尔巴乔夫曾轻信西方言论，推行休克疗法最终导致苏联解体。苏联解体后，继承苏联主体遗产的俄罗斯曾经一度全面倒向西方，幻想着与欧美搞好关系。但是残酷的结果是北约对俄罗斯等独联体国家及传统势力范围的一步步蚕食和紧逼，清醒后的俄罗斯才与西方彻底决裂，并加强与中国的紧密合作。2022 年 3 月 16 日，即俄乌冲突爆发三周后，普京出席俄罗斯联邦社会经济救助会议时发表讲话：“我们所有的外交努力都白费了。我们必须清醒地认识到，无论我们如何做，新一轮制裁和限制都会强加到我们头上。”国与国之间的关系，和人与人之间的关系是相通的。很多时候，并非一方愿与另一方修好，便能达成和谐，还需要考虑对方的意愿与行动。面对核心利益冲突，幻想着向竞争对手一味求取和平，反而可能会让和平离我们越来越远。和平不是乞求来的，而是斗争来的结果。相比于和平的幻想，我们更需要的是斗争的智慧。

2. 巴以冲突

2023 年 10 月 7 日，巴勒斯坦伊斯兰抵抗运动（哈马斯）宣布对以色列采取代号“阿克萨洪水”的军事行动，向以色列境内发射了至少5000枚火箭弹。以色列随即宣布进入战争状态，对加沙地带哈马斯目标发起代号“铁剑”的行动。这是自1973年赎罪日战争以后，时隔50年以色列再度向哈马斯宣战。10月17日晚间，加沙城的阿赫利阿拉伯医院遭空袭。10月30日，以色列总理内塔尼亚胡宣布，战争进入了第三阶段，以色列国防军扩大对加沙地带的地面进攻。11月15日，联合国安理会通过第2712号决议，决议聚焦巴以冲突中的人道主义关切，突出保护儿童。自2023年10月7日新一轮巴以冲突爆发以来，以军在加沙地带的军事行动已致4万多名巴勒斯坦人死亡、超过9.5万人受伤。

加沙地带长41千米，宽6～12千米，毗邻地中海，与以色列和埃及接壤。这块狭长地带是全世界人口最密集的地区之一，在365平方公里的土地上居住着200多万人口，其中多达170万是巴勒斯坦难民。长期以来，以色列将加沙地带定性为“敌占区”，从海陆空全面实施封锁，严格限制人员出入。自2007年以来，以色列多次关闭加沙地带的陆路口岸。在此次冲突前，仅剩凯雷姆沙洛姆口岸和埃雷兹口岸还在使用中。从2007年到2019年，加沙地带的巴勒斯坦人不得进入以色列务工。2020年到2021年，加沙地带只有不到0.1%的劳动力得以在以色列工作。加沙地区难民长期生活在缺水、缺食、缺药、缺电的生存条件下，存在严重的生存危机和人道主义危机。

巴以冲突是世界上持续时间最长、情况最复杂的地区性难题。根源在于犹太人定居点问题，但是背后更有着美、英等大国深入干预的外部因素。“二战”后，1947年根据《联合国第181号决议》，大批犹太人涌入巴勒斯坦，以色列建国，耶路撒冷被分裂。其中，西耶路撒冷主要是犹太人聚居区，东耶路撒冷主要是阿拉伯人聚居区。随后，在美国长期默许下，以色列不断扩张，在东耶路撒冷和约旦河西岸地区兴建犹太人定居点，由此持续爆发了四次中东战争。特别是在1967年第三次中东战争后，以色列占领东耶路撒冷，称整个耶路撒冷为其首都。而巴方则要求以东耶路撒冷为首都，建立一个巴勒斯坦国。1973年，第四次中东战争爆发，巴勒斯坦、埃及、叙利亚、沙特和其他阿拉伯国家联合，向以色列发起了反击侵略、收复失地的战争。战争开始，埃叙联盟占据上风，但很快战况逆转。这场战争使阿拉伯国家认识到无法在军事上击败以色列，也因此使阿以之间的和平谈判得以展开。1993年，巴以之间签署了第一份和平协议，即《奥斯陆协议》。之后，和谈屡遭中断、重启、再中断。2014 年 4 月后，巴以和谈一直处于停滞状态，出现了一个危险和动荡的真空状态，双方的极端分子乘虚而入，导致冲突日益升级。

在中东地区，除了巴以冲突外，阿拉伯国家内部也存在深刻的矛盾，其中沙特与伊朗的矛盾也根深蒂固。沙特通过控制石油供应，展现出其在中东局势中的主导地位，而且与美国交好。而伊朗是该地区的区域大国，影响力巨大，但是长期被美国制裁。2023 年 3 月 10 日，在中国的背后斡旋下，伊朗和沙特的代表在北京宣布两国正式恢复外交关系。这对中东宿敌在北京达成和解，这无疑展示出中国作为一个超级大国对中东局势乃至世界和平的巨大影响力。面对此情此景，美国显然感到不安，担忧中国在中东的影响力超越自身。为了彰显自身依旧是中东最有影响力的国家，美国想要推动一项更有分量的和解，开始积极在以色列和沙特之间牵线搭桥。相比阿拉伯国家之间、伊斯兰教派之间的矛盾，阿拉伯人与以色列之间的矛盾更加尖锐，如果美国能成功促成以色列与沙特的和解，确实能够极大提升其在中东的声望和影响力。然而，美国在中东的角色历来复杂多变，突然扮起了和事佬，引起了外界的广泛关注与质疑。巴勒斯坦抵抗组织在得知美国推动以色列与沙特和解的消息后，深感忧虑，沙特一直是巴勒斯坦抵抗组织的重要支持者，若沙特与以色列和解，巴勒斯坦的处境将更加艰难。正是在这种考量下，巴勒斯坦抵抗组织哈马斯才选择孤注一掷，在 2023 年 10 月 7 日对以色列发动“全面起义”。以色列遭遇袭击后，疯狂报复。在此情形之下，只要沙特还想保住自己在阿拉伯世界的声望和地位，就不可能继续与以色列和谈，美国的努力瞬间瓦解。

更令美国绝望的是，以色列在报复巴勒斯坦的行动中不知克制，对平民的杀戮比对抵抗组织更甚，这一切都被自媒体传播到了互联网上，引发了世界各国尤其是阿拉伯国家的极大愤慨。而由于犹太财团在美国政坛的巨大影响力和以色列在美国中东布局中的战略核心地位，美国人不得不支持以色列、偏袒以色列，这使得美国的阿拉伯盟友们对美国愈发失望。当阿拉伯和伊斯兰国家外长组成联合代表团出访，就巴以问题向外寻求帮助时，第一次将首站放在了中国，而不是美国。美国人感受到了阿拉伯盟友的离心力，试图挽回，罕见地对以色列施压，要求以色列和谈。但是面对以色列极右翼政府的阳奉阴违，美国并没有有效的管控办法。这在中东阿拉伯国家看来，就是美国根本没有认真压制以色列的明证，更加剧了他们的不满。近来，沙特等美国的中东盟友对美国说“不”的情况已经越来越频繁。而美国坐视中东逐渐脱离控制却毫无办法。这才是隐藏在巴以冲突背后的大国影响力和作用力。

此次巴以冲突，双方作战烈度空前，战火逐渐烧至周边国家，其巨大影响正突破地区范围，向着欧美等国家外溢。

（1）美国。2023 年 11 月，美国国防部负责特种作战的助理部长克里斯托弗·梅尔证实，美军已经在以色列境内部署了特种部队，主要是协助以方确定被哈马斯扣押人员的位置、确认人质身份等；未来不排除还会负责美国使领馆安全，以及保护美国公民撤离等任务。自本轮巴以冲突爆发以来，美军向中东增派的部队总人数已超过 1200 人。

（2）欧洲。2023 年 10 月 18 日凌晨，德国柏林市中心一犹太社区中心遭到燃烧弹袭击。当天，德国总理奥拉夫·朔尔茨宣布加强安全预防措施，并强调德国永远不会容忍针对犹太机构的袭击。2023 年 10 月 14 日，法国内政部长达尔马宁表示，自 7 日以来，法国的示威活动数量上升，65 人被逮捕。2024 年 5 月 29 日，法国巴黎爆发万人示威活动，抗议以色列对巴勒斯坦加沙地带南部城市拉法的致命轰炸。

（3）叙利亚。2023 年 10 月 12 日，以色列空袭叙利亚大马士革国际机场与阿勒颇机场，这是叙利亚境内两个最重要的民用机场。由于跑道受损，两个机场相继瘫痪。

（4）黎巴嫩。2023 年 10 月 11 日，以色列国防军表示，其位于以色列北部阿拉姆谢村附近的一个以军哨所遭到从黎巴嫩发射的反坦克导弹袭击。随后，双方在边境地区连续数日展开相互打击。2024 年，黎以边境紧张局势不断加剧。1 月 2 日，哈马斯政治局副主席萨利赫·阿鲁里在黎巴嫩首都贝鲁特遭以军空袭身亡；8 日，黎巴嫩真主党高级指挥官维萨姆·塔维尔在黎以边境遇袭身亡；9 日，真主党另一名指挥官阿里·侯赛因·巴尔吉在黎南部被以军无人机打死。一系列袭击事件激起黎巴嫩方面的强烈反应，黎以边境紧张局势不断加剧，双方军事打击纵深都在扩大。2024 年 1 月 6 日，黎巴嫩真主党使用 62 枚火箭弹向以军梅隆空中监视基地发动袭击，直接命中。并发表声明称，本次袭击是对巴勒斯坦伊斯兰抵抗运动（哈马斯）高级领导人萨利赫·阿鲁里被暗杀事件的初步回应。9 月 1 日凌晨，超过 1000 枚火箭弹和导弹从黎巴嫩南部和加沙地带发射，目标直指以色列境内的多个重要城市。从特拉维夫到耶路撒冷，甚至北部的海法，无一幸免。火箭弹和导弹的密集程度让人难以置信。这次袭击来得突然，毫无征兆，短短数小时内，以色列主要城市遭受了严重打击。爆炸声此起彼伏，照亮了夜空。面对这样的攻击规模，以色列的“铁穹”防御系统虽然尽力拦截，但依然有部分导弹成功击中了地面，造成了严重的破坏，几乎打破了以色列人对安全的自信心。

（5）胡塞。巴以冲突爆发后，胡塞武装频频使用导弹袭击经过红海的船只，声称有能力将红海变成坟场，以此来“封锁”以色列，其使用的武器不仅包括传统的反舰导弹和无人机，还亮出了反舰弹道导弹。为此美国派出“艾森豪威尔”号航空母舰，带着英国、法国、意大利、加拿大、西班牙等10国海军组织“繁荣守护者”护航行动。有新闻传出，美军航空母舰也遭受到了胡塞武装的成功打击，真是颠覆了人们眼中对于胡塞“拖鞋军”的刻板印象。

（6）伊朗。伊朗是阿拉伯抵抗之弧的首领国家，抵抗之弧包括叙利亚政府军、伊拉克什叶派民兵、哈马斯、黎巴嫩真主党、也门胡塞武装等多个国家和组织，旨在共同抵抗以色列和美国的干预和侵略。这次巴以冲突，以色列频频对伊朗下手。2024年5月19日伊朗总统莱希坠机身亡；7月31日凌晨，巴勒斯坦伊斯兰抵抗运动（哈马斯）政治局领导人伊斯梅尔·哈尼亚在伊朗首都德黑兰遭袭死亡。此次袭击发生在哈尼亚出席伊朗新总统马苏德·佩泽希齐扬就职仪式后。以色列希望以这些行动拖伊朗下水。而伊朗却迟迟没有动手，口惠而实不至。

（7）沙特。沙特通过控制石油供应，正逐渐展现出其在中东局势中的主导地位。面对伊朗在该地区逐步增强的影响力，沙特采取了更多的外交手段进行抗衡。尽管沙特、伊朗两国间的矛盾根深蒂固，在中国的调停下，这对中东宿敌却在北京达成世纪大和解，震惊西方。

（8）俄罗斯。中东作为全球地缘博弈的战略要地，俄罗斯当然不会放弃在中东施加影响力，以此来反抗美国霸权。2015年，俄罗斯悍然出兵叙利亚，帮助巴沙尔政府稳定政权，标志着俄罗斯中东战略出现了巨大转折。俄罗斯在叙利亚的强势表现让许多中东国家意识到，相比于美国，俄罗斯似乎是一个更加靠谱的盟友，更有行动能力，更加愿意在盟友遭遇危险时出手帮忙。如此一来，那些曾经属于苏联势力范围，与美国关系不够铁的阿拉伯国家难免会考虑“弃美投俄”的可行性，就连沙特这样的美国铁杆盟友也开始有意与俄罗斯加强关系。

（9）中国。与俄罗斯出手彰显军事力量，强势宣告自身的存在感不同。自改革开放以来，中国与中东各国之间的合作日益密切，这种合作主要集中在经贸领域，在地区事务上，中国一直展现出一种相对超脱的姿态。随着中国国际影响力的不断提升，中国也开始日渐积极地参与中东事务，但一直只是站在相对公平的立场上劝和促谈，而非直接主导地区事务走向，并未引起外界关注。就这样，中国在中东的影响力以不引人瞩目的方式悄然上升，直到沙特、伊朗这对中东宿敌在中国的调停下在北京达成和解，让世界震惊之余，终于意识到了中国的中东影响力。《华盛顿邮报》一针见血地评论，中国完成了自冷战来热衷于在中东施加影响的美国所没能完成的任务，这让美国陷入了尴尬境地。在这之后，在沙伊和解的带动作用和中国的积极推动之下，中东阿拉伯国家形成前所未有的团结局面。2024 年 5 月 30 日，中国－阿拉伯国家合作论坛第十届部长级会议在北京举行。国家主席习近平出席会议开幕式并发表主旨讲话。沙特阿拉伯国家对中国和平力量的认同正快速加强，让不少西方媒体惊呼美国在中东影响力被中国替代。

可以看到，中东地区犹如一个漩涡，把世界各方力量都牵引其中。以色列当前面临的，不仅是一方力量的威胁，而是多方势力交织在一起的一面蜘蛛网。每个参与方都有自己的一套盘算和目的，让局势变得越来越难以预测。

此次哈马斯对以色列的大动作，犹如一根火柴扔进了中东这个汽油桶里，瞬间点燃了整个地区的紧张局势。中东其实是美国的命门所在。“二战”后期，1944 年美国主导建立起了以美元为中心的国际货币体系，即布雷顿森林体系，旨在促进战后世界经济的恢复和发展。布雷顿森林体系是以美元和黄金为基础的金汇兑本位制。后来，因美元危机和美国经济危机的爆发，该体系于 1971 年 8 月 15 日被尼克松政府宣告结束。布雷顿森林体系崩溃后，美国人抛开黄金又找到了石油，作为美元的锚定物，建立了支持美元全球货币霸主地位的石油美元体系，才真正开启了美元金融霸权的时代。美元跟石油绑在一起，一手金融，一手能源，这就是美国的权力大棒，让美国在全球经济的棋盘上牢牢地占据了主导地位。而中东作为全球最重要的产油地，自然就成了美国人的命门所在。美国的霸权，不仅仅是靠军队，石油美元体系才是它在国际舞台上说一不二的秘密武器。而这种金融霸权，让美国在全球经济中占尽便宜。所以，美国人为了牢牢地控制中东，不时地挑起争端、煽动局势，随后再出面收拾残局，稳固其领导地位，就不足为奇了。此时，中国在中东地区扮演起了真正的调解者角色，这一举动确实令美国感到意外且难以应对。如果说俄乌战争的影响波及整个欧美，那巴以冲突则会影响到整个地球，对全球政治、经济安全局势影响巨大。在这个变幻莫测的时代，我们每个人都正在见证历史、参与历史。面对错综复杂的国际形势，我们必须时刻保持头脑清醒，才能应对各种挑战。

3. 一带一路

“一带一路”，是“丝绸之路经济带”和“21 世纪海上丝绸之路”的简称。2013 年 9 月和 10 月由中国国家主席习近平分别提出建设“一带一路”的合作倡议。“一带一路”旨在依靠中国与有关国家既有的双多边机制，利用既有的、行之有效的区域合作平台，借用古代丝绸之路的历史符号，高举和平发展的旗帜，积极发展与合作伙伴的经济合作关系，共同打造政治互信、经济融合、文化包容的利益共同体、命运共同体和责任共同体。2023 年 10 月 10 日，中国国务院新闻办公室发布《共建“一带一路”：构建人类命运共同体的重大实践》白皮书，全方位呈现了十年来共建“一带一路”取得的举世瞩目的成果。2013—2022 年，中国与共建国家进出口总额累计达到 19. 1 万亿美元，年均增长 6. 4%；与共建国家双向投资累计超过 3800 亿美元，其中中国对外直接投资超过 2400 亿美元。截至 2023 年 6 月底，中国与 150 多个国家、30 多个国际组织签署了 230 多份共建“一带一路”合作文件。2023 年 10 月 17 日至 18 日，第三届“一带一路”国际合作高峰论坛在北京举行，活动主题为：高质量共建“一带一路”，携手实现共同发展繁荣，成为纪念“一带一路”倡议十周年最隆重的活动。

古代丝绸之路是起始于中国，连接亚洲、欧洲和非洲大陆的商业贸易路线，最初的作用是运输古代中国出产的丝绸、瓷器等商品，后来成为东方与西方之间在经济、政治、文化等诸多方面进行交流的主要道路。丝绸之路从运输方式上，主要分为陆上丝绸之路和海上丝绸之路。陆上丝绸之路，是指西汉，汉武帝派张骞出使西域开辟的以首都长安（今西安）为起点，经凉州、酒泉、瓜州、敦煌、新疆、到阿富汗、伊朗、伊拉克、叙利亚等中亚国家，最后达到地中海，以罗马为终点。这条路被认为是连结亚欧大陆的古代东西方文明的交汇之路。海上丝绸之路，是指古代中国与世界其他地区进行经济交往、文化交流的海上通道。始于秦汉时期，从广州、泉州、宁波、扬州等沿海城市出发，到南洋、阿拉伯海，甚至远到非洲东海岸。随着时代发展，丝绸之路成为古代中国与西方所有政治经济文化往来通道的统称。

40 多年来，中国改革开放事业取得了巨大成就，同时也存在缺乏顶层设计、谋子不谋势和不注重改善国际发展环境等战略性问题；以及产能过剩、外汇资产过剩、油气矿产资源对国外依存度高、工业和基础设施过度集中在沿海，如遇外部打击，容易面临核心资产安全风险等具体性问题，迫切需要一整套深化改革开放的系统战略方案出台。“一带一路”倡议既是中国今后对外开放的总纲领，也将成为全面深化改革的总钥匙。

根据“一带一路”走向，陆上依托国际大通道，以沿线中心城市为支撑，以重点经贸产业园区为合作平台，共同打造新亚欧大陆桥、中蒙俄、中国－中亚－西亚、中国－中南半岛等国际经济合作走廊；海上以重点港口为节点，共同建设通畅安全高效的中巴、孟中印缅两个经济走廊。陆上丝绸之路经济带圈定的省市包括：新疆、重庆、陕西、甘肃、宁夏、青海、内蒙古、黑龙江、吉林、辽宁、广西、云南、西藏等 13 个省（直辖市）。海上丝绸之路经济带圈定的省市包括：上海、福建、广东、浙江、海南等 5 个省（直辖市）。“一带一路”路线图包括五条：

（1）北线 A：北美洲（美国、加拿大）－北太平洋－日本、韩国－日本海－海参崴（扎鲁比诺港、斯拉夫扬卡等）－珲春－延吉－吉林－长春（即长吉图开发开放先导区）－蒙古国－俄罗斯－欧洲（北欧、中欧、东欧、西欧、南欧）；

（2）北线 B：北京－俄罗斯－德国－北欧；

（3）中线：北京－郑州－西安－乌鲁木齐－阿富汗－哈萨克斯坦－匈牙利－巴黎；

（4）南线：泉州－福州－广州－海口－北海－河内－吉隆坡－雅加达－科伦坡－加尔各答－内罗毕－雅典－威尼斯；

（5）中心线：连云港－郑州－西安－兰州－新疆－中亚－欧洲。

当今世界挑战频发、风险增大。地区局势持续动荡，恐怖主义蔓延肆虐，金融危机的影响仍在发酵，“逆全球化”思潮涌动，贸易保护主义倾向抬头，“黑天鹅”事件频出，现有的全球治理体系出现了结构性问题，亟须找到新的破题之策与应对方略。中国作为一个新兴大国，有能力、有意愿也有责任为完善全球治理体系贡献智慧与力量。中国提出共建“一带一路”的倡议，顺应世界多极化、经济全球化、文化多样化、社会信息化的潮流，秉持开放的区域合作精神，致力于维护全球自由贸易体系和开放型世界经济。共建“一带一路”可以促进经济要素有序自由流动、资源高效配置和市场深度融合，推动沿线各国实现经济政策协调，开展更大范围、更高水平、更深层次的区域合作，共同打造开放、包容、均衡、普惠的区域经济合作架构。共建“一带一路”既符合中国自身的发展利益，也符合国际社会的根本利益，彰显人类社会共同理想和美好追求，是国际合作以及全球治理新模式的积极探索，将为世界和平发展增添新的正能量。“一带一路”倡议的实施在有效避免“西方经验”的局限，为全球治理提供了新的路径与方向；尤其是满足了新兴市场国家变革全球治理机制的现实要求，大大增强了新兴国家和发展中国家的话语权，是推进全球治理体系朝着更加公正合理方向发展的重大突破。

“一带一路”建设在赢得了越来越多的世界认可与赞誉的同时，也取得了日益显著的早期收获，形成了一批标志性项目，给相关国家带来了实实在在的利益，给世界带来了走向普惠、均衡、可持续繁荣的信心。如中哈（连云港）物流合作基地建设项目、亚吉铁路（亚的斯亚贝巴至吉布提）和蒙内铁路（蒙巴萨至内罗毕）建设项目等。同时，创立了亚投行、新开发银行、丝路基金等新型国际机制，构建了多形式、多渠道的交流合作平台，既缓解了当今全球治理机制代表性、有效性、及时性难以适应现实需求的困境，并在一定程度上扭转了公共产品供应不足的局面，提振了国际社会参与全球治理的士气与信心。

“一带一路”是在后金融危机时代，作为世界经济增长火车头的中国，将自身的产能与基建优势、技术与资金优势、经验与模式优势转化为市场与合作优势，实行全方位开放的一大创新。通过“一带一路”建设共同分享中国改革开放红利和经济发展经验。中国着力推动合作伙伴间合作与对话，建立更加平等均衡的新型全球发展伙伴关系，夯实世界经济长期稳定发展的基础。“一带一路”强调共商、共建、共享原则，超越了当年美国人马歇尔计划的对外援助战略意义，给21世纪的国际合作带来新的理念。传统全球化由欧洲开辟，由美国发扬光大，形成国际秩序的“西方中心论”；传统全球化由海而生，沿海地区、海洋国家先发展起来，陆上国家、内地则相对落后，形成巨大的贫富差距，导致东方从属于西方，农村从属于城市，陆地从属于海洋等一系列不平衡不合理效应。如今，“一带一路”正在推动全球再平衡，鼓励带动西部开发以及中亚、蒙古等内陆国家和地区的开发，在国际社会推行全球化的包容性发展理念；同时，“一带一路”是中国主动向外推广中国优质产能和比较优势产业，将使沿途、沿岸国家首先获益，改变历史上中亚等丝绸之路沿途地带只是作为东西方贸易、文化交流的过道的局面，而成为发展的“洼地”。这超越了欧洲人所开创的全球化局限，有利于推动建立持久和平、普遍安全、共同繁荣的和谐世界。

如果说俄乌冲突、巴以冲突是不同国家阵营之间在战场上真刀真枪的交锋，是各方战争力、破坏力的比拼；“一带一路”则是在大国博弈时代背景下，中国在经济领域对欧亚非等众多国家的吸引和团结，是生产力、建设力的彰显，对人类和平与发展的探索意义巨大。

第四节 大国博弈的同时，叠加的第四次科技革命

第一章提到，自 18 世纪 60 年代以来，人类社会一共经历了三次工业革命。第一次工业以蒸汽机为代表，让人类进入到了机械化时代；第二次工业革命以发电机为代表，让人类进入到了电气化时代；第三次工业革命以计算机、手机为代表，让人类进入到了信息化时代。目前人类正在进入人工智能为代表的第四次工业革命：智能化时代。第四次工业革命，主要是指以人工智能、虚拟现实、5G 通信、量子信息、可控核聚变、清洁能源、新材料、商业航天、生物信息技术等为代表的新一轮工业革命。其中最核心的就是人工智能技术（Artificial Intelligence，AI）。人工智能早在 1956 年就曾提出。时至今日，基于电子信息技术的快速发展，人们正在重新定义人工智能技术，人工智能的迅猛发展正在对人类社会产生前所未有的更加深刻的根本性变革。

2013 年 4 月 7 日至 11 日，德国汉诺威工业博览会，全球 65 个国家和地区的 5000 多家厂商参展。中国以近 600 家参展商规模成为东道主德国以外的最大参展国。在为期五天的展会中，“工业 4.0”的概念受到关注。“工业 4.0”，就是相对于前面的三次工业革命而言的第四次工业革命。汉诺威工博会负责人柯克勒认为，“工业 4.0”在汉诺威工业博览会上成为核心题目，在未来 10～15 年，以人工智能技术为驱动的制造业升级将对全球产业带来巨大变革。应该说，作为工业领域的全球性领先技术展会，汉诺威工业博览会直

接推动了“第四次工业革命”的正式启动。

2022 年 11 月 30 日，美国 OpenAI 团队推出了 ChatGPT 引发全球关注。ChatGPT 作为人工智能技术驱动的自然语言处理工具，对过去传统的搜索模式带来了颠覆性影响。它可以像人类一样聊天交流，而且还可以实现多种形式的文本生成。2024 年 2 月 15 日，OpenAI 团队发布了 Sora，Sora 被称为人工智能文生视频的大模型，这个模型最令人惊叹的地方是，用户只需要输入文本，Sora 就可以根据用户提供的文本创建出时长 60 秒的视频，而且这个视频逼真程度非常高，对过去传统的 3D 建模视频生成方式产生了颠覆性变革。不少电影制片人大受震撼，认为 Sora 未来直接会对影视行业带来一轮大洗牌。ChatGPT 和 Sora 彻底拉开了人工智能时代的大幕。人工智能也从大型数据模型转向大型语言模型和大型视觉模型，并加快向通用人工智能靠拢。在 AI 技术迅速腾飞的背景下，国内外多家知名公司也纷纷推出它们的大模型。在国外，谷歌推出了它的聊天机器人 Gemini、微软推出了它的大模型 Bing Chat、亚马逊推出了生成式人工智能基础模型 Titan，Meta 则推出了 AI 编码工具 Code Llama。另外，Intel 推出了它的大模型 AuroragenAI，主要面向科学领域的生成式 AI 模型。在国内，多家知名企业也先后推出了它们的大模型。例如，百度的文心一言、科大讯飞的星火大模型、阿里云的通义千问、腾讯的混元大模型等，它们主要属于通用模型。科技巨头们在积极布局 AI 大模型，小微企业也在积极尝试 AI，并打造成具有个性化的 AI 大模型。AI 已经成为创投机构积极布局的热门领域，但凡与 AI 沾边的公司，估值都会上涨不少。AI 大模型的崛起，把这一轮人工智能的发展推向了一个新的高度。随着 AI 技术的迅速崛起，应用场景不断丰富，覆盖到的行业也越来越多，标志着人工智能已经进入一个全新发展的阶段，以人工智能为代表的第四次工业革命正在快速开启。

第四次工业革命的总特征就是：智能化，也就是说让机器具备了和人一样的思考力。我们前面三次工业革命分别在机器的能源和信息两大方面取得了进步。这一次，则更进一步，赋予了机器以智力。它是在第三次工业革命：信息化基础上的进一步提升飞跃，并不是像孙悟空一样，一下子从石头缝里蹦出来的。如果说，第二次工业革命之电气化相对于第一次工业革命之机械化，是人类制造的工具在使用能源形式上的变革跨越；第四次工业革命之智能化相对于第三次工业革命之信息化，则是人类制造的工具在使用信息方式上的变革跨越。前两次建立在能源基础上，后两次建立在信息基础上。这四次工业革命既一脉相承，又进化迭代。要实现智能化，需要电子信息技术与数学、物理、化学、生物等多个基础科学的深度交叉融合，这就是国家高考招生推出强基计划的时代需求大背景。而要讲清楚智能化，就必须先讲清楚信息化。前面已经介绍了信息化工业革命的一些基本常识，为了更好的理解智能化，还需要进一步补充信息化的一些专业知识。

第一章提到，基于成本、效率优势，目前人类将信息全部转换到了电子信息领域进行交流、存储和使用。现代信息技术主要是指电子信息。而以电子技术为载体的信息化主要包括信息的三个环节：信息感知、信息处理、信息传输。大家对于信息传输最为熟悉，用得最多，我们就从传输开始，倒着讲。

1. 信息传输

信息传输，就是通信技术，也称为信号传输。信号这里特指包含有信息的电信号。今天我们用的计算机、手机都属于通信范畴。只不过前者属于有线通信，后者属于无线通信。有线传输采用电话线、网线、光纤进行信号传输；无线传输采用电磁波进行信号传播和接收。我们重点讲无线传输、无线通信，也称为无线电通信。无线通信最早要追溯到“一战”、“二战”时候的军用电台电报机。前文举过《英雄儿女》的例子，王成最后对着步话机喊“为了胜利，向我开炮!”站在无线电专业的角度看，会发现他背负的报话机背上竖着一根鞭状天线，他不是有线的电话机，是无线的电话机。军用无线电话机就是现在我们所使用的手机的原型。只不过这两个之间也有区别，主要是频段不同。那时候的无线报话机频率比今天的手机要低很多，只有2~7MHz，不像今天的手机2G为900~1800M、3G为2.1GHz、4G为2.6GHz、5G为3.5GHz。所以那时候的步话机体积、重量都很大，十几公斤重，需要背负式携带。商用可能性很小。为了商用化，就需要使其体积、重量改小，频段提高，20世纪90年代摩托罗拉造出来的世界上第一款手机DynaTAC 8000X，有半块砖头的大小，人们称它为大哥大，虽体积仍较庞大，但已可手持，标志着手机的诞生。然而，尺寸的缩减带来了功率与天线尺寸的限制，导致电磁波的传播距离缩短。以前的军用步话机，点对点通话可以作用距离几十千米。如果是发电报短信息甚至可以作用距离上百千米、几百千米。手机小下来后，频段提高了，还要和远处的人进行通话，就只能采用接力的方式，建中继基站，让用户入网。用户与基站之间无线通信，基站入网后采用有线光纤进行传递。到了对方所在的基站附近再无线通信接通通话对象，这就是建设通信蜂窝基站的原理。理解了手机通信，卫星通信也就很好理解了，我们可以把卫星当做是建在天上的一个中继基站。华为手机 mate60 的卫星通信功能主要就是和“天通一号”卫星链接进行通信。当然因为“天通一号”高 36000 千米，离地面太远，电磁波走这么远的距离衰减就很大，信号就很弱，就需要进行扩频解码等手段来提高信号信噪比。无线电传输主要通过电磁波的辐射与接收来实现信号传输，需要用到天线，用到麦克斯韦创建的电磁场理论。高等教育中，微波与电磁场理论作为专门学科，深入探究相关领域，虽学习难度大，但就业前景广阔。然而，目前开设该专业的院校已较为稀少，多并入电子科学与技术一级学科。

2. 信息处理

信息处理，也称为信号处理。就是对各种类型的电信号，按照目的和要求进行加工的过程，它是对信号进行提取、变换、分析、综合等处理过程的统称。对于模拟信号的处理称为模拟信号处理，对于数字信号的处理称为数字信号处理。模拟信号的处理手段，相对比较单调，无外乎滤波、混频、放大，把信号上变频、下变频这些方法，为的就是在发射端把信息调制在高频的电信号上更高效地辐射出去；到了接收端再把信息解调下来变成低频的慢信号，方便后续显示、处理。数字信号的处理手段，就复杂多样很多，但是基本上就是时域、频域，傅里叶变换、幅相分析这些方法。因为数字信号在运算、处理、存储、读取等方面具有独特的便捷优势，因此虽晚于模拟信号的发展，但是一经采用就大行其道。而连接起模拟信号与数字信号的桥梁就是模数转换与数模转换电路，也就是常说的 AD 采样与 DA 转换电路。AD 采样，指从连续的模拟信号过程中抽取采样，从而得到时间上离散的信号序列，从而把一个连续的模拟量抽取成一个个离散的点。其中，样本之间的时间间隔就称为采样周期，其倒数称为采样频率。在进行信号 AD 采样（模数转化）的过程中，采样频率应大于信号中最高频率的 2 倍，采样之后的数字信号才能够完整地保留了原始信号中的信息，才可以完全正确的恢复原始模拟信号，称之为奈奎斯特采样定律。一般的实际工程应用中为保证信号恢复质量，采样频率一般选为信号最高频率的 5 ~ 10 倍。对于奈奎斯特采样定律可以浅显地比照理解：人们对任何事物的观察学习，都是一个离散采样的过程，而且采样频率需要适当。太低，反映不出事物的变化规律；太高，数据量太大，处理压力大。最低采样频率不能低于事物变化频率的两倍，也就是一个变化周期内至少要采两个点，一个波峰、一个波谷，才能呈现出一个变化的周期。这个思想，广泛地应用于探测系统中的模拟连续信号到数字离散信号的 AD 转换上；甚至还潜移默化的应用于学生考试、员工考勤、产线检测等学习工作中。现在外面比较热门的算法工程师，大部分指的就是数字信号域的算法工程师。而模拟域的信号处理，大部分属于硬件工程师的任务。

3. 信息感知

借助各种仪器、传感器来测定物体位置、形状以及其他各种物理量（如温度、重量、地震波、电压等），就是信息感知的过程。被观察的事物一般被称为目标；所利用的仪器一般被称为传感器。在信息感知领域有这几个名词需要解释。

（1）探测。对于不能直接观察的事物或对象，需要利用声光电等各种各样的波和场来实现非接触测量，就称之为探测。探测的主要目的是通过非接触方法测量固定或移动目标的距离、角度或高度等位置信息，以及运动速度、轨迹路线等，有时也包括目标形状、材质、温度、质量等辅助信息。利用这些信息，还可以进一步实现目标特征分析、识别成像等功能。如果仔细回味，你会发现自然界里以及人类文明的交流过程中，绝大部分信息其实都是关于目标或事物的时间、地点以及运动变化状态的信息，这也是人类探测感知获取的主要任务目标以及信息类型。客观世界中分布着声、光、电、热、磁各种各样的波或者场，万事万物均处于这些波与场之中。当外部的波与场在传播路径上遇到这些目标后将产生反射、衍射，继续向空间传播；甚至被探测目标本身就可发出某种波与场向空间传播扩散；同时，这些波一般须满足以下基本特性：传播扩散速度快且恒定。基于以上前提条件，才可以利用各种各样的传感器实现对因被探测目标引起的波与场所产生的改变量来间接实现对目标位置、运动信息的非接触测量。当探测系统本身不辐射波与场，利用目标本身所辐射的波或者外部波源在目标上所产生的反射波来实现探测，称之为被动探测或无源探测系统。反之，当探测系统利用系统本身辐射的波与场在目标上所产生的反射波来实现探测，称之为主动探测或有源探测系统。眼睛属于一套典型的光波探测系统。日常生活中，人们对自然界的观察，就是利用这套光波探测系统并借助外部的光源（太阳光、灯光等）来实现无源被动式探测。人们的日常观测行为，绝大部分均可归纳为光波探测范畴；反之，探测是人类利用先进的传感器技术代替眼睛，突破光波频段限制的更广义上利用各种波段的观测活动。

（2）雷达。对于空间中相对观测者存在一定距离的目标对象，利用电磁波照射到目标上反射后，对反射电磁波进行接收从而实现对该目标的距离、角度等位置信息以及运动速度、轨迹路线等运动信息的非接触测量称为无线电探测和测距（radio detection and ranging，Radar），译为雷达。雷达利用电磁波在空间感知信息。有源雷达探测时，需要辐射和接收电磁波，电磁波所走的路径为双程：基于两次球面波扩散能量守恒原理，电磁波能量将按照距离 R 的四次方关系衰减。无源雷达探测时，需要目标反射外部电磁波信号或自身辐射电磁波信号，在目标到雷达之间，电磁波所走的路径为单程。

（3）导航。采用导航卫星发射电磁波，在地面、海洋、空中和空间的用户通过接收该组电磁波实现对用户的定位及导航的技术称为卫星导航（Satellite navigation）。卫星导航的基本原理是用户利用接收设备精确测量由系统中不在同一平面的 4 颗卫星所发出的电磁波信号的到达时间差，来解算出用户位置的三维坐标以及用户与系统的时钟差。常见的 GPS 导航，北斗星导航等均属于卫星导航。卫星导航，需要预先精确掌握系统内部卫星运行轨道和实时位置信息，并要求系统内部卫星之间、以及卫星与用户机之间实现高精度时间同步，在此基础上才能通过不同卫星所发射电磁波到达用户机的时间差，解算路程差，从而实现对用户的空间定位。卫星导航，卫星到用户之间的电磁波所走的路径为单程。基于球面波扩散能量守恒原理，电磁波能量按照距离 R 的平方关系衰减。华为手机 mate60 除了通话功能，还集成了北斗导航定位功能，在用户附近没有网络的情况下，通过卫星可以向外部发送消息和位置信息。

（4）声呐。声波在海水中传播衰减程度远小于电磁波，这一物理特性决定了在水下和介质环境中的目标探测任务中，声探测技术具有独特优势。利用声波进行探测，就是声呐。在军事上，可以进行水下目标探测、敌方指令监听、信息收集、敌我判别等等；在工业上，可以进行无损探伤，分析诊断故障；在医疗领域，B 超可以对人体器官组织进行成像、识别，并进行医学诊断等等。

补充完了电子信息领域的专业知识，下面继续介绍人工智能就简单多了。所谓智能，无外乎就从以上三个方面展开：信息智能感知、信息智能处理、信息智能传输。打一个形象的比方，我们国家交通部现在正大力建设“车－路－云”协同的智能交通的概念，信息传输和道路交通有相似之处：信息传输的网络，相当于信息的高速公路；信息感知的传感器，属于信息产生的源头，相当于信息高速公路上跑的各个车辆；信息运算处理，是对各种信息进行分析、运算、处理，实现人机交互与协同控制，相当于指挥交通的交警和红绿灯。要实现交通智能化，需要从“车－路－云”三方面入手，实现智能的路、智能的车、智能的云，而要实现信息智能化，也需要从网络、传感器、运算与控制三方面入手，实现智能网络、智能感知、智能运算与控制。再打一个更浅白的比喻，把整个人类比作一个人，机械化、电气化的第一次、第二次工业革命提升了人的体力，改造了人的体魄；信息化的第三次工业革命提升了人的感知能力，改造了人的五官；智能化的第四次工业革命则是提升人的智力，改造人的大脑。人类要真正实现智能化，进入智能时代，整个社会系统和一个人一样，必须要具备“耳聪目明、四肢灵活、脑瓜子好使”三大特质，最终表现为一切感知、思考及动作反应快速敏捷，具备超能力。下面，仍然沿着传输、处理、感知的顺序，倒着讲述。

1. 信息智能传输

信息智能传输主要指由5G、6G移动互联网所组成的信息高速公路。5G、6G主要解决了人对信息传输的实时性问题。按照香农定理：信号的传输速率与信号的带宽成正比。而信号带宽又分为相对带宽和绝对带宽，在相对带宽基本固定的情况下，中心频率越高，绝对带宽越大。也就是说信息传输大致满足以下规律：中心频率越高，绝对带宽越大，信号传输速率越高，系统的实时性越好。这就是从2G到5G，系统中心频率一路升高的根本原因。但是频率太高，也会带来一些问题，如作用距离缩短，导致基站越建越密。运营商对此亦无良策，随着频段的升高，每个基站的作用范围越来越小了，蜂窝的格子也就越来越密了。所以频率选择要折中考虑。

有消息称5G之争，美国人选择几十个GHz的毫米波频段，中国人主要选择6GHz以下频段。站在专业的角度，美国此次的选择可能并不明智。频率过高，会导致基站密度、功耗及建设成本大幅增加。而华为在5G上的技术领先，也成为它在美国人眼中的“原罪”。未来的智能信息时代，敢问路在何方？路不在美国人的脚下，路在华为人的手上，这才是美国人打压华为的根本原因。美国一方面通过打压让华为在国际5G市场上寸步难行，一方面牵头成立6G联盟，希望在6G时代实现对华为的反超，重新成为通信领域的霸主。但是，理想很丰满，现实很骨感。2024年4月12日，华为轮值董事长徐直军在华为第18届世界分析师大会上正式宣布，华为将在2030年推出6G，网速是5G的50倍左右，再一次将美国甩在了身后。按照目前华为的技术现状，5G可提供高达每秒10吉比特的峰值下载速度，通信延迟低至1毫秒，能够支持每平方千米约100万个设备连接，支持高清视频流、自动驾驶、智能城市和物联网等应用；引入一定程度的网络切片和边缘计算，提高了网络的灵活性和效率；虽有卫星通信尝试，但相对有限，仍主要关注地面通信覆盖。而未来的6G技术，将有望实现太比特/秒（1000吉比特/秒）级别的速度，比5G快100倍以上，进一步降低通信延迟达到微秒级（千分之一毫秒），将大幅提升设备连接密度，更好地满足物联网设备日益增长的连接需求，进一步扩展应用范围，包括增强现实（AR）、虚拟现实（VR）、全息通信、空天地一体化网络等，将更深入地整合人工智能，实现网络的自我优化、自我修复和智能资源管理，通过集成地面和非地面网络（如卫星），实现全球覆盖，包括偏远山区和海洋区域等。华为在5G、6G通信技术领域的技术突围表明，只要中国科技人员有志气、有毅力、有干劲，任何试图阻止中国科技发展的封锁和打压都将是徒劳的。

2. 信息智能处理

信息智能处理主要包括智能运算和智能控制两大方向。智能运算和智能控制主要解决了人对信息处理、决策、控制的实时性问题。

（1）智能运算，主要是面对海量数据的大数据分析。2020年以来，在人工智能大模型技术的推动下，智能计算迈向新的高度。OpenAI等公司让AI从“小模型 + 判别式”转向“大模型 + 生成式”，从传统的人脸识别、目标检测、文本分类，升级到如今的文本生成、3D数字人生成、图像生成、语音生成、视频生成。大语言模型在对话系统领域的一个典型应用就是OpenAI公司的ChatGPT，它采用预训练基座大语言模型GPT-3，引入3000亿单词的训练语料，相当于互联网上所有英语文字的总和。其基本原理是：通过给它输入，让它预测下一个单词来训练模型，通过大量训练提升预测精确度，最终达到向它询问一个问题，大模型产生一个答案，与人即时对话。在基座大模型的基础上，再给它一些提示词进行有监督的指令微调，通过“指令－回复”的反复迭代，逐渐让模型学会如何与人进行多轮对话；最后，通过人为设计和自动生成的奖励函数来进行强化学习迭代，逐步实现大模型与人类价值观的对齐。文生视频模型的典型代表是OpenAI于2024年2月15日发布的SORA，它将视频生成时长从几秒钟大幅提升到一分钟，且在分辨率、画面真实度、时序一致性等方面都有显著提升。SORA的最大意义是它具备了世界模型的基本特征，即人类观察世界并进一步预测世界的能力。世界模型是建立在理解世界的基本物理常识（如水往低处流等）之上，然后观察并预测下一秒将要发生什么事件。虽然SORA要成为世界模型仍然存在很多问题，但SORA已经学会了画面想象力和分钟级的未来预测能力。在这些方面，美国已经领先于我国，并且差距越拉越大。我国的科技企业和科研院校在该领域需要引起重视，并奋起直追。

（2）智能控制，即对系统的实时决策和控制。受益于我们强大的工业生产规模和巨大的市场应用场景，在智能控制领域，我国目前在全球居于相对领先地位。智能计算，需要基于对物理过程的规律、模型、方法的深刻理解，通过数学手段对海量数据的计算分析，才能够做到事半功倍。智能控制，需要有过程控制、自动化等专业的知识。所以重视基础研究在未来的智能时代非常重要，它是第四次工业革命的科学源泉，也必将在第四次工业革命中得以发展。这是“科学－技术”之间相互促进，不断迭代的基本发展规律；也是教育部推出强基计划，加大数学、物理、化学等基础学科招生规模的根本出发点。对于高考考生和家长而言，在填报人工智能类专业志愿时，本书可以提供对智能处理、智能传输、自动化、大数据、大模型、5G、6G等多个专业的系统性介绍。

3. 信息智能感知

信息智能感知，主要指智能传感器。传感器主要解决了人对信息感知的实时性问题。以前的信息载体，比如书籍属于静态的，实时性差，往往以年、月为单位；报纸、电视新闻属于准动态信息，时效性好很多，以天为单位，但依然不具备实时性；而现在的手机自媒体、新闻网络直播就完全属于动态信息，实现了延时仅有毫秒级到秒级的实时性。智能化时代，我们要靠大量的智能传感器，把所有的人和物，通过智能传感器与互联网连接在一起，进行互联互通，实现动态感知，获取海量实时信息，这就是物联网的概念。

物联网离不开各种各样的传感器。由于人类目前关于电力、电子的理论最完善、技术最丰富，导致几乎所有的传感器最后都需要电源供电提供能量，并且将压力、风速、流量等其他形式的物理参量转换到电压、电流等电信号上来进行测量和控制，传感器主要实现从非能形式的物理参量到电信号的转换，有时也称为换能器。在非接触的探测场景中，主要利用声、光、电、热、磁，各种各样的波和场来获得物理量参数及其变化。针对不同形式的波，传感器具体的称呼也有所不同：对于声波，一般称为传声器；对于光波，一般称为镜头；对于电磁波，则称为天线或天馈。传感器是智能时代一个非常重要的核心技术方向，并且发展高性能的传感器芯片更加重要，通过集成化、微型化、低成本化的传感器芯片，可以实现更快的速度，更高的精度、更智能化的感知、测量与控制。在诸多传感器中，最先进的莫过于雷达传感器，它具有全天候、超视距等优势，以前受限于成本因素，多用于军事领域，但是随着毫米波雷达芯片批量走向市场，雷达传感器的民用市场已经迎来井喷之势。2012 年，英飞凌和飞思卡尔成功开发了芯片级别的毫米波射频芯片。这一突破性技术的出现降低了毫米波雷达的技术门槛和制造成本，为其在多个领域的应用打开了大门。而在 2017 年，德州仪器（TI）进一步推出了使用 CMOS 工艺高度集成的 77GHz 毫米波雷达芯片，实现了单片微波集成电路、DSP 和 MCU 的高度集成，显著降低了制造成本和硬件开发难度，推动了毫米波雷达技术在自动驾驶等商业领域的快速普及和广泛应用。以前，军用的毫米波雷达造价动辄上千万，现在民用的车载毫米波防撞雷达成本低到只有十几美元。

讲完了人工智能所体现的三个方面：智能感知、智能处理、智能传输，下文讲算力和能耗。

1. 算力

算力，望文生义，就是运算能力，指计算设备或数据中心处理计算数据信息的能力。在经典的计算机中，中央处理器（CPU）包含了运算器和指令控制器，其中运算器承载了主要的运算功能。算力的狭义定义是计算机具备的理论上最大的每秒浮点运算次数（FLOPS）。然而，计算机不光需要具有运算能力，还需要有数据存取能力、传输能力、显示能力等。算力的广义定义是计算设备或数据中心处理数据信息的能力。要实现大数据的智能处理，就需要大量的 CPU、GPU（图形处理器）。所以提高算力的最简单粗暴的方法就是大量生产 CPU、大量采购 CPU。所以有人说，人工智能时代，最大的受益者是英伟达。英伟达专业生产 CPU、GPU，尤其占领了 GPU 市场大部分的份额，不少 AI 大模型依赖英伟达的 GPU 进行运算。近年来英伟达股价持续走高，2024 年 6 月份突破 3 万亿美元的市值规模，一度超越苹果公司的市值。早在 2000 年前，英伟达就已经前瞻性地推出了自己的 GPU 芯片，并且二十多年来不断提升算力、性能，其应用已经从游戏、比特币挖矿成功拓展到 AI 大模型领域。随着人工智能市场对 GPU 的依赖度不断提升，英伟达成为了人工智能发展的最大赢家。面对这一块大蛋糕，自然会有很多企业想要分享。但是，因为英伟达的 AI 芯片性能比较强，并且在深度学习、大规模数据处理等方面优势明显，所以短时间内，很难找到赶超者。凭借极高的市场份额，结合全球市场对 AI 算力、AI 芯片的旺盛需求，其产品供不应求，股价屡创新高。实际上，英伟达的竞争者有很多。例如，英特尔通过推出神经网络处理器等方式，提升自身的 AI 处理器性能；AMD 则推出了针对 AI 训练和推理的工具包，也意在争夺英伟达的市场份额；而在中国，景嘉微是值得大家关注的第一个国产 GPU 上市企业。未来算力与人力、物力、财力一样，将成为衡量一个国家经济竞争力的核心指标。2024 年 4 月，工业和信息化部表示，中国算力达到每秒 230 百亿亿次浮点运算，位居全球第二。其中，我国超算中心的市场规模全球领先。根据第 56 期全球超级计算机 TOP500 榜单数据，中国部署的超级计算机数量继续位列全球第一，达到 226 台，占总体份额超过 45%。截至 2023 年，我国共有 14 座国家级超算中心，分别位于天津、深圳、长沙、济南、广州、无锡、郑州、昆山、成都、西安、太原、重庆和乌镇。

2. 能耗

据报道，ChatGPT 的单日用电量超过 50 万千瓦时。而美国普通家庭平均单日用电 29 千瓦时，也就是说一个 ChatGPT 的日耗电量就约等于 1.7 万个美国家庭日耗电量。以美国商业用电价 0.147 美元/度计算，光电费一年就要花 2682 万美元，换算成人民币约 2 亿元。同样，我国算力的用电量也在快速增加。据证券时报报道，在京津冀的算力枢纽：张家口，2024 年 1 月至 7 月，数据产业集群用电量超过 33 亿千瓦时，同比增幅达 31.4%。早在 2017 年，国内数据中心总耗电量就达到了 1200～1300 亿千瓦时，超过三峡大坝和葛洲坝电厂发电量之和（约 1000 亿千瓦时）。2025 年，预计将高达 3800 亿千瓦时。对于智能计算产业来说，电力成本是除了芯片成本外最核心的成本。智能算力除了耗电，还耗水。因为巨型计算机大量发热，需要用水进行散热，这也是很多超算中心建在海边或者海底的原因。Google 在《2023 年环境报告》显示，其 2022 年总共消耗 56 亿加仑的水。其中约 52 亿加仑用于公司的数据中心，比往年增加 20%，相当于 1.5 个西湖的蓄水量。可见，人工智能简直是一个“电耗子”“吞金巨兽”。没有雄厚的财力、物力，一般国家根本玩不转。

在智能时代，除了人工智能，还有以下的新技术领域值得关注，也是未来各位读者可以重点考虑的方向。

1. 新能源

除了传统的水电、火电，其他的发电形式都可以称为新能源，包括风能、太阳能、氢能、核能等。这里面大家应该重点关注可控核聚变技术，而不是氢能源。据央视新闻，2023 年 4 月 12 日 21 时，中国建造的世界首个全超导托卡马克 EAST 装置获重大成果，实现了高功率稳定的 403 秒稳态长脉冲高约束模等离子体运行，创造了托卡马克装置稳态高约束模运行新的世界纪录，标志我国掌握可控核聚变高约束先进控制技术。随后，2023 年 12 月，“*Nature*”期刊的最新论文表示，美国国家点火装置（NIF）已成功进行了四次点火实验。通过对高能激光束的精确控制和操作，NIF 能够将达至 2 百万焦耳级别的能量，通过 192 条激光束聚焦于极其微小的区域内，从而催生出类似恒星、大型行星内部核心以及核爆炸状态下的高温高压环境，以此来发生核聚变。在这 4 次点火实验中，NIF 均实现了“消耗量小于产出量”的增益效果，输入能量 2.2 兆焦，输出能量达 3.4 兆焦，这意味核聚变成功产生了正的能量收益，人类向无限能源时代又前进了一步。在技术取得突破的同时，可控核聚变的商业化进程也在迅速推进。2023 年 12 月 29 日，中核集团携手 25 家央企、科研院所及高校组建了中国聚变能源公司。国务院明确指出，将可控核聚变作为未来能源发展的重要方向。“人造太阳”或许再需要数十年时间就能实现，将成为未来人类终极能源的重要技术手段。

2. 新材料

指新近发展或正在发展的具有优异性能的结构材料或功能材料。结构材料主要是利用它们的强度、韧性、硬度、弹性等机械性能，如碳化硅材料、新型陶瓷材料、非晶态合金（金属玻璃）、高端金属材料等。功能材料主要是利用其所具有的电、光、声、磁、热等功能和物理效应，如隐身材料、吸波材料、高温超导材料、储能材料、新能半导体材料、先进高分子材料、高性能复合材料等。中南大学的材料学科，拥有世界上最完备的“地质、采矿、选矿、冶金、材料、加工、制造”有色金属学科体系链，冶金工程、矿业工程在软科世界一流学科排名中居全球前两位。冶金、矿业、材料等学科看似冷僻，但中南大学在日渐火热的新能源、新材料赛道上，悄然培养出了一大批上市军团。业内统计，全国锂电池企业，绝大部分掌门人或研发人员出自中南大学。中南大学也被称为中国新能源行业的“黄埔军校”。其中，最知名的人物莫过于比亚迪掌舵人王传福。早年，王传福从中南矿冶学院冶金物理化学专业毕业，后来在深圳创办比亚迪公司。此后 20 余年，王传福靠着小小的手机电池起家，缔造了一个庞大的新能源汽车版图，如今已覆盖新能源汽车、动力电池、半导体等产业。目前我国在材料领域仍明显落后西方国家，在自主可控的时代背景下，这恰恰是大家志愿填报的重大时代机遇，而中南大学应成为大家报考材料专业的优先选项。

3. 脑机接口

脑机接口指的是不依赖大脑神经信号的正常通路，而依靠人工外部植入的脑电波传感器实现人脑与四肢或者人脑与外界直接通信的技术。2023 年曾有个新闻，数千人正排队等待，希望能植入马斯克旗下脑机接口公司（Neuralink）的大脑植入物。以马斯克为首的一些脑科学家们，希望能够通过脑机接口技术把人工传感器芯片植入人的大脑中，创造出记忆力增强、半人半机、灵魂永生的超级人类出来。这实在是个疯狂的想法。不管马斯克所研究的超级人类能不能出现，至少脑控和控脑这样的脑机接口技术对于我们普通的人类也是很有用的。脑控，就是用脑子去控制机器。控脑，就是用机器去控制脑子。这二者是相互的一个闭环。脑控，对于残疾人、四肢不健全、听力损失、视力障碍患者而言，是一个福音。他们将有望通过自身意念就能操作假肢、轮椅、键盘或者鼠标，进行独立生活或者与外部交流。控脑，则有点可怕。但是对于我们审讯犯人，控制动物的迁徙、运动却具有特殊用途。脑机接口技术，属于信息科学与生命科学的重要前沿交叉领域之一。未来，不仅需要技术上的突破，更会对人类的价值观提出巨大考验。只有在充分解决规范好医学伦理的前提下，脑机接口技术才有望在医学、娱乐、教育、安全等领域发挥重大作用。

4. 基因编辑

指通过基因编辑技术对生物体基因组特定目标进行修饰的过程。高效而精准地实现基因插入、缺失或替换，从而改变其遗传信息和表现型特征。基因编辑技术是一种革命性的生物技术，用于修改生物体的基因组，使科学家能够针对特定的基因序列进行精确的编辑和改变。基因编辑属于典型的通过调控微观 DNA 结构编辑来实现宏观生命特征的改变。把类似病毒的特殊核酸酶接种人体后，通过裂变繁殖，几天、十几天时间，很快就可以把人体所有蛋白质的 DNA 结构全部编辑裁剪一遍。微观上基因编辑的剪刀就是核酸酶。不知基因谁裁剪，核酸酶似大剪刀。基因编辑技术属于信息科学与生命科学的重要前沿交叉领域之一，具有巨大的潜力，对于遗传疾病治疗、癌症治疗、农作物改良都具有重大应用前景，可以对医学、农业和其他领域产生革命性的影响。然而，这项技术也需要严格控制伦理安全风险，加强监管措施，以确保其安全性和可持续性。

5. 商业航天

指航天产业商业化的过程。2008 年，经费紧张的 NASA 启动“商业轨道运输服务”项目，旨在为国际空间站发展商业补给服务。经过招标，NASA 最终选择了两家私企，其中一家就是马斯克创建的 SpaceX。这是美国太空探索战略有史以来最大的一次转型：私营公司成为了研发制造航天运载器的主力。2020 年 11 月 16 日，美国 SpaceX 公司在肯尼迪航天中心用“猎鹰”9 号火箭，成功将搭乘有 4 名航天员的载人龙飞船（Crew－1 任务）发射升空，驶向国际空间站。2024 年 9 月 12 日，SpaceX 的“北极星黎明计划”，也使人类史上首次商业太空行走取得成功。亿万富翁贾里德·艾萨克曼和 SpaceX 员工莎拉·吉利斯相继走出载人龙飞船，在 700 千米轨道的太空中进行了人类历史上首次商业太空行走。2023 年，美国共发射火箭 116 次，其中 98 次都来自 SpaceX。2023 年，SpaceX 旗下“猎鹰”9 号和“重型猎鹰”可重复使用运载火箭共实施 96 次发射，全部成功，占全球年度总发射任务次数的 43%；发射质量 1195 吨，占全球总发射质量 80%；发射卫星数量 2514 颗（其中“星链”1948 颗），占全球总发射卫星数 87%。SpaceX 已成为美国航天的主力。美国航天私企的成功，也给我国的航天运载器的效率和效益提出了挑战，在一定程度上为我国航天体制改革提供了十分有益的借鉴。2015 年被认为是中国民营商业航天的元年。《国家民用空间基础设施中长期发展规划

(2015—2025 年)》出台，明确鼓励民营企业发展商业航天。以翎客、蓝箭、零壹为代表的中国第一批民营商业火箭公司开始创立。2023 年，5 家中国民营火箭公司先后成功向近地球轨道发射 13 发火箭，同时，多个卫星公司也开始走向商业化闭环。截至目前，我国成功将火箭发射入轨的商业火箭企业包括：星际荣耀、星河动力、蓝箭航天、天兵科技、中科宇航、东方空间等。2024 年政府工作报告强调，积极打造商业航天等新增长引擎。这是商业航天首次写入政府工作报告。2024 年 8 月，中国“千帆星座”首批组网卫星在太原成功发射举行，标志着中国版“星链”计划迈出坚实第一步，我国向全球卫星互联网领域正式挺进。除此之外，中美之间的探月、探火航天计划也在暗自较劲竞争。

第五节　奇人马斯克，值得我们高度关注和认真学习

前面在讲第四次工业革命的过程中，反复地提及一个人：马斯克。他目前的头衔包括但不限于：Tesla 创始人兼首席执行官，SpaceX 首席执行官兼首席技术官，SolarCity 董事会主席、Twitter 首席执行官，Neuralink 创始人、OpenAI 联合创始人、美国国家工程院院士、英国皇家学会院士。他是当今世界当之无愧的最伟大的企业家、工程师、发明家和慈善家。

埃隆·里夫·马斯克，1971 年 6 月 28 日出生于南非，父亲是南非人，母亲是加拿大人。马斯克从小就对科学技术十分痴迷，10 岁开始学习编程，13 岁开发出一款名叫“炸弹”(Blastar) 的太空游戏软件，以 500 美元的价格出售给“*PC and Office Technology*”杂志，赚到人生的第一桶金。

1992 年，马斯克进入美国宾夕法尼亚大学沃顿商学院攻读经济学。大学期间，他开始深入关注互联网、清洁能源、太空这三个影响人类未来发展的领域。在取得经济学学士学位后，又留校一年拿到物理学学士学位。1995 年，马斯克进入斯坦福大学，攻读材料科学和应用物理博士课程。但在入学后的第 2 天，就决定离开学校开始创业。

1995 年，马斯克辍学后，与弟弟卡姆巴·马斯克 (Kimbal Musk) 拿到硅谷一个小集团的随机天使投资，创办了 Zip2 公司，这是一家为新闻机构开发在线内容出版软件的公司。四年后，康柏公司以 3.07 亿美元现金和 3400 万美元股票期权收购了 Zip2 公司，28 岁的埃隆·马斯克在这笔收购中获利 2200

万美元。

1999 年 3 月，埃隆 · 马斯克投资 1000 万美元，与两位来自硅谷的合伙人创办了一家在线金融服务和电子邮件支付业务公司 X. com。2000 年，马斯克将 X. com 公司与彼得 · 蒂尔和麦克斯 · 拉夫琴创办的 Confinity 公司合并，新公司更名为贝宝（PayPal）。2002 年初，PayPal 上市。2002 年 10 月，PayPal 被当时全球最大的网商公司易贝（eBay）以 15 亿美元全资收购，埃隆 · 马斯克作为当时拥有贝宝 11.7% 股权的最大股东，拿到了 1.65 亿美元。马斯克稍后接任 CEO 一职，但最终在公司内部的斗争中失败而被逐出公司。

2002 年 6 月，马斯克投资 1 亿美元成立太空探索技术公司 SpaceX，任首席执行官兼首席技术官。2008 年 9 月 28 日，SpaceX 在马绍尔群岛第四次发射“猎鹰”1 号，并获得成功，这是私人投资公司首次成功进行轨道发射。而此前的三次发射均宣告失败。“猎鹰”1 号发射成功之后，SpaceX 开始升级，将原本仅有 1 台梅林（Merlin）发动机的“猎鹰”1 号升级为由 9 台梅林发动机组成的“猎鹰”9 号。2010 年 6 月 4 日“猎鹰”9 号完成首次发射，2011 年 SpaceX 又拿到追加至 3.96 亿美元的投资，用于研发“猎鹰”9 号和龙飞船。一般情况下，火箭发射升空后，第一级推进器就会被废弃，马斯克认为这是火箭发射成本高的主要原因，若能将其回收将有效降低成本。从 2012 年 9 月到 2013 年 10 月，SpaceX 陆续做了 8 次火箭回收试验，最终在 2015 年 12 月 21 日，“猎鹰”9 号安全在陆地软着陆，这也是人类发射火箭历史上的第一次助推器回收。2016 年 4 月，“猎鹰”9 号实现了首次海上回收。2016 年 9 月 1 日，“猎鹰”9 号在发射前的测试中发生爆炸，事故造成 Facebook 价值 2 亿美元的 Amos－6 卫星完全摧毁，SpaceX 经历了被马斯克称为“最困难最复杂”的一次失败。SpaceX 由此陷入 4 个月的发射停滞，直至次年 1 月才重新开始发射试验。在无数次的爆炸和失败中，“猎鹰”9 号逐渐成为 SpaceX 最为成熟的火箭，担负了 SpaceX 的主要发射任务。2011 年，SpaceX 旗下的大运力火箭“重型猎鹰”首次对外亮相，“重型猎鹰”由三枚经改装的“猎鹰”9 号火箭组装而成。2015 年到 2017 年，因火箭故障、政府停摆等原因，一再推迟发射。直到 2018 年 2 月 7 日，“重型猎鹰”运载火箭在美国肯尼迪航天中心首次成功发射，并成功完成两枚一级助推火箭的完整回收。2012 年 10 月 7 日，SpaceX 从卡纳维拉尔角空军基地发射了“猎鹰”9 号火箭，将龙飞船送入轨道，这是 SpaceX 公司货运飞船首次正式承担向国际太空站运货的任务，也是第一艘向国际空间站运送货物的商业飞船。龙飞船1号在2020年退役之前，向国际空间站共执行了23次货运任务。SpaceX公司从2014年开始研发龙飞船2号，这是一种能够搭载宇航员和货物的版本。2020年5月30日，SpaceX使用“猎鹰”9号发射了新的载人龙飞船，上面搭载两名宇航员道格·赫尔利（Doug Hurley）和鲍勃·本肯（Bob Behnken）。这两人是第一批乘坐SpaceX火箭升空的人类。2021年4月23日，载有4名宇航员的SpaceX龙飞船在肯尼迪航天中心发射升空，飞船飞往国际空间站，此次载人飞行任务也是SpaceX与美国国家航空航天局进行的第二次商业载人航天发射任务。2021年9月15日，亿万富翁贾里德·艾萨克曼（Jared Issacman）和其他三名乘客包下SpaceX的一次私人航天旅行，在太空中度过了三天，这是人类历史上第一次商业载人航天轨道飞行任务。2019年底，SpaceX开始研发新项目，着手建造下一代星际飞船Starship。Starship可重复使用，用于火星飞行，可容纳100人。2021年5月，SpaceX首次完成了Starship的亚轨道试飞。此前四次，Starship原型都发生了爆炸。马斯克的长期目标是在火星上建造自给自足的定居点，为了将足够的人员和物资送往这颗红色星球。2015年1月，马斯克宣布SpaceX的卫星互联网服务计划。SpaceX计划将约1.2万颗通信卫星发射到轨道，并从2020年开始工作，这一项目被命名为“星链”（Starlink），意图在全球范围内提供低成本的互联网连接服务。2018年3月，“猎鹰”9号火箭在一次常规发射任务中搭载了星链计划的试验星，开展对地通信测试。2019年，SpaceX开始发射星链卫星。2020年5月，SpaceX向美国联邦通信委员会提交第二代“星链”卫星部署计划申请，希望额外部署3万颗卫星，将“星链”卫星数量扩充至4.2万颗。截至2024年4月，该公司已经向近地轨道发射了6145颗星链卫星。在马斯克身上，我们可以看到屡战屡败、屡败屡战的推动航天科技产业发展的执着精神。

2004年，马斯克向马丁·艾伯哈德创立的电动汽车制造商特斯拉汽车投资630万美元。2008年，特斯拉推出第一款电动跑车Roadster，但因为金融危机蔓延，特斯拉高昂的研发成本，一度让公司陷入困境，面临破产风险。为了解决资金短缺，马斯克把他个人最后的4000万美元投了进去，并担任特斯拉CEO，带领特斯拉挺过最艰难的时刻。2010年初，时任美国总统奥巴马参观特斯拉工厂，随后特斯拉成功拿下4.65亿美元的政府低息贷款，之后

Model S 开始接受预定。2010 年 6 月，马斯克成功带领特斯拉在纳斯达克上市，筹集了约 1.84 亿美元资金。尽管上市前夕有报道称他濒临个人破产，但特斯拉成功上市为他带来了转机。上市后，马斯克的个人财富大幅增长，特斯拉也成为自 1956 年福特汽车 IPO 以来，第一家上市的美国汽车制造商，并且是当时唯一一家在美国上市的纯电动汽车独立制造商。2012 年，特斯拉正式推出了 Model S。随着这一车型的成功，特斯拉股价不断上涨，在 2013 年冲上了每股 158 美元的历史高点，同年 7 月，特斯拉被纳入纳斯达克 100 指数，成为唯一进入这一指数的美国汽车股，市值很快超过 100 亿美元。2014 年，特斯拉宣布共享专利技术，推动电动车发展，其开放专利的行为被视为意图成为行业标准。随着特斯拉全球工厂不断建立，2019 年，特斯拉上海超级工厂以"特斯拉"速度，实现开工、投产、交付三步走，成为中国第一家外商独资设立的汽车公司，也是特斯拉首个海外工厂。2020 年 6 月 10 号，特斯拉股价首破 1000 美元，成为全球市值最高车企，逐渐形成了 Model S、Model X、Model Y、Model 3 等新能源车系列。

2006 年，马斯克个人出资 1000 万美元，创办了太阳城公司（SolarCity），由他的表弟 Lyndon Rive 担任 CEO 和联合创始人。其目标是让千家万户使用太阳能发电系统，加速可持续能源时代的到来。2016 年 8 月，特斯拉公司宣布，与太阳城公司达成一项价值 26 亿美元的并购协议，这项交易被媒体形容为"左手牵右手"。特斯拉与太阳城的整合，将改变能源生产、存储和消费模式，其最终目标是打造全球唯一的垂直一体化能源公司，产品覆盖太阳能面板、家用蓄电池和电动车等。

2016 年 12 月，马斯克成立了一家解决地面拥堵问题的轨道交通公司 The Boring Company。Boring 公司由马斯克在 SpaceX 的长期副手斯蒂夫·戴维斯（Steve Davis）掌舵。2017 年 7 月，马斯克在推特上表示，得到了政府口头批准，允许 Boring 公司开始建造超级高铁（Hyperloop）。超级高铁设计目标是以每小时约 700 英里（1130 千米）的速度通过真空管运送乘客。但该项目直至 2023 年 12 月，仍只有可供演示的 2.4 英里（约合 3.8 千米）长隧道。2023 年 12 月，马斯克超级高铁梦想破碎，Hyperloop 被曝正在出售其资产、解雇员工。

2010 年 9 月，马斯克作为首批投资人，成立人工智能公司 DeepMind。2014 年，DeepMind 被谷歌以 6 亿美元的价格收购。2015 年，马斯克在旧金山投资 10 亿美元给非营利人工智能研究组织 OpenAI。2018 年 2 月，马斯克离开 OpenAI 董事会，但表示仍会为该组织捐款并提供建议。

2016 年，马斯克投资了一家神经科技公司：神经连接（Neuralink），该公司致力于开发植入式脑机接口（BMI），让芯片控制大脑的活动区域。马斯克表示，人脑芯片可以让某些受到严重脊椎损伤，四肢瘫痪且无法自理的患者从中受益。此外，人脑芯片还能帮助治疗毒瘾、抑郁症、阿尔茨海默症和帕金森症。2020 年 5 月，马斯克在接受专访时表示，大脑植入芯片技术的最终目标是将人类意识与机器智能实现完美融合。8 月，Neuralink 推出了最新的人脑芯片 LINKV0.9，通过电极线与大脑连接，每一根线束由 1024 根线组成，每一根都可以无线连接到耳后一个可穿戴、拆卸和升级的设备，这个设备可以与手机无线交互。2021 年 4 月，Neuralink 的相关试验已在猕猴身上取得一定成果，被试动物可借助人脑芯片操作简单的电脑游戏。2022 年 7 月，马斯克称已将自己大脑上传至云端。2023 年 5 月，Neuralink 获得美国食品和药物管理局批准，启动脑植入设备人体临床试验。同年 9 月，开始招募临床试验志愿者。2024 年 1 月，Neuralink 进行了首例脑机接口设备人体移植，移植者恢复良好。Neuralink 的动物试验以及人体试验在道德伦理层面饱受争议。

2023 年 3 月，马斯克在美国内华达州成立了一家名为 X. AI 的新人工智能公司。马斯克是该公司唯一的上市董事，而马斯克家族办公室的董事贾里德·伯查尔（Jared Birchall）是该公司的秘书。同时，聘请谷歌母公司 Alphabet 旗下人工智能实验室 DeepMind 的前科学家伊戈尔·巴布什金来领导这项新工作，与 OpenAI 展开正面竞争。11 月 5 日，X. AI 团队发布其首个 AI 大模型产品——Grok。2024 年 7 月 22 日，埃隆·马斯克在社交平台推特上发文宣布，X. AI 团队、推特团队、英伟达公司等开始在孟菲斯超级集群上进行大模型训练。

2022 年 1 月底开始，马斯克几乎每天都在购买推特股票。4 月 5 日，马斯克在获得推特 9.2% 的股份后，成为该社交平台的最大单一股东。4 月 14 日，马斯克递交文件宣布他有意将推特私有化的计划，表示已准备好 465 亿美元的债券和股权融资来支持这场收购，甚至考虑直接向推特股东提出收购提案。10 月 31 日，尽管面临诸多困难和挑战，马斯克最终还是正式入主推特，并立即开始对该平台进行改造，包括更换推特主页等。马斯克入主推特后给这家公司带来巨变，一系列的降本增效措施让推特员工骤减一半以上。2023 年 10 月 31 日，推特公司董事会解散，马斯克成为唯一董事。

除了众多商业公司外，马斯克还在影视方面展现出多元化的参与和影响力，他在 7 部电影和电视剧中客串了他自己。《钢铁侠》电影中的一部分镜头是在 SpaceX 总部空旷的厂区拍摄的。最后的字幕表里，埃隆 · 马斯克的名字列在“特别感谢”一栏。

马斯克热衷慈善。马斯克基金会（Musk Foundation）是马斯克的主要慈善工具，成立于2001 年。2012 年，马斯克响应盖茨和巴菲特的号召，签署了“捐赠承诺”，承诺在有生之年将自己至少一半的资产捐给慈善机构。

马斯克爱好和平。2023 年 10 月 24 日，马斯克在社交媒体推特上的一场直播讨论中称，避免第三次世界大战是“最重要的问题”，俄乌冲突和巴以冲突正在让人类接近第三次世界大战。同时他还具有科技人伦的担忧与思考。2023 年 11 月，马斯克呼吁政府应当加强对人工智能的监管。他认为，人工智能比核弹更危险，可能会对整个社会造成威胁。

马斯克与中国关系密切。2014 年 4 月 21 日，马斯克飞抵中国，在北京中山公园举办的极客公园创新者峰会上，迎来个人中国首秀。在这次首秀上，马斯克选择“创新”主题，与联想集团 CEO 杨元庆就创新、互联网思维展开高峰对话。此外，他还参加了央视《对话》栏目，并在北京特斯拉中国总部，向 8 位中国首批 Model S 车主交付钥匙，对中国政府表达了特斯拉在中国建厂的意愿。2024 年 4 月 28 日，埃隆 · 马斯克抵达北京，国务院总理李强在京会见马斯克时表示，特斯拉在中国的发展堪称中美经贸合作的成功范例。

除了这些英雄事迹让人看了荡气回肠，马斯克的感情生活同样丰富多彩。先后与加拿大作家贾斯汀 · 威尔逊、女演员妲露拉 · 莱莉、歌手格莱姆斯、女高管希冯 · 齐里斯有过多段婚姻，并生育多个小孩。据统计，他现在至少是 12 个孩子的父亲。同时，据报道，马斯克还涉嫌长期吸毒，包括大麻、K 粉等。当然，这些是他伟大光鲜背后的另一面，并不值得提倡。

纵观马斯克的商业投资可谓冒险之极，却又有逻辑可循。在他的人生奋斗目标中，只有星辰大海，让人类成为星际生物。围绕着人类太空移民的总目标，他将巨额财富投资在：可回收火箭 SpaceX、电动汽车特斯拉、太阳能发电 SolarCity、脑机接口 Neuralink、人工智能 OpenAI。而当年的电子支付 PayPal，则属于初出江湖的牛刀小试。马斯克以其创新思维和颠覆性业务模式，在汽车、能源、航空航天以及人工智能等领域均取得了举世瞩目的成就。而支撑他成功的核心因素就是其超强的组织企业的方式：垂直整合和闭环组织。当然，超强的融资能力也是他能够实现战略目标的重要因素，而这也是一般的企业家、科学家最难复制的。

马斯克曾多次入选《时代周刊》全球最具影响力人物，获得2019年霍金科学传播奖，2023年度世界航天奖。2021年3月2日，《2021胡润全球富豪榜》，马斯克首次成为世界首富；同年10月，其财富突破3000亿美元，成为福布斯统计史上最富有的人。此后，虽然因为股价波动，全球首富变动频繁，但马斯克仍多次成为世界首富。2024年，他以1950亿美元的财富位列2024福布斯全球亿万富豪榜第2位。但是这些光环都不是最重要的，笔者认为他最重要的是他的历史地位：马斯克是人类第四次科技产业革命集大成者第一人！

第六节　大国博弈，各国科技生产力与战争力的比较分析

前面第三节、第四节分别讲了目前地球表面有形的地缘力量博弈形势，以及底层无形的人类第四次科技革命现状，本节对各国的科技生产力进行比较分析。这才是透过现象看本质，研究问题的科学方法。讲世界形势，网上一抓一大把；讲底层逻辑和背后的力量比较，尤其是科技生产力分析，则少之又少。

一、国内生产总值（GDP）比较

国内生产总值GDP，指一个国家（或地区）所有常住单位在一定时期内生产活动的成果总和，它是国民经济核算的核心指标，也是衡量一个国家或地区经济实力和综合实力的重要指标。

2023年，全球疫情结束，经济增长显著，GDP同比增长3.2%，达到105.4万亿美元新高度。美国以其领先的科技水平，继续保持其在全球经济中的领导地位。中国、德国、日本、印度居第二至第五。俄罗斯排名后退，印度经济增长率在TOP20中领先。2023年全球GDP排名前20的国家如下：

（1）美国。GDP：27.36万亿美元；人均GDP：81630美元；年GDP增长率：2.5%。

美国经济非常多样化，并充满活力。拥有全球领先的科技和教育，集中了全球最顶尖的科技人才，并拥有强大的消费市场、发达的基础设施和良好的商业环境。它正在通过技术、金融、制造、医疗保健和服务几个关键领域的发展，实现经济的高位增长。然而，美国正面临着两党纷争、贫富差距、种族矛盾、毒品泛滥、国债高企、制造业空心化等风险。

（2）中国。GDP：17.66 万亿美元；人均 GDP：12040 美元；年 GDP 增长率：5.2%。

中国是世界第二大经济体，虽然近几年经济增速放缓，但依然表现出惊人的增长率。中国拥有庞大的劳动力、发达的基础设施、雄厚的生产能力和强大的政府组织管理能力。它正在通过技术创新、产业升级，实现经济的高速增长。然而，中国也面临着发展不均衡、老龄化、少子化、需求不足、产能过剩等挑战。

（3）德国。GDP：4.46 万亿美元；人均 GDP：52730 美元；年 GDP 增长率：-0.3%。

俄乌战争后，德国的能源成本上升，出现高通胀、产业外移现象，经济活力下降，GDP 有所萎缩，但德国仍然是世界上最强大的经济体之一。由于其高技能的劳动力富足、创新能力强大、社会基础坚实，高科技产品的出口依然具有传统优势。同时德国也面临俄乌战争、巴以战争等地域冲突所带来的难民潮、欧盟内耗以及地域安全风险。

（4）日本。GDP：4.21 万亿美元；人均 GDP：33810 美元；年 GDP 增长率：1.9%。

日本努力走出二十多年通缩的阴霾。日本电子、汽车和机器人领域的高科技公司众多，还拥有发达的金融业、强大的基础设施，以及庞大的海外投资，其经济发展潜力巨大。同时，日本也面临着老龄化、少子化的人口挑战。

（5）印度。GDP：3.57 万亿美元；人均 GDP：2500 美元；年 GDP 增长率：7.8%。

印度拥有巨大的国内市场、年轻而充满活力的劳动力以及不断发展的信息技术产业优势，在发达国家转移投资过程中，经济发展迅速。然而，印度面临着贫困不平等、基础设施薄弱和官僚腐败等困难挑战。

（6）英国。GDP：3.34 万亿美元；人均 GDP：49100 美元；年 GDP 增长率：0.1%。

由于受脱欧和欧洲安全形势挑战，英国 GDP 增长微乎其微。但其强大的金融业、工业和服务业一样，仍然是其厚实的底蕴所在。

（7）法国。GDP：3.03 万亿美元；人均 GDP：43780 美元；年 GDP 增长率：0.9%。

法国是欧盟第二大经济体，仅次于德国，经济出现 0.9% 的温和增长。然而，高企的公共债务和通货膨胀仍然是该国面临的紧迫问题。

（8）意大利。GDP：2.25 万亿美元；人均 GDP：38330 美元；年 GDP 增长率：0.9%。

意大利克服了经济困难，实现小幅增长。制造业，尤其是时尚、设计、食品加工，以及旅游业是意大利经济的优势行业。

（9）巴西。GDP：2.17 万亿美元；人均 GDP：11350 美元；年 GDP 增长率：2.9%。

巴西经济复苏。农业，尤其是大豆和甘蔗的生产，以及采矿和工业，是巴西经济的重要行业。

（10）加拿大。GDP：2.14 万亿美元；人均 GDP：52730 美元；年 GDP 增长率：1.1%。

加拿大拥有丰富的自然资源，如石油、天然气和木材，这些都是重要的出口商品。制造业和服务业也比较发达。然而，加拿大面临房价高企、移民潮等风险挑战。

（11）俄罗斯。GDP：1.92 万亿美元；年 GDP 增长率：3.60%。由于面临制裁和地缘政治挑战，俄罗斯的经济增长充分表现出发展韧性。但是其主要来源于债务扩展和军事工业部门的增长。这种畸形的经济结构和增长，掩盖了其通胀恶化、消费品供应不足、劳动力紧缺、被发达国家市场隔离、经济发展面临巨大困难等问题。

（12）墨西哥。GDP：1.79 万亿美元；年 GDP 增长率：3.20%。墨西哥受益于与美国的密切贸易关系和吸引外国投资，助力其经济增长。

（13）澳大利亚。GDP：1.74 万亿澳元；年 GDP 增长率：2.10%。澳大利亚凭借其自然资源和发达的农业，GDP 正在稳定增长。

（14）韩国。GDP：1.71 万亿美元；年 GDP 增长率：1.36%。由于出口需求减弱、持续的地缘政治挑战和国内需求减少，韩国在 2023 年经济增长降至 1.36%，但作为半导体技术领导者，在人工智能时代，韩国拥有不俗的增长潜力。

（15）西班牙。GDP：1.58 万亿美元；年 GDP 增长率：2.50%。旅游业在西班牙的经济复苏中发挥着重要作用。

（16）印度尼西亚。GDP：1.37 万亿美元；年 GDP 增长率：5.00%。受益于不断增长的年轻劳动力和全球供应链转移，印度尼西亚 GDP 实现显著增长。

（17）荷兰。GDP：1.12 万亿美元；年 GDP 增长率：0.1%。荷兰专注于金融和贸易，GDP 增长微乎其微。

（18）土耳其。GDP：1.11 万亿美元；年 GDP 增长率：4.50%。这一增长是由高通胀率、高家庭消费推动的，家庭消费约占该国 GDP 的 60%。

（19）沙特阿拉伯。GDP：1.07 万亿美元；年 GDP 增长率：-0.8%。由于对石油的依赖和地缘政治因素导致沙特阿拉伯 GDP 下降，突显了经济多元化的重要性。

（20）瑞士。GDP：0.89 万亿美元；年 GDP 增长率：0.8%。瑞士经济稳定且高度发达，金融和制药业是其优势行业。

上面比较了国内生产总值，下面再来看更硬核的工业生产值。工业生产总值是指工业企业在报告期内生产的以货币形式表现的工业最终产品和提供工业劳务活动的总价值。这其中最核心的是工业增加值。工业增加值，从名称上可以理解为工业生产中增加的数值，是指企业在生产活动中扣除原材料、燃料、动力消耗和各项劳务消耗后，创造的价值。

二、工业增加值比较

2023 年全球工业增加值排名前 20 的国家如下：

（1）中国：68123.8 亿美元；

（2）美国：41637.7 亿美元；

（3）德国：12513.5 亿美元；

（4）日本：11456.7 亿美元；

（5）印度：8877.9 亿美元；

（6）俄罗斯：6195.2 亿美元；

（7）墨西哥：5680.0 亿美元；

（8）英国：5656.1 亿美元；

（9）法国：5652.9 亿美元；

（10）印尼：5514.3 亿美元；

（11）韩国：5411.4 亿美元；

（12）意大利：5214.5 亿美元；

（13）沙特：5014.8 亿美元；

（14）巴西：4839.3 亿美元；

（15）澳大利亚：4716.9 亿美元；

（16）加拿大：3717.3 亿美元；

（17）西班牙：3199.5 亿美元；

（18）土耳其：3131.4 亿美元；

（19）阿联酋：2609.6 亿美元；

（20）波兰：2326.4 亿美元。

可以看到，中国的工业增加值已经远远超过美国，比美国、德国、日本加起来还要多，已经是名副其实的第一工业大国。MADA IN CHINA，中国制造名副其实。中国的制造业规模连续多年居世界首位，成为名副其实的全球制造业巨头。中国制造业门类齐全，是全球唯一一个拥有联合国规定的所有工业门类的国家。然而，中国制造业存在精细化程度不高等问题。比如光刻机，虽然中国也能生产，但精确度尚未达到世界顶尖水平。近年来中国一些中高端制造领域的技术已经实现突破。在新能源汽车、5G 通信、无人机、光伏、锂电池、港口机械等领域，已达到世界领先水平。

美国的 GDP 占全球四分之一，体量巨大，然而制造业的占比相对较低，80% 的 GDP 来自服务业。据统计，美国制造业专注于半导体、航空航天、军工、机械、生物医药和化工等高端行业，约占 GDP 的 10% ~ 11%，这与大部分发达国家的比例相近。近年来，美国推动制造业回流，通过直接补贴支持制造企业返美，显示出对制造业的重新重视。

欧盟目前是全球第三大经济体，位于美国和中国之后。自英国脱欧后，欧盟现有 27 个成员国。欧盟的制造业主要集中在德国、法国、意大利和西班牙等国。其中，德国在汽车制造、机床、化工和机械等行业表现强劲，拥有大众、宝马、戴姆勒（奔驰）等著名汽车品牌，在全球豪华汽车市场的占比达 70%，还有西门子、博世、巴斯夫等工业巨头。

俄罗斯的工业增加值排名第 6，比第 11 名的 GDP 排名要高出很多。美国、欧盟对俄罗斯的经济、贸易和产业制裁力度很大，但并未彻底击垮俄罗斯，反而让普京总统及众多东斯拉夫人痛定思痛，在经贸转向包括中国、印度、越南、阿联酋在内的友好国家的同时，积极发展制造业，推动产业转型与升级，深化经济发展潜能。

墨西哥在美国实施去中国化的战略影响下，获得了一波发展红利，2023年的工业增加值超过英国、法国、韩国、意大利等国，飙升至全球第七名。

目前全球制造业形成了“三强争霸”的局面，主要是美国、欧盟和中国；如果将视野扩大，则可以泛指北美、欧洲和东亚三个地区。美国、欧盟和日本的制造业主要集中在中高端市场，韩国、英国、加拿大、瑞典等国家则在某些高端制造领域占据优势。中国的制造业规模已极其庞大，主要分布在中低端市场，同时在一些高端制造领域也已显示出强大的竞争力。相比之下，东南亚、南亚及非洲国家则多集中在低端制造领域。若以北美、东亚和欧洲这三大区域来考察全球制造业，北美占比约17.7%，欧洲约占18%，东亚则占39.5%。中、日、韩三国在制造业上既有互补性也存在竞争，这三国几乎垄断了全球90%的造船订单，同时也主导了全球90%的新能源汽车电池市场，展示了东亚在制造业上的规模优势。

2023年中国工业生产总值位居全球第一，占比35%，超第二名到第十名的总和。

在当今工业化时代，工业产品已渗透到各行各业、千家万户，成为生产和生活中必不可少的一部分。工业增加值不仅是国家工业实力的表现，也是国家生产力与战争潜力的重要观察指标。在一定意义上而言，工业生产值比国内生产总值GDP更具有生产力和战争力参考意义。

2023年，中国汽车产量达到3016.1万辆、销量3009.4万辆、出口量414万辆，超越德国、日本，跃居全球第一。中国在汽车出口方面之所以取得如此优异的成就，离不开新能源汽车的崛起。2023年中国新能源汽车出口数量超过了120万辆。同时，中国新能源汽车产销，已经连续9年稳居世界第一。中国光伏组件产量达到518.1吉瓦，同比增速高达75.8%。出货量前十大企业，都是中国企业。

2023年，中国全行业发电量94564亿千瓦时，是美国发电量的2倍多，全球占比31.6%；中国可再生能源发电量扩大至28941亿千瓦时，接近美国的3倍，全球占比高达32.2%。

2023年，我国不锈钢产量3667.6万吨，接近全球不锈钢5844.4万吨总产量的63%，是整个欧洲不锈钢总产量的10倍，是美国不锈钢产量的32倍。

2023年，中国船企新接订单量全球占比66.6%，造船完工量全球占比50.2%，手持订单量全球占比55%。三大核心指标同时、全部超过全球50%，对韩国、日本形成碾压之势。

2024年前5个月，中国货物贸易进出口总值17.5万亿元人民币，同比增长6.3%。其中，出口9.95万亿元，增长6.1%。尤其是，机电类产品出口5.87万亿元，增长7.9%，占出口总值的59%。其中，自动数据处理设备及其零部件5544.6亿元，增长9.9%；集成电路4447.3亿元，增长25.5%；汽车3297亿元，增长23.8%；手机3296.8亿元，下降2.8%。都是科技含量极高的信息类、智能类产品。

综上，如今中国这种科技生产力放眼全球，是独一档的存在。而所谓的G7，加起来都没有中国一家的产业链完整、产能充沛、产品线丰富。经过了四十多年的改革开放，全世界已经没办法再抛开中国去搞“全球化”。更有趣的一个结果是：全世界已经没有办法在没有中国的参与下保持世界和平；更没有办法在没有中国的参与下发动“世界大战”。

40多年前，当时在全球高科技出口产业排名中，美国全球第一，占比23.3%；德国排名第二，占比17.5%；日本排名第三，占比10.8%；反观中国仅为0.6%，不值一提。再看今天，全球高科技出口排名：当时位列第一的美国，如今已经缩水至7.1%；德国骤降至5.6%；日本更是暴跌至3.2%。反而当时微不足道的中国，一路高歌猛进，从0.6%狂飙至23.8%，甚至超过了美德日三国的总和，成为名副其实的世界第一。

2023年，美国的GDP高达27.36万亿美元，是我国18万亿美元的1.52倍左右。但美国工业增加值只有我国的61.1%，这还是在美元汇率占优的背景下的数据。若剔除汇率因素，中美工业产值的实际差距会更大。与中国相比，美国工业产值数据显得有些黯淡，但依然远超日、德等国。美国依然是其他大多数国家、地区难以望其项背的。我们需要对双方的优劣势进行深刻分析，并时刻保持清醒的头脑，再接再厉。

三、中国的优劣势

中国的核心优势是中国制造。整个供应链上的任何设备、工艺、零部件，都可以自主制造。采矿、冶炼、压铸、锻造、工业母机、机械制造、自动化控制、半导体生产、信息智能，都掌握在自己手里；再加上无与伦比的基础建设、方便快捷的交通运输、充沛的电力供应、遍布全国的产业链。在国内，供应商不仅物美价廉，还能以最短的时间造出来，这是全世界任何其他国家想都不敢想的超能力。这导致中国人把高科技产品的生产成本和销售价格降到了西方人眼中的白菜价。一个在中国几块钱的手机壳，在欧洲，可能会卖200 块人民币。一台七八万的入门级新能源汽车，配置有真皮座椅、倒车影像、智能设备，在中国司空见惯；在美国，却无法想象。工业制造的低成本，还间接导致了农业生产的低成本。在大规模产业化种植下让中国的水果、蔬菜、肉的生产量、消费量碾压全世界。现在，很多人把中国夸张地称为“人类历史上最强工业克苏鲁”。中国有着强大的产业基础和完善的产业生态，活跃的产业集群给中国的技术创新提供了强大的产业依托。以华为为代表的中国超级企业在推动产业发展的过程中不断谋求渐进式技术创新，获得了重大成就。

中国面临的核心问题是高端人才和科技金融。科技人才尤其是高端科技人才在这次工业科技革命中的重要程度显而易见。中国在基础科学、人才引进等多个方面都还存在各种不足。同时，中国的金融体系总体也不太发达，尤其是缺乏国际金融中心，中国科技企业缺乏在国际市场大规模募集海外资金的能力。中美在资本领域的竞争，很大程度上是资本高效利用，更多流向技术创新、经济生产，提升科技产业创新能力的竞争。从这个意义上说，香港的国际金融中心地位对于中美在资本空间的竞争至关重要；科创板、创业板的改革也至关重要。

四、美国的优劣势

美国的核心优势是金融霸权。美国的金融霸权地位使它可以从全世界吸引资本，从而保证了源源不断的融资。从目前来看，美国国内的技术创新生态没有太大的影响，整体仍然呈现比较活跃的状态，美国在国际经济体系中引领技术创新的能力仍然非常强大。

美国面临的核心问题是产业空心化。制造业在美国没有竞争力。就连美国人最引以为傲的制造业：波音飞机和英特尔芯片，衰败的速度也让大家难以置信。波音、英特尔虽然是高端制造业，但是相比美国的金融、股市、医生、律师而言工资不高，对人才的吸引力有限。美国大学生，主要喜欢选择艺术、金融、医学、法律等专业。极少有人愿意学习制造业需要的工科技术。工程师短缺，没有人愿意接班，这就是美国制造业的人才窘境。同时，制造业还需要规模化生产、交通方便、电力便宜等环境条件，而美国高速公路以及电力，年久失修，一片破败相。智能技术的应用高度依赖一个比较完善的产业生态系统，而由于大量产业转移和国内产业的空心化，美国在智能技术应用和产业化上受到较大的负面影响。智能技术创新缺乏足够的产业转化的动力支撑，也缺乏足够的应用场景。

中美之间的经济战、贸易战，在一定意义上终将是一场生产力与金融霸权的战争，即货与币的战争：中国有货，美国有币。

而中美之间关于第四次工业革命的科技产业竞争，得益于强大的各个产业生态，以及华为领先全球的5G技术、诸多超算中心的强大算力以及国家电网的电力系统保障，目前中国企业已经在无人生产线上取得了远超美国的成就。在新冠疫情的影响下，各国的制造业都受到了极大的冲击。我国能够从疫情中迅速恢复过来，除了依托于国家正确的抗疫政策外，领先于世界的无人生产线也功不可没。例如，小米建成了一条能够年产百万台手机的无人生产线，整个工厂只有一百人左右。而据小米董事长雷军披露，小米已经在规划建设年产达千万台手机的100%无人工厂。除了小米无人工厂，在我国还有像上海通用金桥工厂，阿里、京东无人仓储等许多企业自动化生产程度领先国际。甚至在传统食品行业，伊利奶制品无人工厂、老干妈无人生产车间，其自动化程度也大幅度领先全球。这些成就与我们息息相关，只要稍微了解一下，便会被这些在业界遥遥领先的先进无人智能产线技术所震撼。而这些工业人工智能技术的发展，与美国OpenAI搞的生成一段聊天或者视频内容的大语言模型、文生视频模型是截然相反的技术发展方向和效果。笔者对于业内很多专业人士对OpenAI表现出的过度恐惧担心持保留意见，也是基于对实际生产力的改变、所产生的现实商业价值以及产业生态因素综合思考分析，做出的理性判断。对OpenAI，我们要高度重视，但是不应过于夸大。

工业革命的本质是将生产过程尽可能多的任务交给机器来完成，从而代替人力、解放生产力。以往，发达国家通常将大量低端制造业迁移出本国，其原因是压低产业工人工资成本。但在第四次工业革命中，大量的机器人替代人工，这就意味着工业生产不再需要大量的从业人员。看明白这一点，我们再看美国的逆全球化操作便不再觉得匪夷所思了，反而说明美国已经预见到了第四次工业革命的未来：工业不再依赖于全球化，大量制造业及低附加值工种都将被机器人所替代。但是，理想很丰满，现实很骨感。根据上海美国商会所发布的报告，92.2%的在华美国企业并无撤离中国市场的计划，70.6%的企业表示连生产环节也不会迁出中国，只有3.7%的受访企业表示愿意把部分生产环节从中国迁移回美国。美国企业家并不愚蠢，制造业回流是一个系统化工程，需要配套的教育体系、物流系统和城市规划等，美国曾经拥有这些完整体系，但随着美国金融霸权的确立，脱实向虚后，很多体系根本无法重建。

中国在过去200多年的历史上，先后失去三次工业革命机会。尤其是前两次工业革命，中国都是掉队者。由于错失工业革命机会，中国GDP占全世界比重，由1820年的三分之一下降至1950年的不足二十分之一。落后就要挨打，这是近代中国的深刻教训。新中国在极低起点上发展工业化，进行了第一次、第二次工业革命的补课。在20世纪80年代的信息化工业革命中，侥幸搭上了末班车，是个后来者、追赶者。进入21世纪，中国第一次与美国、法国、德国等发达国家站在同一起跑线上，而且还在智能化时代的开局，赢得了先机，实属来之不易，必须倍加珍惜。

第七节　大国博弈与科技革命背景下，社会变革与社会矛盾

前面讲了全人类正面临中美之间的大国博弈和以人工智能为代表的第四次工业革命，下面就对在大国博弈与科技革命背景下深刻的社会变革与全新的社会矛盾进行详细分析。

一、整体层面的社会变革

1. 科技领域

（1）随着人工智能技术的快速进步，正在深刻改变科学研究的方式，颠覆性改变了各个学科创新研究的方法和速度。以谷歌旗下DeepMind公司为例，它以跨学科的方式汇集了结构生物学、物理学和机器学习领域的专家，推出AlphaFold模型通过深度神经网络学习，完全基于蛋白质的基因序列就可

以预测蛋白质的3D结构和属性。DeepMind在2018年推出了AlphaFold 1。经过三次迭代，于2024年推出了AlphaFold 3，其能力得到了大幅提升。AlphaFold 3可以辅助科学家预测蛋白质与其他分子相互作用时的结构，所产生的蛋白质3D模型比以往任何一种方法都精确得多，属于人工智能在生物学领域应用中所取得的重大进展，在生物医药、材料科学等均具有巨大应用潜力。再比如2023年11月，美国劳伦斯伯克利国家实验室发布的基于机器人的自主材料实验室A－lab。它可以根据现存科学文献训练，结合自主学习，对拟定化合物创造最多5个的初始合成配方。随后用机器臂执行实验，合成粉末形态的化合物。可同时处理比人类实验员多50～100倍的材料样本，并能够在没有人为干预的情况下自主进行24小时不间断实验。这种自动化和高效能的实验方式，大大提高了科研效率，减少了人为错误的可能性。经过17天的连续实验，A－Lab进行了355次实验，产生了58个拟定化合物中的41个（71%）。相比之下，人类研究员可能需要花费数月时间去猜测和实验。通过基于现有材料数据训练人工智能，科学家能够快速发现未知的材料结构，这种创新方式极大地加速了新材料的研发过程。

（2）人工智能的加速创新大幅推动了不同学科之间的深度交叉融合，打破了固有的学科边界，拓宽了科学研究的前沿领域。Google前CEO埃里克·施密特在2023年7月的*MIT Technology Reviews*中发表评论称：“目前，跨领域知识融合、生成式人工智能与超大型深度学习模型已大幅扩展了科学研究的可能性。”深度神经网络和深度强化学习等人工智能技术不仅被应用于在天气预测、人体疾病诊断和治疗、新药研发、环境污染源监测等传统领域，而且在托卡马克核聚变等前沿科学研究领域也广泛应用，显著缩短了科学家对前沿未知领域的认识过程。人工智能的应用正在推动人类科研模式的深刻变革。传统的科研模式往往依赖于科学家的经验和直觉，而AI的引入使得数据驱动的科研模式逐渐成为主流。AI可以从海量数据中挖掘出隐藏的规律，揭示科学现象背后的机制，从而提出新的研究方向和假设。这种数据驱动的科研模式，使得科学研究更加系统化、精确化，大大提高了科研效率和成果的质量。

2. 经济领域

2023年9月习近平总书记在黑龙江考察调研期间首次提到新质生产力的概念。电子信息、人工智能就是新质生产力的核心驱动力，它不属于传统的物质生产资料，而是一种新型的信息生产资料。特别是人工智能，在推动新质生产力方面展现了革命性的潜力，不仅提升了生产效率，还深刻改变了各行业的生产方式和经营模式。

（1）制造业。智能机器人和自动化系统不仅能够执行复杂的生产任务，还能通过机器学习不断优化操作流程，显著提高生产速度和精度。同时，还让生产方式更加智能化、柔性化和个性化。例如，在汽车制造业中，高精度机器人负责从整车组装到焊接、电子元件安装，整个过程高效精确，减少了人为错误，提升了产品质量，并且还能持续 24 小时工作，大幅缩短了生产周期，降低了生产成本，使生产过程更加灵活和高效。并且智能化的故障诊断、质量控制系统通过图像识别和数据分析，自动检测并排除生产中的故障问题、质量问题，确保了产品的一致性和高质量，全面提升了产品生产水平和市场竞争力。

（2）电子商务。除了深刻重塑了工业制造业的生产方式，人工智能还催生出商业零售业中全新的电商销售模式，尤其是直播带货。电子商务已经成为电子信息时代，社会经济发展中商业规模最大、波及范围最广、创新创业最为活跃的新兴领域。商务部近期公布的 2024 年 1 ~6 月我国电商发展情况显示，上半年，我国网上零售额 7.1 万亿元，同比增长 9.8%。其中，实物商品网上零售额 5.96 万亿元，同比增长 8.8%，占社会消费品零售总额的比重为 25.3%，比一季度提高 2.0 个百分点。电子商务从业人数增加至 7000 多万。直播带货、即时零售等电商新模式快速发展。同时，与网购密切相关的邮政快递业务累计完成 894.2 亿件，同比增长 20.5%。中国电商已经走在全球前面，连续 11 年成为全球最大网络零售市场，并且国际合作逐步深化。我国已签署的 22 个自贸协定中有 13 个包含电子商务的内容；在上海创建的“丝路电商”伙伴国扩大到 30 个，积极扩大电子商务领域对外开放，打造数字经济国际合作新高地；《中华人民共和国电子商务法》被列入亚太经合组织公共政策案例库，为全球数字经济治理贡献了中国智慧。智能化信息技术为传统工业制造业、商业零售业带来全新变革的同时，也造成了巨大冲击，对尚未完成转型升级的传统产业、商业带来了前所未有的挑战与困难。

3. 军事领域

在科技进步与军事需求的双轮驱动下，世界各军事强国正积极研发和部署各种智能武器装备。

（1）美国。2024 年 5 月，美国空军部长弗兰克·肯德尔在爱德华兹空军基地公开试乘人工智能控制的 F－16 战机（X－62A），引发各方广泛关注。美军认为，人工智能有着改变未来战场几乎所有方面的潜力，其中一个重要的领域就是武器的自主化，X－62A 便是标志性成果。在约 1 小时的飞行中，该战机所有动作均由人工智能自主完成。此外，美空军正在研发协同作战飞机。在作战中，有、无人战机相互共同编队，无人机担负监视、打击、电子干扰、充当诱饵等多种任务，最大限度提高编队的作战能力和有人战机的安全保障。美国海军计划在 2030 年实现分布式舰队的构想，装备中型无人潜航器，能在港口、国际海域及主要航道执行为期数十天的反潜、侦察、监视等任务。

（2）俄罗斯。俄国防部于 2022 年成立了人工智能武器研究部门，以加强人工智能技术的使用，发展新的特种装备。俄国家技术集团研制的“德佩沙”和“巴吉”多功能无人系统，不仅能运送货物和伤员，还能打击敌方阵地和有生力量。

（3）其他国家。中国的军用、民用无人机，以彩虹、大疆为代表享誉全球。德国、以色列等国也加大了相关领域的研发力度。德国 ARX 机器人公司研发的无人地面载具，可以在战场上远程控制，必要时也可以自主运行。以色列的 M－RCV 型无人战车，能在没有人工干预的情况下，高度自主地执行前沿侦察、火力打击以及运载和回收无人机等多样化任务。人工智能的自主化武器已在地区冲突中应用。2020 年利比亚军事冲突中，土耳其生产的“卡古”－2 无人机在不依靠操作员的情况下跟踪并攻击了正在撤退的利比亚国民军。俄乌冲突中，乌军不但从英美等国获得大量人工智能加持的无人机，自身也积极开展相关研究。巴以冲突中，以色列使用了一款名为“薰衣草”的人工智能系统来帮助识别哈马斯武装人员。人工智能的自主化武器正在颠覆战争形态。与有人系统协同只是无人系统作战的初始阶段，最终目标是实现全无人系统自主作战。地缘政治的稳定有赖于地区军力的相对平衡，无人化自主武器的大量运用，必将冲击原有格局，从而导致新的军备竞赛。人类正站在一个十字路口，致命性自主武器在无人干预下自动选择和攻击目标，意味着将剥夺自然人生命的权利交给了冷酷无情的机器人，人类对战争残酷性的感知度将会直线下降，将产生战争游戏化的结果，从而导致武力的过度使用。这既是道义责任的缺失，也是人类无法承受之重。

4. 政治领域

伴随着中美科技战、第四次产业科技革命以及新冠疫情，近年来国际政治形势波谲云诡、跌宕起伏，全球化趋势出现停滞甚至倒退现象，人类面临前所未有的挑战。概括起来呈现以下特征：国际力量对比深刻调整、大国博弈对抗全面升级、多国内部矛盾不断激化、世界经济增长严重乏力。

（1）美国。社会内部两党内斗激烈，政府在高度政治正确的裹挟下，在毒品、枪支、同性恋等问题上缺乏基本的底线、原则和立场，向政治宗派主义迈进，社会矛盾加剧、撕裂现象严重；美国对外战略则重心不变，在俄乌冲突、巴以冲突的大背景下，依旧聚焦亚太地区，加紧构筑遏华联盟，对中国采取挑唆激化中国社会内部矛盾及周边领土矛盾、发动贸易战和金融战等手段不断进行疲扰，试图打乱中国经济发展节奏。

（2）中国。国内政治、经济形势整体安全稳定，地区及国际态势总体保持稳定。凭借大国智慧，与美国基本处于斗而不破的状态；同时积极加强与欧洲、非洲、亚太、俄罗斯等国的多方经济合作与往来，抵消掉美国对华的遏制效果。

（3）俄罗斯。正面临与美国及西方的地缘政治对抗尖锐化和俄乌冲突长期化的考验，全面靠向东方，与中国的战略合作意愿强烈。

（4）欧洲。艰难应对俄乌冲突引发的挑战，政治碎片化有增无减，扩大与深化的内在矛盾难解，求变心切。

（5）非洲。在变乱交织中继续保持政局总体稳定，非洲大陆自贸区和一体化进程不断推进。非洲国家积极探索自主发展与国际协调并重的发展路径，在经济和外交领域的自主性明显提升。

（6）中东地区。由于巴以冲突，面临区域矛盾激化、愈演愈烈的态势。

（7）拉美地区。左翼力量占据优势，但政治碎片化和极化现象导致可治理性降低。

（8）亚太地区。面临安全与经济双重挑战，但地区安全与合作态势总体得到维持。

总之，中美大国博弈将长期持续、长久存在，世界其他国家的政治形势将密切围绕这一主要矛盾而运转、调整及变化。未来较长时间内，国际将处于动荡变革期。俄罗斯将难以摆脱在国际上的长期孤立状态，对外政策面临的形势更加严峻。欧洲将采取“双管齐下”的策略，一方面持续致力于构建与美国的建设性关系，另一方面将加强自身实力发展，以减轻美国对欧洲的影响。非洲形势在大国博弈的底色下将呈现稳中有乱、变乱交织的特征。拉美地区经济若延续低迷增长态势，政治力量格局将面临新的调整。亚太地区经济发展机遇与挑战并存，地区安全局势不确定性进一步上升。在各方因素的相互作用下，全球安全面临新的诸多挑战：俄乌与巴以冲突扩大化、国家暴恐主义抬头化、网络安全形势复杂化、人工智能武器化、美西方国内政治极端化、全球债务危机严峻化、全球生产与贸易数字化、世界经济逆全球化、国际货币体系多元化、全球治理体系离散化、核与太空威胁现实化、重大传染病暴发高频化、极端天气与自然灾害频发化等。不稳定、不确定因素急剧增多，整个国际政治、经济体系正在加速分化重组。风高浪急，中国这艘巨轮，更要行稳，才能致远。

5. 文化领域

随着智能信息时代的来临，作为文化的载体，文字、影音信息交流的方式深刻变革，效率急剧提高，文化领域大致呈现出交融与保护、东升与西降的双向趋势。由于西方的工业文明，几百年来欧美文化在全球也大行其道，仿佛欧美的月亮都比中国的圆一些，空气都比中国甜一些。现在，随着中国经济的快速崛起以及信息的丰富交流传播，东方文化自信正在快速回归。一方面，以好莱坞、迪士尼等为代表的欧美文化娱乐产业发展疲软，创新动能不足。受到流媒体和人工智能技术的冲击，2023 年美国好莱坞电影票房增长乏力，劳资关系激化引发电影行业大规模罢工，并导致 2024 年“无片可排”，电影票房锐减。以迪士尼和环球影城等主题公园为代表的娱乐消费产业全球遇冷，园区假期旺季平均等待时间下降 5 ~ 10 分钟。另一方面，中国传统文化的复兴和创新正成为一种时代潮流和历史趋势。国货品牌得到前所未有的关注和发展，“国潮”“华流”成为一种时尚潮流，尤其在年轻人群中表现得尤为明显：从餐饮茶颜悦色、游戏《黑神话：悟空》到科技产品，华为的“鸿蒙”操作系统、比亚迪的“秦、汉、元”等系列汽车型号名称，将中国神话故事、历史朝代等文化元素融入产品品牌设计中，中国品牌凭借本土文化特色和产品创新理念正赢得市场，不仅在国内受到欢迎，也开始加速走向世界，畅销海内外，成为一张张完美的中华文化名片，彰显了中华文化的坚强自信和无穷魅力。中国传统文化博大精深，是中华民族五千年文明的结晶，蕴含着丰富的哲学思想、审美艺术和技艺传承等元素。这些传统文化不仅是中华民族的精神根脉，也是现代企业商业可以不断挖掘的文化宝藏。中华民族要复兴，文化复兴才是真正意义上的全面复兴。21世纪，中华文化一定会越来越火遍全球。

6. 教育领域

自 ChatGPT 问世以来，生成式人工智能已成为全球范围内的热门话题。无疑，它将影响各行各业。而其对教育的影响，恐怕将最为深远直接。

（1）变革与机遇。生成式人工智能给教育带来了前所未有的挑战，它将颠覆式改变现代教育的方式和方法。尤其是对于高等教育，人工智能的意义不亚于现代大学的诞生。未来，人工智能极速发展，现代大学的组织架构、学科体系、知识结构、教学方法完全有可能被打破重建，发生巨变。生成式人工智能作为最重要的新质生产力，它给大学科研教育带来了全新机遇，主要表现在加速科研发展、支持教育教学等方面。如“AI 助教”在多门课程中帮助学生答疑解惑。作为全天候的即时反馈平台，超级助教能满足学生多样化的学习需求，提升效率，同时也能将教师从批改作业、答疑等事务中解放出来，有更多精力开展教学研究、进行教学创新。

（2）风险与挑战。生成式人工智能上线后，教师普遍对剽窃和抄袭情况表示出担忧。为减少由人工智能带来的学术不端行为，有些大学选择采取谨慎保守的态度，禁止学生使用生成式人工智能，如法国巴黎政治学院、印度班加罗尔 RV 大学；有些大学的态度从最初的颁布禁令，转变为后来的灵活解禁，如香港大学；有些大学对风险进行了分级，并对教师在教学中使用 ChatGPT 提供了指导，如美国加州大学伯克利分校；还有些大学采取跨学科研究或全学科融合的人才培养策略，助力人工智能与高等教育融合，如美国佛罗里达大学正在推动“全学科人工智能计划”。而作为中国的大学，中南大学也正在实施类似计划。在来势汹汹的人工智能面前，学校、老师、学生是否做好了准备，合理利用、有效驾驭这些人工智能工具？人类的教育又将会如何向前发展演进？这些都是我们教育工作者必须要回答的问题、必须要适应的潮流。

除此之外，人工智能在智能家居、医疗健康等领域均深刻改变着人们的生活。受篇幅原因，不再赘述。上面从整体层面分析了社会变革的方方面面，下面从个体层面分析社会矛盾的变化。

二、个体层面的社会矛盾

任何事物都具有两面性，信息技术和人工智能在给人类的生活、工作、学习带来了极大便利的同时，也带来了系列挑战和风险。

1. 生活方面

信息技术和人工智能在生活中的广泛应用极大地提高了我们的生活质量。例如，智能家居可以根据我们的习惯自动调节家庭环境；智能助手可以帮助我们管理日程，提醒重要事件；远程医疗和健康监测技术的应用使医疗服务更加便捷和高效，患者可以通过互联网获得及时的诊断和治疗建议；虚拟现实（VR）和增强现实（AR）技术将带来更加身临其境的游戏、影视和旅游体验，丰富人们的娱乐生活。目前人工智能已经在深刻地影响着人们生活的方方面面，在给人类带来极大便利的同时也带来了很多新的矛盾和问题。

（1）基因特权。人工智能与生物技术相结合将突显人类社会的不平等，即基因生命权的不平等。假如社会治理政策和法规不予限制，不久的将来，一些精英群体便可以通过基因修复、基因增强或智能芯片植入、人机一体化等方式，使自己及后代的基因更加强大、更加智能、更少患病、更慢衰老，至少可以有效改善身体的机能，使自己及后代更加健康，更富有适应性。而因为资源稀缺，难以承担基因升级费用的大部分人将沦为无用阶层，面临被淘汰的风险。至少部分精英阶层会认为，无须再浪费资源为大量穷人提升甚至是维持基本的健康水平，而应该集中资源让极少数人升级到超人类。

（2）平台垄断。在人工智能时代，资本和数字在利益的驱使下生成了技术霸权和平台垄断，特别是随着以智能技术为基础在全球范围建立起普遍的信息服务平台之后，将为信息垄断奠定前所未有的物质基础，为利益集团在政治、经济、意识形态领域的技术霸权提供客观条件。一些率先发展起来的国家和企业凭借先进的智能技术对市场的占领和对新型企业的排斥，让技术与平台始终掌握在少数人手中，这就给尚未拥有先进技术的国家和地区带来不可预知的风险和威胁。

（3）认知危机。伴随着人工智能逐渐应用到社会的各个场景，人类面临着前所未有的认知危机。人类的认知与思维能力是在实践的基础上，整合加工大量的一手材料，在各种外在现象中逐渐把握事物本质，在这个过程中不断得到锻炼和提高。然而，在人工智能营造的“信息茧房”中，以大数据为基础的人工智能持续、单一地为使用者提供个性化的信息推送，让个体长期困在大数据打造的专属茧房内，造成认识能力的片面化、思维能力的僵化。同时，人工智能作为劳动工具用简单的操作替代原本复杂的运算、分析、归纳、思辨和操作过程，替代了人类的劳动，替代了原本专属于人类的思维判断、动手操作的主体性地位，也必然助长人类的惰性，让人类面临主体认知、思维和动手能力的弱化与丧失危机。

（4）娱乐泛化。目前，娱乐化自媒体盛行，拜金主义、享乐主义、低俗文化等价值观持续不断地出现在自媒体上。营销带货、低俗炒作、哗众取宠、吸粉捞金，各种乱象出现在各个网络平台，这些劣质信息占据了人们大量自由时间，降低了大众的文化品味。过度庸俗的泛娱乐化，造成了很多青少年价值取向的扭曲。作为出生在互联网时代的青少年，通过智能手机获取信息的方式简单、准入门槛低，而互联网平台资讯丰富、及时、娱乐性强等优点吸引了大量青少年模仿、崇拜，造成了在青少年群体中享乐主义盛行、攀比拜金、过度消费，甚至生命意识薄弱、审美畸形。

（5）社交危机。在互联网时代尤其是移动互联网时代，人类的社交交往被人工智能深度渗透，出现传统的社交危机，主要表现为信息透明化、交往虚拟化、主体疏离化。人类的个人信息通过注册、浏览的过程被大数据记录，形成自己独特的大数据信息库，无论是个人的电话、家庭住址、外出地点、消费状况，甚至是经常购买的蔬菜、水果，都会被大数据所记录。人工智能下的社会交往让人逐渐脱离现实交往，而虚拟化的交往往往给交往主体之间的身份信息带上可以欺骗的面纱，缺乏现实性的基础。从现实的具体情况来看，缺乏现实基础的人际交往逐渐呈现群体疏离化的趋势。

（6）道德法律伦理风险。近年来，人工智能应用渗透到社会的各个层面，比如无人驾驶汽车、智能家具、智能语音回复等，人工智能在带给人类生活极大便利的同时，也打破了原有规范，造成了社会层面的矛盾冲突，主要表现在道德法律和科学伦理层面。以深度学习为技术基础的智能系统，就像一个算法的黑箱，依照不完全的信息和纯理性的逻辑来进行分析，很可能造成性别、种族、年龄歧视、加深不同群体之间的数字鸿沟以及造成个体数字隐私的侵犯等不公平甚至违法的现象式行为出现。

2. 工作方面

信息技术和人工智能在工作中的广泛应用极大地提高了我们的工作效率，

改变了我们的工作方式。例如，流水线、数据统计等一些重复性体力劳动正在快速被自动化取代。人工智能不断发展对个体工作方面也带来了深远的变革，这些变化不仅体现在企业劳动力需求结构的转变，还体现在创造了许多全新的就业和工作模式。如何成功应对这些变革，既需要政府的政策支持和引导、企业经营的适应和调整，更需要个人持续学习和不断提升。只有这些因素共同作用，才能实现劳动力市场的平稳转型和经济的可持续发展。

（1）传统岗位。随着新技术的广泛应用，特别是人工智能、机器学习和大数据的快速发展，传统的岗位、传统的职业面临被自动化和智能化技术替代的风险，如保安、收费员等工作。这将导致一些人失去工作机会。

（2）新型就业模式和新兴岗位。传统岗位减少的同时，自由职业的人口将继续增加。越来越多的人选择成为自由职业者，追求更自由和灵活的工作方式。疫情催生了互联网办公模式和工作方式，目前我国大部分企业都能够凭借互联网技术进行网上办公、开会等业务。利用互联网办公的方式，能够增加普通人的工作效率，摆脱掉地域以及距离的限制，从更加长远的角度看，完全可以舍弃掉原本的实体公司模式，转为完全的线上工作模式。同时，智能技术进步还催生了大量新的就业机会。根据世界经济论坛发布的数据信息，预计到2027年，约有23%的工作将会发生变化，6900万个新的工作岗位将会出现。这些岗位不仅限于技术行业，金融、医疗和零售等行业也急需具备信息智能相关专业技术技能的人才。此外，随着智能技术的融合与创新，新兴领域如云计算、物联网（IoT）和虚拟现实（VR）对专业技能的需求也在迅速增加。这些领域不仅需要技术开发人员，还需要跨领域的综合性人才。总的来说，低端的岗位需求在减少，高端的人才需求在扩大。万般皆下品，惟有读书高，这句话依然成立。读书不是没用了，而是更有用了。只是读什么样的书，怎么读书，成了我们学生、老师、家长面临的最需要解决的痛点和难点问题，也是大家出现专业选择焦虑的最底层原因。

3. *学习方面*

信息技术和人工智能在学习中的广泛应用正在向人们提供丰富了教育资源，更多的学习机会，根本性改变了我们的学习方式。在线教育平台和数字化学习资源的普及使学习更加灵活和自主，打破了时间和空间的限制。作为个体和机构必须要积极利用先进的信息技术和教育资源，改进自己的学习和教育方法。

(1) 个体学习。面对人工智能的时代大趋势，终身学习和主动适应新技术将成为个体职业成功的关键。面对不断变化的工作环境，个人必须具备持续学习的能力，不断更新自己的技能，以应对新的岗位要求和职业挑战。互联网的普及以及移动技术的迅猛发展，让我们进入了一个数字化的时代。线上教育资源为我们提供了更为公平的学习机会，和更加广阔无限的教育资源。我们可以通过在线学习提升自己的能力和竞争力，也可以利用互联网资源开拓新的事业和创造机会。

(2) 教育改革。传统教育体系将面临巨大的改革，需要更加注重培养学生的综合素质和实践能力，而不仅仅是传授知识。学校需要与企业和社会进行更紧密的合作，为学生提供实习和实践机会。否则将面临严重的社会问题：我们每年培养着大量的本科毕业生，却没有相应的工作岗位能够提供，导致很多大学生毕业即失业；同时，很多专业化技术岗位上却存在严重的人才紧缺现象，紧缺数量甚至达到了两千万左右。“人找工作，工作找人”，这一问题，只能通过教育改革才能得到有效解决。人工智能的快速发展，已经是一个不可逆转的大趋势。既然人工智能的崛起是不可避免的，那么对个人和集体来说，应该要积极拥抱人工智能、认真学习人工智能，做到与时俱进。这样，才会在人工智能的浪潮中始终保持竞争优势。学校要培养企业需要、社会需要的人才，就需要积极拥抱新技术，改变自己的教育理念、教育模式，而不是一成不变。

讲完了当今形势，下一章，我们重点分析预判未来社会的发展趋势。

第三章　未来预判

——东西方文明的第二次巅峰对决，优势在我的第二次持久战

前两章讲了笔者的科技历史观与科技世界观。一个纵向、一个横向，这两个维度交叉的，中间落脚点就是当下的国家和14亿个体。范伟曾在小品里面说，“我不关心我是怎么来的，我只关心我是怎么没的。”这一章主要讲笔者的科技发展观，给大家讲明白未来的科技及产业会怎么发展，我们国家和个体的出路在哪里。这里面必然就会带有很大的预测成分，如果今后发展的实际验证下来不准确，请读者多包涵。如果被预测中了，还请大家记住此书。

第一节　美国极限打压，华为为什么没有被打垮

为了充分论证中美科技战的走向和结局，我们依然需要从美国制裁华为说起。一直以来，美国都是全球高科技的“霸主”，仗着自己的科技霸权不断收割财富。然而到了今天的5G时代，华为的横空出世动摇了美国的科技霸权地位，撕开了“二战”以来都没人能撕开的美国“科技垄断墙”，这也导致美国开始对华为不留余力地打压。从2018年至今，美国对华为的打压，几乎已经抛出了所有的底牌：禁止华为进入美国市场、扣押任正非的女儿孟晚舟、联合西方发达国家抵制华为5G、把华为拉入黑名单、禁止华为使用谷歌全家桶、禁止使用ARM新架构、禁止台积电代工华为麒麟芯片、禁止全球使用美国技术的企业与华为合作等。这让很多人感到不解，为何华为作为一家民营企业会让美国大费周章去打压蹂躏？把这本书从头看到这里，大家就彻底明白了，华为是否倒下，已经跟中美的国运密切相关，孰上孰下，不容有失。

在今天这个经济全球化的环境下，基本上每个国家都有自己呆的分工层级。对于发达国家来说，可以专心搞自己的高端产业，站在顶端享受大蛋糕。对于发展中国家来说，只能承载中低端产业，分点残羹冷炙，别人吃肉自己喝汤。而中国这么多年来的高速发展，已经开始威胁到欧美人手中的蛋糕。美国作为发达国家的带头大哥，必然会第一时间出来遏制中国。华为，作为中国高科技领域的领头羊，被美国盯上就再正常不过了。华为已经不仅仅是一家民营企业，更是中国抢占高科技产业领域的尖刀连、独立团，不能退却，更不能倒下，只能冲锋，继续攻城略地，向着更高的巅峰迈进。

美国那些卑劣的手段，不仅没有让华为屈服，反而让华为的狼性彻底爆发——越战越勇，更是让国内的其他企业看清了美国的虚伪嘴脸。在美国的裁制之下，国内企业和华为也打出了一套组合拳，进行了强势反击，打了美国一个措手不及。说得形象一点，华为就像一只打不死的小强。只要美国这次搞不垮华为，以后就更没机会了。

从古到今，中国就有一个非常好的优良传统——自力更生、艰苦奋斗。在新中国历史上，这种成功的案例出现过多次：两弹一星、北斗导航、航空母舰、预警机、核潜艇，不胜枚举。如今华为开始全方位布局产业链，甚至不断投资国内厂商，就是为了加速打造一条100%国产化的供应链来取代美国厂商。除了芯片以外，在操作系统、数据库、设计软件，甚至在ERP、CRM等一些商业软件上，华为都被制裁打压。却因此造就了华为在信息技术领域国产供应链的快速崛起，并取代美国公司，打破西方垄断。

以前，人们只知道有美国谷歌的安卓系统和苹果的ios系统，可以说，美国在手机系统方面处于绝对的垄断地位。现在不同了，自从美国制裁后，华为发布了自己的手机端操作系统——鸿蒙系统。这是我国的首款国产手机操作系统，一经发布，就受到国人的追捧。从2021年6月2日到2021年9月23日，仅仅3个半月的时间，鸿蒙系统用户数量正式突破1.2亿，这对于鸿蒙系统和华为来说，是一个非常好的消息，这说明鸿蒙系统已经得到用户的认可，正在大踏步前进，成为全球三大手机系统之一。

以前，华为的芯片都是与高通、台积电合作。现在，由于美国的裁制，国产芯片制造企业的春天彻底到来，华为组建了自己的28纳米芯片生产线，而且开始进军光刻机行业，推动中国国产高端光刻机大跨步前进。

以前，华为的结构设计图都是用美国的设计软件操作。现在，被美国封锁后，只能寻找国内厂商，寻找国产软件去设计。相对于美国的设计软件，国产厂商或许还达不到世界一流水平。但是，今天的华为正在带领着更多的国产厂商开启了一场遭遇战、持久战、反击战，只要成功了，不仅是华为活下来，还会带领更多的国产厂商崛起。从长远来看，华为被制裁其实是一件好事。唤醒了所有中国人的科技产业安全意识，推动了中国高科技产业的自主创新步伐，14 亿人民自觉参与到了这一场没有硝烟的科技战之中。

客观来说，美国对中国企业的制裁，其实是一把“双刃剑”。在伤害中国企业利益的同时，也会伤害到美国的企业利益。现在的世界经济是一个全球化的经济，经济发展中是你中有我、我中有你，各国企业都是一个命运共同体。自从美国制裁华为以来，美国国内的高科技企业因为无法跟华为合作，损失惨重，这其中包括英特尔、高通、博通、美光、莱迪思、微芯科技等美国高科技巨头。在制裁华为的问题上，现在的美国已经无牌可出，黔驴技穷了。

回首历史，2000 年前的秦朝，陈胜吴广揭竿而起，一呼天下应，终究推翻了秦朝统治。今天的美国就像当年的秦朝，今天的华为就是陈胜吴广！

我们必须要搞明白，面对美国人的极限打压，华为为什么没有垮？对于这个问题，一百个人有一百个答案：强大的科技创新实力、通信领域的全产业链布局、全球化的业务合作、战略家式的创始人、狼性的团队文化等。而华为成功的真正原因，很多分析文章都没有归纳到根本上，只有一些对华为确实有研究的企业老板把它归结为华为的狼性文化，却很少有人讲明白华为的狼性究竟是怎么来的。我们透过表面看本质，华为的不断成功与涅槃重生，最重要的原因来自于其独特的企业制度和文化：全员持股和超高薪酬才是任老板给员工喝的真鸡汤、打的真鸡血。让员工分享到企业发展的大红利、真甜头，才是华为全员狼性的动力源泉。我把它总结概括如下。

一、重要论断

华为用“现代科技＋共产主义”构建起了一个中国知识分子命运共同体的理想国，这是支撑华为开拓进取、快速增长，不断壮大、自强不息的不二法门。

华为人喜欢说自己企业的核心价值：坚持以客户为中心，也喜欢强调理想主义、产业报国等这些我们听起来有点大的概念。但是，这些话任何一个中国的企业都会说，也都会去干，可为什么他们没干好，没干出来，偏偏只有华为干出来了？背后只有一个核心原因，华为舍得分钱，舍得给知识分子分钱。在很多老板跟员工讲事业、讲情怀的时候，华为的老板任正飞把大家在科技主战场攻城拔寨、打回来的钱分给了大家。这一动作胜过千言万语，从而在华为内部形成强大的正向激励，激发出来知识分子源源不断，用之不竭的凝聚力、创造力、战斗力！

任何一个组织的发展壮大，既要有远大理想，还要有现实回报。就像毛主席当年干革命提出来的口号："打土豪、分田地。"打土豪是革命理想，分田地是百姓实惠，只有这样才能得到广大老百姓的拥护和支持，才能够星星之火、可以燎原。用任正非的话说，"我们提倡学雷锋，但绝不让雷锋吃亏"。不让雷锋吃亏，其实说的就是要有实实在在的利益回报。世界上所有人都要生存，都需要挣钱养家糊口，知识分子也不例外。任正非跟员工经常说，"你们买房子要大一点，以后房子除了要住，还要晒钱。"任老爷子有很多过人之处，最大的过人之处就在于对人性的理解。一方面，他是一个理想主义者，同时他又是一个对人性有深切体察的人，他懂得一个人的动力源泉在哪里。我们经常说给员工"发"工资，但是"发"这个词，在华为几乎听不到，华为不说"发"钱，而是说"分"钱，甚至开玩笑地说"分赃"。"分、发"这两个字乍一听起来差别不大，再仔细一琢磨就发现理念上的差别了。首先，"发"是让员工和幼儿园小朋友排排坐吃水果一样，由老师发给大家吃；"分"却不一样，面对一堆水果，大家一起商量着怎么把它分掉。两种方式的细微差别，却反映出两个组织制度和文化的根本差异。"发"钱是老板按照他对你的评价，把手里的钱发给你；而"分"钱则是员工对钱的分配方案具有发言权。

大家要知道华为是全员持股的，而创始人任老板的股份却只有不到1.2%。客观地讲，华为从创立之初到现在，每个阶段都充满了风险与挑战。任正非自己创办了华为公司，却不断地将股权稀释给团队，由绝对控股变成"工者有其股"，今天，18万华为员工中60%的人成为了华为的股东，任正非以最大的利益分享、事业分享的胸怀，换取了华为人20多年的众志成城，这在中国乃至全球的规模性企业、尤其是高科技企业中是绝无仅有的。当然，并非说员工一进去就会有股份，而是入职一段时间之后干出成绩，那他就有机会拥有公司的股份。很多创业的老板都会觉得自己至少要占到51%及以上，才会觉得心里头踏实，才会觉得自己的努力没有白费。华为的整个制度和文化对很多公司老板来说是没办法学习，更没办法做到的。关于这点，任正非有一个非常实诚的解释。他说，如果他办的是一家房地产公司，肯定不会这样给别人分钱，肯定不会让自己的股份占到这么低，因为做房地产开发的各种关系、资源都是个人的，风险也是个人来承担，其他人发挥的作用非常有限，干嘛还要给大家分钱？但是，华为是一家技术密集型公司，公司里百分之八九十的人是专业技术人才。任正非自己不干技术，想要获得最前沿的技术，必须要聘用最优秀的人，才能做出各种技术创新。在这种情况下，员工的积极性，就直接决定了整个公司的命运和前途。正是华为所在的高科技产业特性，以及任正非的宽广胸怀，才让它形成了华为一套独特的分钱制度和文化，让人人都觉得我是在为我自己干，或者说公司是所有员工的命运共同体，是知识份子的理想国，用自己的知识创造财富，有回报、有尊严地活着。

华为是一家没有外资参与，100%属于中国人的公司，而且是唯一一家没有上市的世界500强。美国人曾说："只要你是中国人背景的企业，我就不买你设备；只要让美国人参股，我就给你降关税。"任正非最终还是拒绝了美国人的入股。过去几年，华为的发展确实不容易，尤其是手机业务更是损失惨重。但正是因为经历了中兴、华为事件，才使得我们中国人看清了一个残酷真相：科技产业是有国界的！我们要大力支持以华为代表的中国科技公司，并不只是简单地买国货，而是要大量地教育我们的孩子去好好读书，读以电子信息为代表的理工科专业，打造我们源源不断的兵源投入到科技战的主战场。高科技企业越多，产业结构越高端，需要的高素质人才越多，以后的年轻人读完大学就业的机会就越大，收入也才会越丰厚，国内消费市场才会越大，中国的经济发展才会越来越良性循环。我们有理由相信，华为的未来是光明的，中国的未来是光明的。但是需要我们每一位学子的积极参与，投身到这一场关乎国运的科技战当中来！这才是同学们的正确方向和思路，也是笔者花这么大功夫去写这本书的巨大动力。

华为最大的贡献，是把电子信息领域的人才大量留在了国内。试想一下，如果华为无法给这些高端人才提供岗位，给不了这么高的薪资，那么这些人才会怎么样？还会留在国内吗？还会待在中国人的企业里吗？恐怕大多数都只能为五斗米折腰，被以美国为首的国际公司招聘去，用自己的专业知识为外国公司服务。那才真是种了别人的地，荒了自家的田。

二、重要文件

《华为基本法》是中国现代科技企业为高层次知识分子团队管理提供的一整套中国方案和中国智慧。

分析完了华为打不倒的原因，下面还需要重点介绍一下《华为基本法》。《华为基本法》是华为公司的管理大纲，从 1995 年开始萌芽，1996 年正式出台，1998 年 3 月审议通过，至今已经二十多年，它指引着华为一路高歌猛进，从一个胜利走向另一个胜利。它是华为真正的力量源泉。

追求伟大的企业，一定要有文化自觉性。任正非很早就曾说过：“资源终会枯竭，唯有文化才能生生不息。一个高新技术企业，不能没有文化，只有文化才能支撑持续发展。”从 1995 年的《华为基本法》开始，华为的干部建设、团队建设、企业文化建设，不断结出硕果。华为核心价值观：“以客户为中心，以奋斗者为本，长期坚持艰苦奋斗！”和华为的经营策略：“力出一孔，利出一孔”，这些都不是说说而已，而是真正做到的。而华为人那些自动自发的奔赴战场拼搏不息的作风和行为，只是华为公司作为知识分子命运共同体的理想国由内到外，自然迸发出来的最终表现。华为起步于交换机，从 2G 的跟随，到 3G 取得局部技术优势，到 4G 全面超越和 5G 绝对引领，经过三十多年的发展取得了通信行业的全球领先地位。华为，就像公司宣传画中那架被打得千疮百孔的伊尔轰炸机，虽经历一次次打击，却顽强的飞向前方，并取得最终胜利。在信息智能时代，华为就是中国人冲锋科技产业高地的尖刀连，他的战斗经验值得我们深刻总结并发扬光大。

在《华为基本法》中，有一段话突显了华为对团队始终保持创业者奋斗状态的深刻阐释：“我们没有任何稀缺的资源可以依赖，唯有艰苦奋斗才能赢得客户的尊重与信赖。奋斗体现在为客户创造价值的任何微小活动中，以及在劳动的准备过程中为充实提高自己而做的努力。我们坚持以奋斗者为本，使奋斗者得到合理的回报。”按照华为的理解，“奋斗者”首先可以为他所服务的企业和客户创造实实在在的价值；“奋斗者”会通过自己的努力和付出，提高自己的综合能力，取得个人成就；“奋斗者”是能够对自己所在的领域和行业做出突出贡献，同时也对整个社会的发展做出一定贡献，受到社会尊重的人。

大家都说任正非是人性大师，也说华为公司企业文化做得好。或许，企业文化与人性，本身就是相通的。任正非认为："华为的企业文化是建立在中国优秀传统文化的基础上的。全体员工应该团结一致，共同努力。"所以，个人主义是不允许在华为发生的。"胜则举杯相庆，败则拼死相救"的团队精神是在互助、团结、合作的传统文化基础上产生的，也是通过管理模式和制度的设置来保证的。

任正非明确提出狼性生存法则：企业要发展，就要发展一批狼。任正非正是华为最大的狼王，即便已经70岁，但始终保持战斗的激情，时刻都处于战斗状态。狼群中的头狼不能老，创业团队中的中、高层管理人员要时刻保持准备战斗的状态。任正非身上的品质正是华为狼性文化的精髓。狼性文化的精髓包含三个方面：时刻保持危机感，具有远见视野；始终保持奋斗精神，具有进取意识；全员形成凝聚力，具有团结力量。

华为在组织内部坚持批评与自我批评原则。凡是不能自我批判的干部，原则上不能提拔；群众对他没意见的干部要重点审查；群众意见很大的干部要分门别类进行识别与处理，若不是品德问题，那么这样的干部是可以培养的，华为还要再给他机会。社会是会自动产生惰性，而不会自动产生创新的，领导干部没有自我批判能力，公司很快就会消亡。没有自我批判能力的干部不能当干部。在华为新生社区里任何人都可以对他人提出中肯的批评，也可以在里面做自我检讨、自我分析。无论是自我反省还是自我批评都和华为的危机意识有关，确保了华为公司内部形成良好的文化氛围。

华为将员工的奉献精神，从过去的干了多少工作、吃了多少苦、为企业创造了多少价值的狭隘观念中挣脱出来。让员工不仅要对自己的工作、对自己所在工作岗位负责，还要对客户负责。更重要的是员工要将个人目标和企业目标相结合。要将个人的责任感与企业的社会责任感结合起来，通过自身的努力和奉献来增强企业的社会地位以及社会影响力。

强大的公司从来不是温情脉脉的，它会千方百计地让队伍保持进攻的状态，逼迫每个人去成长，成长的过程总是痛苦的，但这非常值得。从华为出来的人大概有十多万人，对华为对任正非，他们几乎都是感激，因为他们在华为获得了成长。反观很多科技创业公司在发展初期，确实能保存初心，上下同欲，随着公司发展起来后，既定的战略开始出现摇摆，在利益面前，核心高管出现分歧，甚至严重的内部腐化问题屡见不鲜。创业团队的凝聚力任何时候都不能倒，一旦倒了，走下坡路是非常迅速的，甚至是瞬间的。很多科技公司不是倒在冲锋的路上，而是败亡在了内部的权益分配上。最终就是拿到一手好牌，自己打得稀烂。

《华为基本法》是华为企业文化的凝练总结和系统阐述，标志着我国民族科技企业在培育现代企业文化中的独特创新。作为中国企业第一部真正有影响力的企业文化大纲，它在业界被迅速传播，成为中国科技企业的企业文化启蒙读本，在中国科技企业的企业文化建设进程中发挥了重要的引领作用。《人民日报》曾这样评价《华为基本法》：“它是中国民营企业走出混沌，完成系统思考的标志。”可以说，《华为基本法》值得每一个中国科技企业借鉴学习。

企业的管理最终都是对人的管理，人是企业中最重要的因素。尤其是脑力劳动的高科技企业，与体力劳动的流水线制造业有根本性差别。后者只需要管理一个人的身体进行流水线式作业，前者需要激发一个人的大脑进行创造性劳动。以术治身，以道治心。西方的管理学大量停留在治身层面，搞出一套套量化的模型和指标，复杂精细的不得了；而根植于中国传统文化与共产主义思想的华为管理制度则在知识分子的治心层面进行了有益探索与成功尝试，最大限度地激发出了知识分子的凝聚力、创造力、战斗力，走出了一条中国特色高科技企业管理与发展之路。《华为基本法》是中国现代科技企业为高层次知识分子团队管理提供的一整套中国方案和中国智慧。

第二节　第四次科技革命，中国的文化与制度优势

前两章，明确指出科技就是第一生产力、第一战争力，第二章还讲了中国在第三次工业革命中已经迎头赶上、奋起直追，并详细列出了中国在GDP、工业生产总值方面取得的巨大进步和优势。下面，结合华为在信息科技领域成功抗美的典型案例，进一步深入分析面对第四次科技革命，与欧美相比，我国具有独特的文化和制度优势。

一、文化优势

中华文明源远流长，具有着得天独厚的优势。中华优秀传统文化、革命文化和社会主义先进文化，这三种宝贵的文化资源一脉相承、相互交融，汇聚成浩浩荡荡的当代中国文化的主旋律，成为支撑中国引领人类第四次工业

科技革命，建设中国特色社会主义现代化的坚实文化基座。

1. 传统文化优势

中国传统文化中丰富的哲学思想、道德修养、人文精神和教化理念，是中华民族未来引领人类第四次工业科技革命的突出文化底蕴，是西方文明根本无法比拟的。

首先，天下为公是中国知识分子在内心精神世界中最高的价值追求。传统文化所蕴含的独特的思想品格、道德修养、理想志向、处世哲学、做人智慧、治国理政能力，对于今天的中国人，尤其是知识分子全面提高树立正确的世界观、人生观、价值观，促进人类科技进步，都具有十分深厚的文化养分。

（1）爱人仁民的民本思想。孔子倡导仁者爱人、博施于民；孟子主张民为贵、社稷次之、君为轻；《尚书》说民为邦本，本固邦宁；《左传》指出亲仁善邻，国之宝也；柳宗元更进一步，倡导官为民役。这也是中国共产党人“全心全意为人民服务”根本宗旨最古老的文化根脉出处。

（2）治国理政的深刻谋略。中国古人强调德治，主张明德慎罚、德主刑辅；强调廉政，认为公生明、廉生威；强调鉴古，以古为镜；强调创新，苟日新，日日新；强调实干兴邦、清谈误国；强调同心同德、群策群力；强调居安思危，安不忘危；强调和平外交，好战必亡；强调人和，得道多助，失道寡助。

（3）和合中庸的治世思想。孔子倡导君子和而不同；《中庸》阐发了和合、中庸、包容的思想。

（4）励志为公的使命担当。《大学》倡导格物、致知、诚意、正心、修身、齐家、治国、平天下；北宋张载倡导为天地立心，为生民立命，为往圣继绝学，为万世开太平；《孟子》倡导老吾老，以及人之老；幼吾幼，以及人之幼；《礼记》倡导天下为公。

（5）忠贞不屈的爱国精神。苏武持节不屈、诸葛亮鞠躬尽瘁、岳飞精忠报国、范仲淹先天下之忧而忧、陆游位卑未敢忘忧国、文天祥留取丹心照汗青、顾炎武匹夫有责、林则徐苟利国家生死以，都堪称古代知识分子爱国精神的典范。

（6）高尚人格的修身引导。重视荣辱观，强调礼义廉耻；闻过则喜，吾日三省吾身；见贤思齐，君子慎独；谦受益，满招损；言必信，行必果；温良恭俭让；富贵不能淫，威武不能屈；学而不思则罔，思而不学则殆；知行统一，经世致用；自力更生，自强不息。纵观全球，还没有其他国家或者文明有这样以“天下为公”为核心的系统完整丰富的文化底蕴传承，而它却深深融入于中华民族的血脉之中。

其次，家族兴衰是中国知识分子对传统孝悌文化最自觉的责任担当。家族是中国古代社会最稳定的基层单位，家族制度是中国传统文化的重要组成部分。家族是一个典型的共同体组织，它以先天的血亲关系，依靠孝悌伦理，凝聚着家族成员之间的联系，崇拜家族祖先，维护家族利益，维系它的稳定传承。中华家训族规的主要内容有：

（1）孝悌为先。孝悌是家族伦理的核心，家训族规首倡孝悌。

（2）耕读传家。耕读传家久，诗书济世长。乡民对娼优隶卒等贱业十分不齿。

（3）互助公益。除了孝悌、耕读理念之外，家族文化中还有节俭勤业、尊师重道、恪守礼教、整肃门户、严守尊卑、善择婚姻、婚丧嫁娶等宗族事务管理。其中最值得一提的是患难相恤和族学教育。在古代社会，人们经常面对天灾人祸、生活窘境，这时家族就要动用族产或家族内殷实人家予以接济或救助。而家族公益的另一项重要内容是资助家族子弟读书向学，参加科举考试，成长成才。这些都使得家族文化如同一种最强劲的黏合剂，使族亲之间在心灵深处彼此亲近认同。尤其是以知识分子为代表的家族精英，为家族和国家的兴旺发达而团结奋斗成为他们内心最自觉的责任担当。在数千年的沧桑岁月中，面对天灾人祸、战乱瘟疫，家族文化为中华民族的血脉延续做出了巨大贡献，这也是西方文明的历史所没有的。

最后，汉语汉字将是中国知识分子在智能时代学习与科研的“开挂”利器。当今世界，共有五大文字系统：拉丁字母、西里尔字母、阿拉伯字母、婆罗米系字母（梵文字母）和汉字，分别对应五大主流文明：西方文明（拉丁文化圈）、东正教文明（西里尔文化圈）、伊斯兰文明（阿拉伯文化圈）、印度文明（梵文文化圈）和中华文明（汉字文化圈），前四者都属于字母拼音文字，只有汉字是由象形文字演化而成。从语言的底层逻辑上讲，由字母拼音文字组成的语言是一种碎片化的低级语言，像是把很多符号排列组合，来组成不同意思的密码学；而由象形文字演化而成的汉语是一种系统化的高级语言，每个字都有它独特的含义，与其他字搭配还可以产生新的意思，言简意深，变化万千。以汉语和字母文字的杰出代表，英语为例做个比较，孰优孰劣，一目了然。比如牛 cattle，公牛 bull，母牛 cow，小牛 calf，野牛 bison，牦牛 yak，水牛 buffalo，牛奶 milk，牛肉 beef，阉牛 ox，如果今后再出现新品种的牛或者与牛有关的新东西，汉语只需要拿来一两个字与牛字简单组合一下就可以轻松搞定，只要懂中文的人基本上一看就懂！而英语就需要继续造词，而且这些单词也只有相关专业的生物学家才能看懂，其他人则难以看懂。不要小瞧了这点差别，在信息大爆炸的信息时代、智能时代，就是英语即将崩溃的灾难时刻，也是汉语必将再现辉煌的伟大时代。下面以电子信息专业的单词为例继续进行比较。汉语：雷电，电力，输电，电线，电缆，电话，电报，电影，电视，电脑，电冰箱，电车，电梯，电池，继电器，电离，电镀，电荷，电压，电流，电阻；英语：lightning，electricity，transmission，wire，cable，telephone，telegraph，film，television，computer，refrigerator，tram，elevator，battery，relay，ionization，electroplate，charge，voltage，current，resistance。中文看着分门别类，清清爽爽；英文看了，则杂乱不堪，毫无章法。再例如，pneumonoultramicroscopicsilicovolcanoconioses，中文译为矽肺病、尘肺病，简单明了。在新事物层出不穷的信息时代，西方与中国的竞争，已经彻底输在了语言的起跑线上。在理工科专业中，西方大学生专业词汇的负担更重，而中国大学生相对会轻松很多。从另一种角度而言，以仓颉为代表的祖先已经提前五千年帮中国的孩子们减负了！

上面对比了在信息时代，汉语相对英语的巨大优势。关于汉语还有必要进一步补充讨论。

自古以来，汉字作为我们中华民族的瑰宝，经历了数千年的演变，按照甲骨文→金文→小篆→隶书→楷书（行书、草书）的顺序逐渐演变为今天的汉字。汉语单音表意、单音表字，单字又由象形文字演化而成，至少有以下优点是其他语言难以望其项背的：易读还易识，稳定又系统，信息密度大，传播效率高。我们现代的中国人，稍微有点古文功底的人，去看两千年前司马迁写的《史记》，基本上都可以理解个大概；而现代的英国人，哪怕是大学里面的教授，去看四百多年前莎士比亚的《十四行诗》，都无法辨认多少单词。即便同样是现代文字，让信息专业的学生去看医学专业的论文，中国学生对中文论文的理解与英美学生对英文论文的理解也大相径庭。在联合国五常：美、英、俄、法、中，不同语言的官方文件中，最薄的那一本，一定都是中文版。然而中文的强大之处还远不止于此。汉语之所以言简意深，除了因为每个汉字本身具有自己的含义，还有一个原因就是成语典故。中国人把几个字放到一起，就可能组成一个成语典故，表达另一种含义。例如“刻舟求剑”，中国人听了都能明白什么意思，但是若要翻译成英文、俄文或者法文，还要求对方真正明白其中含义，最少要扩写成一篇短文。学习汉语，需要了解中国历史才能真正明白。因此对很多外国人来说中文很难学，很多时候越学越觉得汉语博大精深，就像天书一样复杂。而英文等字母类语言，则是先易后难。字母类的外语，想要叙述清一个事情必须完整运用所有词汇，很难简化。

除此之外，汉语还有独特的艺术美感和韵味。对联、诗词、书法都是字母语言所无法比拟的。一首英文诗，翻译过来就是一首现代诗，而汉语古诗词翻译成英文诗，对仗、韵律、意境已远不如前。盲目抬高西方文化，贬低我们的传统文化，只会本末倒置。只看文明的核心——语言文字，就足以看出东西方文明的底蕴与层次上的差异，二者根本就不在一个维度之上，中华文明的先进性一目了然。汉语经过时间的洗礼，随着科技的发展，愈发显得成熟和典雅。我们要珍惜它、传承它，让它在信息智能时代焕发出更大的光彩。

谈及文字，我们要感谢两个人。一位是秦始皇嬴政。“书同文，车同轨”，他为中国这样一个地域广袤、人口众多的巨型社会，提供了共同的语言文字，共同的社会制度，为中华民族共同体的形成、强化和稳固奠定了坚实的文化认同和行为规范。毛主席曾在《七律·读<封建论>，呈郭老》中有云，“劝君少骂秦始皇，焚坑事业要商量。”他深刻而清晰地看到了秦始皇在中华民族历史长河中的巨大历史贡献。另一位是赵元任。赵元任通晓英、法、德等外语，是中国现代语言学先驱，被誉为“中国现代语言学之父”，同时也是中国现代音乐学之先驱，“中国科学社”的创始人之一。在民国时期，随着大量的西方思想涌入国内，对中华文化造成了极大的冲击。很多人都误认为汉字是一种落后的文字，已经过时，不适应当时的科学技术发展，甚至包括胡适、鲁迅等不少专家都提议废除汉字，使用拉丁字母拼音来替代，可以让更多的中国人快速学到知识。也有专家认为，汉字是中华文化的载体，是中华文明的根，不能图一时之快而废除。就在大家各执己见、争论不休的时候，赵元任写了《施氏食狮史》与《季姬击鸡记》两篇奇文，很快就平息了这场争论。这里就列出最著名的一篇——《施氏食狮史》供大家欣赏：“石室诗士施氏，嗜狮，誓食十狮。施氏时时适市视狮。十时，适十狮适市。是时，适施氏适市。施氏视是十狮，恃矢势，使是十狮逝世。氏拾是十狮尸，适石室。石室湿，氏使侍拭石室。石室拭，施氏始试食是十狮尸。食时，始识是十狮尸，实十石狮尸。试释是事。”

说起赵元任，他与中南大学还有一定的历史渊源。1925—1938 年，赵元任从美国回清华大学任教，教授数学、物理、中国音韵学、普通语言学、中国现代方言、中国乐谱乐调和西洋音乐欣赏等课程。他与梁启超、王国维、陈寅恪一起被称为清华“四大导师”。而中南大学的民主楼与和平楼，它们当年实际上是清华大学的校产。1931 年“九一八”事变后，东北三省沦陷，北平局势紧张。清华大学梅贻琦校长忧心忡忡，委托湘雅医学院院长王子玕、湘雅医学专门学校校长张孝骞在长沙择地建校，湖南省政府将长沙湘江河西岳麓山下东南角处的百余亩土地划给清华大学，清华大学于此修建校舍。民主楼与和平楼，这两栋教学楼由现代著名建筑家梁思成和林徽因设计，始建于 1936—1937 年。1937 年“七七”卢沟桥事变，日军全面侵华。为躲避战火，清华大学、北京大学、南开大学三所高校的校长梅贻琦、蒋梦麟、张伯苓将三校联合南迁，于当年 9 月在长沙组成国立长沙临时大学（以下简称长沙临大）。11 月 1 日，长沙临大正式开始上课。12 月，南京沦陷，武汉危机，战火直逼长沙。维持了四个月的长沙临大再次被迫西迁昆明，这就是近代教育史上赫赫有名的西南联合大学。新中国成立后，民主楼、和平楼划拨给了中南矿冶学院，后更名为中南工业大学。2000 年，中南工业大学、湘雅医学院、长沙铁道学院合并成立中南大学，民主楼就是现在中南大学自动化学院的办公楼。正是因为这些渊源，赵元任的女儿赵新那，1946 年与丈夫黄培云一道从美国回国后，一直在中南矿冶学院、中南工业大学任教，任化学系教授；黄培云则曾任中南矿冶学院副院长，1954 年创建粉末冶金专业，创立粉末压制烧结理论，被国际上称为“黄氏粉末压制理论”，成功研制多种用于核、航天、航空、电子等领域的粉末冶金材料，开创了中国粉末冶金研究领域之先河，1994 年当选为中国工程院首批院士。

认真挖掘、梳理和弘扬中华优秀传统文化，并对其进行创造性转化、创新性发展，有利于引导广大百姓树立正确的历史观、民族观、国家观、文化观，增强做中国人的骨气和底气。未来，以家国情怀与自由主义、集体主义与个体主义、象形语言与字母语言为突出差异的东西方文明必然在第四次工业科技革命中还将再次一决高下。而当下，随着科学技术日益复杂精深、海量信息越发层出不穷、风险挑战更加严峻宏大。很多科学技术领域，不靠奉献靠自由，不靠集体靠个体，不靠汉语靠英语，压根就干不出来，忙不过来，记不下来。华为等中国科技公司和中国航天等研究院所的成功经验表明，科学设计知识分子的利益共同体与事业共同体的相关规则制度，宣传激励拼搏奉献、团结协作的科学家精神，组建大团队，开展有组织的科研是人工智能时代大国科研发展的必由之路；以家国情怀、集体主义和汉语汉字为代表的中华传统文化必将帮助国人取得后发先进优势。

聊完汉语，再谈谈中医。如果说汉语汉字是中华民族文明延续、薪火永继的底核保障，中医中药则是中华民族生命健康、人口鼎盛的支柱手段。但是让人痛心的是中医在传承、应用和发展方面正面临着严峻危机。

和汉字一度被有些人叫嚣着要彻底废除一样，近现代历史上，中医也被很多人诟病、歧视，甚至主张废除。

聊完了传统文化优势，下面继续聊革命文化优势。

2. 革命文化优势

聊完了革命文化优势，下面继续聊新中国成立后，我们形成的社会主义先进文化优势。

3. 社会主义先进文化优势

二、制度优势

第三节　全球科技抗美，注定是一场持久战

当年面对抗日战争，当很多国人对战争结局非常悲观、迷茫的时候，毛主席在延安的破窑洞里写出了著名的《论持久战》，并给出了精准的论断："道路是曲折的，前途是光明的。"今天，这个论断同样适用于中美之间的科技战。我们先说前半句：道路是曲折的。

上文详细给出了中、美等国的 GDP、工业生产总值等数据的分析对比，并对美国在全球的政治霸权、军事霸权、经济霸权、科技霸权、文化霸权进行了详细介绍和分析，还对当前的全球形势进行了分析判断，我们基本上可以得出这个结论：全球科技抗美注定是一场持久战。

2024 年 9 月 18 日，美国联邦储备委员会（简称美联储）宣布，将联邦基金利率目标区间下调 50 个基点。这是 4 年来，美联储首次降息。9 月 25 日，中国人民解放军火箭军向太平洋相关公海海域，成功发射 1 枚携载训练模拟弹头的洲际弹道导弹，射程 12000 公里，准确落入预定海域。这是中国时隔 44 年再次向太平洋方向进行洲际弹道导弹试射。9 月 24 日，国务院新闻发布会上，央行、金融监管总局以及证监会等相关部门负责人宣布了多项重磅利好政策，极大扭转了 A 股市场预期。当日，上证指数放量暴涨超过 4%，创下 4 年来最大单日涨幅。截至 9 月 30 日，5 个交易日，A 股总市值暴涨 16.61 万亿元，涨幅 24%，总市值 84.67 万亿元。很多人会乐观认为，中美博弈已接近尾声，中美之间已经分出胜负。但笔者个人认为，这只是我们在中美博弈之中，在全球反对霸权的斗争过程之中，所取得的阶段性胜利。它并不代表着这场霸权与反霸权斗争的结束，而只是下一个阶段的开始。

世界第一和第二之间的战争是不可避免的，能冷战而不热战已经是人类的一种幸运。上一个和美国博弈的是苏联。二者的冷战持续了数十年之久。最终，以苏联解体而告终。当下的俄罗斯早已不复当年苏联的实力，美俄之

间已经不对等了，但双方的较量依然在延续，叙利亚战争、俄乌冲突就是实证。时过境迁，我们与美国之间的这场对抗已经不可避免。对于双方而言既是一场遭遇战，更是一场消耗战、持久战，会持续十年、二十年甚至更久。

毕竟美国根基太深，至少有以下三方面的优势，让我们很难速胜。

一、强大的联盟体系

古人常说：得道多助，失道寡助。但是在世界的丛林法则面前，有时候残酷的现实却是：德道寡助，霸道多助。虽然我们并不孤单，有很多第三世界国家越来越向我们靠拢；但是美国的盟友更多、更有实力，它代表了整个西方国家精英集团的利益共同体。这背后有诸多政治、军事联盟体系。(1) 北约加以色列。美国与北约国家，美国与以色列之间是共享经济、共享军事的联盟关系。欧盟在对我国的制约问题上，对美国“言听计从”，主要就是这层原因。说白了，北约就是美国的小弟，也是美国霸权游戏的血包，两者密不可分。这种关系，即便双方各怀鬼胎，在很多层面上也会异常团结。(2) 五眼联盟。五眼联盟是由五个英语国家组成的情报共享联盟，成员包括美国、英国、加拿大、澳大利亚、新西兰。他们的主体民族几乎都来自英国和爱尔兰，有共同的血缘、语言和价值观，无论什么时候，这五个国家都不会彻底翻脸。五眼联盟的核心是共享情报，它的历史最早可追溯到第二次世界大战。信息联盟、情报共享，这个体系的能量很大。(3) 美日韩联盟。在中美对抗中，以美日韩为核心的东亚联盟体系，是美国围堵中国的关键支撑点，是中美最有可能短兵相接的地方。美国当年面对朝鲜战争、越南战争，为提高战争效力，将本土制造业外迁至东亚地区，主要就是日韩先后享受到了这种“恩惠”，也让他们之间建立起坚固的经济和军事联盟关系。目前，美国在全球有 800 多个军事基地。这些基地并非都是美国强行建立的，许多反而是当地国家主动要求美国建的。全球几乎所有发达国家和所有重要海峡、交通要道，都被美国控制。虽说美国盟友总人口加起来大约等于中国，但是经济总量大约 49.4 万亿美元，是我国的三倍之多。现在美国还要组建一个更大的民主国家联盟，从而使我国面对一个又一个圈套、一个又一个漩涡。

二、精明的称霸策略

在俄乌冲突中，俄罗斯的国际形象受到严重损害。甚至和它关系较好的国家也不能名正言顺地支持他，因为俄罗斯的策略太直接、太霸道。而美国尽管也在全球称霸，但是基本上不直接占领他国领土。最典型的例子就是琉球（冲绳），美国把管理权交给日本。这样一来，在中日关系之间打入一个大楔子，同时，也避免自己被指责侵略他国领土，还一点不影响美国占用这些岛屿。其他地方也一样。比如古巴多年来一直与美国对抗，美国虽然制裁它，但是并没有侵占其一寸土地。这是美国人聪明的地方。美国发明了一个非常隐蔽又行之有效的手段，通过资本来控制其他国家。目前，美国国内的各个资本之间，以及与其盟友的资本之间，存在大量“交叉持股”现象，已达成更隐蔽广泛的利益联盟。我们表面上看到的是美国众多的政治、军事盟友。背地里，美国还有大量的经济盟友，而且这些盟友对美国更忠诚。它们是“一条绳上的蚂蚱”，一损俱损，一荣俱荣。比如，韩国三星的股东中，美国机构投资者持有约 10% 的股份，使美国资本成为三星最大的外部股东之一，对三星的决策影响力相当大。更重要的是，三星必须依赖美国或盟友的公司，向其提供芯片和其他关键零部件。

三、强悍的科技霸权

尽管苏联在导弹、卫星、核武器等国防方面，都曾经一度领先美国，但是在民用科技方面，却远落后于美国。美国对科技霸权非常警觉，一旦有国家可能超越美国，美国就会立即将之消灭在萌芽状态。近几年，我国在信息科技领域已经赶上甚至要超越美国，美国就立即动手了。早在 2021 年 9 月，美国就以“缓解芯片短缺”为名义，向世界主要半导体科技巨头，下发勒索令。要求三星、台积电等知名巨头 45 天之后，必须将自己的关键机密数据统统上交给美国商务部，从而实时掌控全球芯片生产数据，为制裁中国做准备。近年来，美国为了保证自己的科技领先地位不受侵犯，多次粗暴干涉他国内政，并对潜在竞争对手，动辄施以蛮不讲理的制裁。

综上，美国及其盟友就已经分别在政治、军事、经济和科技上牢固地联结在了一起，绝对称得上是这个地球上最强大的竞争对手。好比当年抗日战争一样，所谓的速胜论相当有害。

同时，我国的发展，当下也面临三大挑战和风险。

（1）资源安全风险。我国对石油、天然气、铁矿石等战略性资源的需求量大，对外依存度高，且短期内难以改变，在国际形势复杂多变的今天，是我国资源安全保障的主要问题。

（2）科技卡脖子挑战。我国的科技已经有自己的强项，但在芯片、工业软件、医疗设备、仪器仪表等尖端装备领域，与欧美等还有很大差距。在美国全面打压、脱钩断链的形势下，一系列技术卡脖子问题是我们在科技领域的严峻挑战。

（3）发展模式瓶颈。前些年我国房地产经济快速发展，近几年互联网经济又异常火爆。传统行业受到严重冲击，这是我们全面进行产业升级、稳步实现经济发展面临的发展模式瓶颈。必须要从单一的资本化、资源化、互联网化模式向新能源、新汽车、人工智能等更多维度的科技化模式延伸和扩展。

要想彻底战胜美国，既要从外围开始突破，一步步瓦解它的联盟堡垒，但是最重要的是做好自己的事情，少犯错误。善战者，先为不可胜，以待敌之可胜。核心还是发展自身。

第四节　中美巅峰对决，胜利必将属于我们

面对中美之间的科技战，我们要深刻学习领悟毛主席的话：道路是曲折的，前途是光明的。下面，我们就来说后半句：前途是光明的。

前面分析了我们中国特色的文化和制度优势，更详细给出了中、美等国的 GDP、工业生产总值等数据的分析对比，我们基本上可以得出这个结论：中美巅峰对决，虽然是一场持久战，但胜利必将属于我们。

美国的政治、军事、经济联盟体系是美国霸权的强大支撑，但也并不是说这些联盟关系就坚不可摧、牢不可破，随着时间和局势的变化也会被慢慢腐蚀。欧盟、日韩和中国的经济往来已经超越他们和美国的贸易量，他们都渴望和中国做生意，毕竟中国市场大。美国的科技、金融霸权也受到以中国为代表的新兴国家严峻挑战，以芯片为代表的卡脖子技术正在被中国的知识分子、科技产业人才逐一攻克。面对这场大国博弈，全体中国人已经从开始的惊惶无措，逐渐变得从容自信。要在这场大国博弈中，取得最终胜利，我们最重要的就是做好自己的事情，先为不可胜，以待敌之可胜。当前和今后相当长一段时间，我们要做的，主要有三件事情。

（1）拖字诀。与美国政府尽量拖着、耗着，尽可能推迟中美战略摊牌的时间点，尽可能延长我国发展的战略机遇期。面对我国快速的崛起，美国鹰

派人物，首位日裔海军四星上将，哈里·哈里斯曾特别嚣张地撂下狠话：“美军已经做好了今晚开战的准备”。他们内心知道能遏制中国的时间不多了，急于在中国周边，包括台海、南海、朝鲜半岛、中印边界挑起战争。我们不能被对手牵着鼻子走，不要在对手预设的地点和时间钻进其口袋。要记住毛主席的话：你打你的，我打我的；你打你的原子弹，我打我的手榴弹。国运之战不容有失，时机不成熟就要戒急用忍，以拖待变，坚决不在战略问题上犯错误。

（2）争字诀。敢于斗争，斗而不破；善于斗争，争而能胜。要在科技战、贸易战、金融战、外交战、舆论战和准军事战中不断取得突破，乃至胜利，让美国遏制和打压中国的一切图谋无功而返。可以确信，今后还会有更多像菲律宾、立陶宛这样的国家跳出来站队美国，反对我们，或者利用台湾、香港、南海、新疆等美国制造出来的话题来敲诈我们，捞取好处。对此，我们要坚持原则底线，要坚决维护国家利益，对跟风的国家要严厉反击。一旦时机成熟，要坚决发扬革命斗争精神，敢于反孤立、反围剿，打破封锁、冲破岛链，同对手开展坚决斗争。

（3）备字诀。大力加强军事斗争准备，止戈为武、以战止战。中国强大的军事实力、坚定的斗争意志，才是确保中美关系基本稳定的压舱石。我们要在对美国战略方面有一种整体战备思维。将国家整体战备纳入国家战略视野。所谓整体战备，就是国与国之间的整体战争准备，包括政治、军事、金融、经济、科技、文化、舆论、网络、太空、生物、能源等全方位、多领域、多维度的战争准备，是国与国之间政治体制、整体实力、民族精神、军人意志、民众凝聚力等方面的全面较量、深度博弈和激烈斗争。之前，我们适应的是军事战争思维，认为军事战争就是战争的全部，现在我们应该调整战略思维。一是建立对美斗争的最高决策智囊机构，形成包括军事、情报、金融、科技等一系列工作在内的高效战略研判、应对、决策、施策指挥机构。二是建立坚定的国内反美统一战线，清理内奸和两面人。练好内功、弘扬正气，强军打赢、富民爱国，做好一切战略储备工作。三是建立广泛的国际统一战线，团结一切可以团结的力量，瓦解一切可以瓦解的敌对力量。

随着美国对中国的遏制加剧，以及俄乌冲突的预演，越来越多的人担忧中美两国会爆发一场全面热战。然而，有美国媒体却一改往日的自诩甚高，宣称一旦和中国开战，美国的国防工业根本无法支撑。以俄乌冲突为例，美国的武器产能根本无法跟上乌克兰战场的需求。对于支撑一场规模更大、周期更久的战争，美国的国防工业能力根本无法支撑。受产业空心化的影响，美方现有的国防工业已经严重萎缩。有美国智库推演，一旦中美开战，美国在关键领域的武器将无法支撑一个星期。但是，中美之间一旦真正开战，绝对不会在短时间内结束，也将是一场持久战。与此形成鲜明对比的是，中国作为世界工业强国，拥有全世界最完善的工业体系，涵盖了从基础原材料到高端制造技术的广泛领域。中国的工业实力不仅体现在产量和规模上，更在于其日益增强的技术创新能力和全产业链的完整性。中国人爱好和平，但是不怕战争，更不怕持久战。唯有如此，才能够真正止战。

天下大势，浩浩汤汤。历史的车轮滚滚向前，螳臂当车只能沦为历史的笑话。纵使美国联合西方国家，极力封锁我国，但最终也抵挡不住物美价廉的中国产品。所谓的抵制，只是当下基于利益共同体做出的决定。世界上只有永远的利益，没有永远的朋友，也没有永远的敌人。一切都在变化中，中美之间的持久战，最终比的不是谁纠集的盟友多，拳头大；而是比谁能生产的产品多，馒头大，还能有一根防身的“打狗棍”。

中美博弈是一场持久战，也是中华民族走向伟大复兴道路上最大的考验之一。中美关系之复杂，很难用非友即敌、非黑即白的二元对立思维去看待理解。在当下乃至未来相当长一段时间，中美将是既斗争又合作，斗争为主，合作为辅。事实上，目前中美两国之间除了激烈博弈，经贸合作与交流仍在继续进行，依旧如常。我们应该保持审慎乐观的态度去看待中美关系：不害怕斗争，不放弃合作，要努力通过对话和协商妥善处理分歧与争议，推动两国关系的健康发展，为我国的持续发展争取更多的时间和机会。

第五节　中华科技铁军，新时代最可爱的人

前文提及，当前中美大国博弈的主战场在科技。这是一场没有硝烟、却决生死的特殊战争，它的主力军就是科技工作者，带队伍的就是各个领域、各个方向上的科技领军人才。1951 年，抗美援朝战争期间，作家魏巍从朝鲜战场归来后写出了著名的报告文学《谁是最可爱的人》。从此之后，中国人民

志愿军被人们亲切地称为“最可爱的人”，几代中国人对志愿军、对解放军有崇敬之情。今天，中国科技抗美，再问谁是这个时代最可爱的人？恐怕除了人民解放军，还有另一支不穿军装，融身在人民群众当中，以知识分子为主力的“部队”——中华科技铁军。他们是新时代最可爱的人。

2024 年 9 月 13 日，国家主席习近平签署主席令授予王永志等 4 人共和国勋章。至此共有 13 人获得共和国勋章，他们分别是于敏、申纪兰、孙家栋、李延年、张富清、袁隆平、黄旭华、屠呦呦、钟南山、王永志、王振义、李振声、黄宗德。这其中有 9 位是为我国科技事业做出巨大贡献的科学家，超过解放军代表的数量。每一枚勋章背后都闪耀着一位英雄的光辉，都是一段不朽的传奇与荣光。下面，就把这 9 位科学家做一个简单介绍。

第六节　科技与人伦，未来人类科技发展面临的终极风险和挑战

在第二章末尾，已经详细分析了目前的人工智能和大国博弈正在给整个人类带来的方方面面的社会变革和社会矛盾。下面就基于一个科技人员的经验、分析和判断，对未来科技持续进步，所带来的社会变革和社会矛盾的演进趋势、终极风险以及终极结果进行一个大胆的预测。

一、人体的重构风险

在当前的人工智能时代初期，信息科技、智能科技已经呈现出与人体医学科技深度融合的趋势，未来会更加广泛深入。尤其是基因编辑、脑机接口技术，会让人体从微观的基因、细胞到宏观的肢体、器官，面临全面改造重构的风险。潘多拉魔盒一旦被打开，新基因人、半机器半人、智能机器人等新型人类一定会出现，人类的伦理边界会受到空前严峻的挑战和颠覆。到底什么是人、什么是机器、什么是畜生，相互之间的界线可能会变得非常模糊。

如果不加以法律禁止和管制，《山海经》里的画面再现人间恐怕就为时不远了。但是最终是否真正禁止得住？笔者持相对悲观态度，分析如下。

只需再问一个问题：人和人之间最大的平等是什么？你可能会说西方的那一套：选举权和被选举权。我要告诉你的是：生和死。人终有一死，这才是人和人之间最大的平等。但是，人和人之间最终能否实现绝对的平等？恐怕永远实现不了，总是会有资源多寡、地位高下之分。这就注定会产生特权。特权阶层最想要追求的是什么？金钱、俊男美女、权利本身、精神世界？恐怕都不是，而是生存权：活着，健康地活着，永远健康地活着！秦始皇，为了追求永生，派徐福去海上蓬莱寻找长生不老药，被徐福忽悠了一次又一次。秦始皇是多厉害的人物，为什么会犯这种常识性的低级错误？还是因为内心深处对于永久生存权的渴望。平时纵横捭阖，一遇到生死大事就猪油蒙心了。这就是人性，拒绝不了。

当今世界的顶级权贵也一样，无论他们是吃五谷杂粮还是山珍海味，一样会面临个体伤病、衰老、死亡和家庭生育、教育、传承的问题，一样会有对永生、健康、超能力、生育选择等顶级生存特权的强烈渴望。如今有了基因编辑、脑机接口这样的神奇技术，禁止他们使用并不现实。笔者的大学老师朱亚宗教授有一个观点：所有最先进的技术，都是最先使用在国防军事领域，为国家机器的意志服务。这话恐怕还要修正补充，所有最先进的技术，除了最先为国家机器的意志服务，还有为特殊群体的利益服务，下来才是技术进一步扩散，老百姓普遍享受到福利。尤其是直接关乎人类最高生存权的基因编辑、脑机接口这样的技术，它大概率是这样的发展结果，地球上的顶级权贵先试用，如果效果不错，一定会加大研发投入，让技术进一步发展进步，最终会向下层民众扩散推广。到那时候，可能关于人类的定义就要重新修改，相关法律也要重新制定。这是大概率会发生的最终结果，不可避免，就跟人类历史上，火车、汽车、飞机、电台的诞生是一样的科技发展过程。比如，2013 年哈佛大学首次通过人工干预细胞线粒体 DNA 可以增加实验动物的细胞损伤修复能力，进而将其生存时间拉长 31% 以上。2018 年，这一技术就转化为哈佛衰老抑制剂瑞维拓（Revigorator），目前已经在北美、亚洲大规模实用化。这一技术成果与 DNA 双螺旋、纳米技术等还一起作为《自然》首发成果被写入创刊 150 周年综述。目前，科技产业界的大神马斯克、人工智能大模型之父山姆·奥特曼、微软创始人比尔·盖茨、脸书创始人扎卡伯格等都已经争先抢入抗衰老药物、基因编辑、脑机接口等技术新赛道。

二、家庭的重构风险

2023 年 5 月，马斯克与“猫女”机器人卡特尼拉亲吻、拥抱的照片在网络上疯传，美女机器人的表情栩栩如生，令人不辨真假、怦然心动。据介绍，这种机器人能够通过人工智能技术控制面部表情、身体姿态、声音动作，非常逼真。同时，它还拥有情绪感知、日常家务、学习工作等能力。甚至更难以置信的是，其内部还安装了人造子宫，具有胚胎发育功能，可以提供两性亲密和生育服务。马斯克声称：第一代“猫女”机器人将在 2026 年面世，定价 2 万美元，折合人民币约 14 万。

人类的家庭观面临前所未有的严峻挑战，有颠覆性风险。几百万年来，人类社会从母系社会进化到父系社会，并延续至今。今后恐怕会加速进化到单亲社会。

为什么刚开始是母系？因为母亲拥有子宫。为什么后来又变成了父系？因为父亲一般会拥有更强大的体力和生产力，拥有获得更多生产资料、生活资料的能力；女性依附男性可以获得更好的生活保障。于是美女爱英雄，女人朝着美的方向进化，男人朝着强的方向进化。女性对男性的能力崇拜和男性对女性的物化占有，就变成了父系社会源源不断的发展动力。在这点上，发展最完善的是中国封建社会的农耕文化：给女人规定了三从四德，而男人却可以三妻四妾。为什么现代人看来这么不可思议的规矩却可以一直维持稳定几千年？是因为男女双方在这样的制度下都获益了。有权有势的男性得以享受美色的同时还完成了传宗接代；女性在农业生产力相对落后的条件下，也获得了相对稳定的生活保障。所以古人的媒妁之言、父母之命，婚姻居然很稳定，甚至大多数还很幸福。

但是现代社会，随着工业文明的发展，机械力、电力代替了人力，女性的体力弱势在生产过程中不明显了，于是女性就从闺房走向了工厂，女权主义就兴起了。妇女能顶半边天，就是这么来的。以男权文化为中心的中国封建传统就几乎崩塌殆尽了。甚至反过来，现在很多家庭，女性的地位比男性还要高，妇女顶了大半边天。因为女人已经可以不用依靠男人来吃饭，男人却还需要依靠女人传宗接代。于是传统文化和西方观念之间就产生了严重的矛盾和剧烈的冲突，这是现代很多家庭不幸、离婚率高的根本原因。而马斯克的美女机器人一旦问世，男人也不需要依靠女人来解决生理需求和生育需求了，人类的家庭制度和文化将会彻底被颠覆！本来，家庭制度诞生的基础就是：女性对男性生产生存优势的依附和男性对女性生理生育属性的依赖。现在这两个前提条件都随着人类科技的进步，先后被弱化、替代掉了。家庭作为男女合作的最小单元，必然会面临全面解构的危机。今后，单亲家庭将大量出现，人类的主流社会将不可避免地由父系社会走向单亲社会。以前我们提倡晚婚晚育，现在担心不婚不育，今后甚至很可能是自生自育。

讲完了未来人体和家庭面临的终极风险和伦理挑战，下面讲企业面临的风险和挑战。

三、企业的重构风险

4G 时代，直播电商等新型的互联网商业模式气势如虹，门店商场等传统的线下商业生态却节节败退。李佳琦、小杨哥、罗永浩、董宇辉，这些现象级 IP，一天的直播销售额动辄几千万、上亿，抵得上一个中小型上市公司全年的营业额和利润。除了顶级 IP，10 万至 100 万粉丝的网红更是灿若星辰。网红经济已经在中国，乃至世界经济中，发展成为一个不容忽视的新现象、新潮流。而线下的传统门店、商场营业额、利润率都在严重下滑，甚至出现了整街整栋关门歇业的萧条景象。就连很多个省会标志性的万达广场，也出现大量退租现象。不要说线下门店，就是线上平台的大佬们，也是几家欢喜几家愁。曾经风光无限的淘宝、京东，面对抖音、拼多多，也是被挤到了墙角旮旯，非常被动。行业内的人，把电商也分成了传统电商和兴趣电商，这二者的底层算法逻辑并不一样：淘宝、京东为代表的传统电商属于搜索引擎算法，用户需要什么就推什么；抖音、视频号为代表的兴趣电商属于人工智能算法，用户喜欢什么就推什么。前者靠用户自己搜；后者帮用户主动推。不要小瞧这点小小的区别，差之毫厘，失之千里。在 2G、3G 时代，网络流量只能够支撑文字、图片类的搜索，淘宝、京东的方式就非常适合；到了 4G、5G 时代，网络流量已经能够支撑视频类的直播了，抖音、视频号的方式就具有绝对的代差优势。动态的视频比静态的图文，对客户具有天然的吸引力，直播电商这样的商业模式创新就应运而生并大放异彩。在产业科技革命面前，一个时代要新人换旧人，连声招呼都不会打。外语专业出身的马云和物理专业出身的马斯克相比，对科技产业发展趋势的把握还是有明显差异的。

IP（Intellectual Property），是一个网络流行语，直译为“知识产权”，实际使用中意思已经有所引申，指一种凭借自身吸引力在网络上获得流量的标志。它可以是一个作品，也可以是一个品牌或个人。IP 具有天然的广告效应和商业价值。其实流量 IP 的商业现象，在古代就屡见不鲜。在笔者注释的《蒙求》里就有两个典故：林宗折巾、孙寿折腰，分别就是帅哥郭林宗、美女孙寿，在东汉时候带动方巾和美妆风尚，引来大家热情效仿采购的故事。他俩堪称商业最早的“头巾一哥”和“美妆一姐”。到了唐宋，李白、柳永，都是超级文化大 IP。到了工业文明时代，工厂生产效率极大提高。生产效率提高了，要源源不断把东西卖出去才能最终赚到钱，工业和商业逐渐细分开来，一个只管生产，一个只管销售，分工协作，各得其所。于是就有了广告行业，报纸、电视，具有广告流量的媒体，成为了商业的宠儿。1998 年，中央电视台黄金时段广告标王被爱多 VCD 获得，中标价格 2.1 亿元。同年，全国电视屏幕上还有一个动画老爷爷和老奶奶一边尬舞，一边洗脑：“今年过年不收礼，收礼只收脑白金。”到了移动互联网时代，抖音、视频号等自媒体快速兴起，网红 IP 层出不穷，用户流量和商业价值无限聚集放大；很多报纸、电视台却纷纷倒闭、停办。

传统媒体曾经红极一时，如今夕阳西下。究其原因，是信息技术的进步，导致人们获取资讯的手段发生了巨大变革：以前的造纸和印刷技术给人们提供了文字记录和传播信息的方式，人们能看到文字信息就很满足，书籍、报纸成为最爱，作家、主编被追捧，知识分子被称为读书人都是这个道理；后来的照相机、录像机、电视、电影、电话技术，给人们提供了更为便捷的图片、视频、音频信息制作和传播方式，人们可以更直观地看视频，听音频，对知识的门槛显著降低，直观性、娱乐性还变强了。于是电影、电视成为时代的流行娱乐方式；明星、导演、电视台风光无限；爱读书的人变少了，看电视、电影的人满大街都是；到了互联网时代，2G、3G 技术让人们获得图文、视频信息的内容形式更加丰富多样，更新传播更加及时便捷，网络平台成为人们追捧的新对象，到了 4G 时代，网络带宽进一步变大，信息速率进一步提高，海量音视频的实时传播变为现实，人人都可以借助手机拍视频，发作品，利用自媒体快速传播甚至直播。在创作活力旺盛和更新速度实时的新媒体面前，古板、严肃、周更、日更的传统媒体显得老态龙钟、步履蹒跚，跟不上时代的步伐。网络上直播带货、群星荟萃，人人都可以当明星、做网红，属于每个人的IP时代来临了。在智能时代，个人IP，尤其是商业创始人IP，将成为个人的核心数字资产，甚至比房产等物质资产更具商业价值。人们常说，生活的节奏变快了，根本原因是信息技术在飞速进步，信息更新速度正越变越快，于是世界天翻地覆。

人工智能时代，工业和商业的底层逻辑依然成立，但上层路线已经发生根本变革。工商业的底层逻辑是产品的生产和销售。谁生产的产品质量高、成本低，销售产品的效率高、销量大、成本低，谁就能赚到钱。传统企业的经营路线是企业招聘人才从产品的研发、生产、测试、销售、售后的整个链条或某些环节干起，把剩余的环节跟外部合作。企业和员工之间属于雇佣与被雇佣的关系。在知识密集、技术密集、IP密集的智能时代，无人化生产线将成为企业生产的主流形式，生产效率大幅提高，生产成本大幅降低。生产端的效率极大提升后，销售端的压力就会急剧增大，借助互联网手段就成为不得不走的一条路，因为互联网的效率、转化率很高，传统的门店、销售人员在它面前不堪一击。未来的企业要么具有绝对领先的技术，能够生产出独一无二，别人生产不出的高新技术产品；要么具有著名的商业IP和品牌认同，具有巨大的互联网流量和销售能力，别人取代不了你的销售渠道，否则根本没有核心竞争优势。在人工智能时代，已经不缺产品的生产能力，缺的是产品的创新能力和销售能力。这导致企业的经营模式将面临根本变革：由传统的内部雇佣制加外部合作制将向内部合作制加外部合作制转变。尤其是脑力劳动的科技人员，与体力劳动的产业工人有根本性差别。以术治身，以道治心。西方管理学大量停留在产业工人的治身层面，一套套模型和指标十分复杂精细，对于知识分子的脑力劳动管理根本就是南辕北辙、白费力气。华为是对知识分子治心的先进范例：要激发每一个知识分子的创造力和凝聚力，研发生产出来更具竞争力的好产品，你只能把科技人员个人与企业的命运绑在一起，变成事业合伙人、利益共同体。同时，销售渠道，尤其是消费类产品的销售将由渠道化向网络化转变。以前的销售方式更多的是管道状的流向，大管子接小管子，逐级分流下去。未来的销售方式更多的是节点化的联结，大节点带小节点，大IP带小IP，网状铺开，很具有互联网的特色。做创始人IP，将成为企业家的必修课。时代变了，必须具备流量思维，否则就是为人做嫁衣。牢记未来很长一段时间的企业运营模式将是：研发合作制、生产无人化、销售网络化，别无他途。穿旧鞋走老路，按照西方的商业理论去干企业只能被扫进历史的垃圾桶。

重点讲完了未来企业面临的风险和挑战，下面讲社会面临的重构风险和挑战。

四、社会的重构风险

当一个社会的最小组成单元：个人、家庭和企业都已经发生根本变革，整个社会运行机制的重构变革就将必然发生。个人的基因改造、脑机融合、超智超能、健康永生，家庭的单亲父母、单身不婚、人机生活、自生自育，企业的合伙科研、智能生产、网络销售、矩阵IP，将对整个社会变革产生前所未有的革命性推动力量和颠覆性变革结果。

首先，我们要弄明白人类社会运行的核心价值和底层逻辑是什么？是为了全社会人员更加高效的协作分工、产生更加丰富美好的产品，供大家使用，使得全社会更加富足幸福的生活。社会管理者主要解决全社会的生产和分配的问题——想办法激励人们生产出更多、更好的产品，想办法把这些新增的社会财富管理好、分配好。前者是生产关系，后者是分配制度。按照生产关系和分配制度的不同，人类先后经历了原始社会、奴隶社会、封建社会、资本主义社会和社会主义社会五种社会制度。按照马克思主义的观点，还终将进入共产主义社会。在经典的马克思主义理论著作中，主要讲生产关系，分配制度从属于生产关系。那是因为，人类从原始社会一直到资本主义社会、社会主义社会初级阶段，主要面临的问题是生产力不足、产品不足的问题，如何促进生产力的生产关系就摆在了首位。

当人类进入人工智能时代，无人化的智能生产线已经将人类社会的生产力无限放大，生产成本急剧降低。这时候，生产关系的重要性明显降低，分配制度反而开始凸显出来前所未有的重要性。这时候，如何设计、建立一套公平、合理的分配关系将成为社会制度的主要任务。

以前我们常说社会上存在着“二八理论”：20%的人，占有着全社会80%的财富；剩下80%的人，分配20%的财富。很多人认为这是极大的不公平。然而，另一个尴尬的真相就是：20%的人，同样创造着全社会80%的财富；剩下80%的人，同样也只创造了20%的财富。未来人工智能时代，社会的“二八理论”会进一步加剧，变成“二九八理论”：2%的人，占有着全社会98%的财富；剩下98%的人，分配2%的财富。同样，另一个几乎让所有人汗颜的事实就是：2%的人同样创造着全社会98%的财富；剩下98%的人同样也只创造了2%的财富。

以前毛主席讲过一句话：历史是人民创造的。更客观的、更唯物的真相应该是：历史是由精英带领着大众创造的。在人工智能时代，恐怕这句话还要继续改写：所有产品是由人类的科技精英在智能化、无人化的生产线上创造、生产出来的，人民只需要分享科技成果就可以了。原有生产关系的改变，必将导致原有社会制度的深度改革调整，甚至彻底崩塌。

五、国家的重构风险

2016年11月，京东创始人刘强东在一档访谈节目中大胆预言："共产主义在咱们这代人手上就能实现。为啥？因为机器人把所有工作都干了，这样就能创造出海量财富。到时候政府把财富分给所有人，就没有穷人和富人的区别了，所有公司也都变成国有化了。大家都不再是为了物质去工作，大多数人都是为了精神、为了感情而努力奋斗！"对于刘强东的这段惊天言论，笔者深表赞同。在人工智能时代，共产主义是人类社会唯一可行的正确出路。

2024年8月，笔者去呼和浩特参加全国高校自动化教学院长会议，期间参观了伊利牛奶的无人化工厂，偌大的工厂里只有零零散散几个工人，一箱箱的牛奶制品却从无人化的流水线上源源不断地生产出来，让人震撼和深思。我们以前总认为共产主义还无比遥远，我国还处于社会主义初级阶段。没想到，人工智能技术对生产力的极大解放，让共产主义扑面而来。想当年，新中国跨过资本主义，由封建社会直接进入社会主义社会；不久，我们很可能还会跨越社会主义高级阶段，直接进入共产主义初级阶段。共产主义将叠加人工智能时代，走进14亿中国人的生活。我们以前讲究按劳分配，是因为生产力还不足够强盛；人工智能时代，生产力已经强盛到完全过剩的地步，按需分配就成为一种可行，也必然实行的分配制度。按需分配，可不就是共产主义？无数先烈为之流血牺牲、向往奋斗的共产主义真地要来了。当然这只是低阶版的共产主义，离真正的共产主义还有差距，但毕竟已经看到了曙光！

讲到了共产主义，回过头再提一下企业的终极结果，那就是刘强东所讲的全面国有化。基于中国知识分子、科技人员浓厚的家国情怀传统文化和崇高的共产主义理想信念，团结在一起，大兵团作战，做有组织的科研和产业，做世界级的科技领军企业，将论文写在祖国的大地上，将成果分享给全国的老百姓，将成为未来不可逆转的时代主流。当然，那2%的精英，也配得在98%的成果中享有一定的优先分配权。这也是二十届三中全会会议决定中，关于科技人员成果转化激励制度的主导思想。

请注意，我说的是中国，没有说全世界。因为中国政府的执政理念，就是为人民服务。当生产力问题解决后，分配制度的改革将水到渠成。以美国为首的资本主义国家，就不一定会直接平稳地走向共产主义，而更可能广泛地走向暴力的“零元购”，另一种广义上的暴力共产主义！总之，每个国家都将面临一场深刻的变革重构和伦理挑战，无可避免，不可逆转。

六、人类的重构风险

人工智能时代，共产主义和资本主义制度孰优孰劣，将会再次摆在全世界人民面前，会有一次激烈的思想大讨论、大碰撞。每个国家的路线怎么选，全人类的路线怎么选，历史会给出它的答案。但是笔者相信，现代科技＋东方文明是人类未来选择的正确方向！我们拭目以待。无论怎样，百年未有之大变局已经快速向我们走来，整个地球正在进入一场加速变革、加速对撞、加速动荡又加速演进的进程中，将面临前所未有的挑战和机遇。科技只有先进和落后的差别，没有文明和野蛮的属性。同样都是雷达技术，它可以用来制造战场上杀人的武器，也可以用来制造废墟中救命的神器。重点在于它掌握在谁的手上，又用在了何处。所以人工智能的第四次工业科技革命，叠加中美两个大国之间的巅峰博弈，不仅关乎中、美两国人民，更关乎全世界人民的未来。天佑中华，天佑人类！

第七节　敢问路在何方，未来人类社会发展终极结果的分析预测

上节分析完未来人类科技发展面临的终极风险和伦理挑战，下面开始详细讲述笔者个人对未来人类社会发展的终极结果预测。首先扩充几个基本概念。

一、广义的共产主义

二、广义的动物和植物

目前人类只在地球上发现有生物存在，并且丰富多样。生物（Organism），是指具有生命功能的生命体，与非生物相对。生物在自然条件下，具有对外界的刺激做出相应反应的能力，具有一定的生存能力和繁殖能力，能与外界环境相互依赖、相互促进。生物的最基本特征是新陈代谢，能够吸收外部营养物质，排出体内无用物质，具有遗传和变异特性等功能。生物分为非细胞生物、原核生物及真核生物，包括病毒、细菌、真菌、植物、动物等类型。

地球上孕育着各种各样的生命，而动物和植物无疑是两种最主要的生命形式。同样是生命，动物和植物的差别却非常明显，动物拥有自由活动的能力，可以在森林草原中自由的奔跑跳跃，可以在蔚蓝的天空中自由翱翔，可以在河流大海中穿梭不息，而植物却只能够呆在原地，有些植物能够通过生长扩展自己的活动区域，但它的根却永远不会移动。而造成这种活动能力差别的根本原因是能量的获取方式。生命的存在和生长需要从外界获取能量，植物获取能量的方式非常便捷，只要有土壤、空气、水和阳光就足够了。这些东西全部都是不需要移动就可以获取的。阳光普照大地、空气无处不在。因而它们不需要四处寻找就能够获取能量，没有必要到处移动。动物则不同，动物必须要通过摄食来为自己补充养分，以此来获得生存和生长所需的能量。无论是食草动物，还是食肉动物都是如此。

当我们站在更广阔的宇宙来看待所有地球上的生物，我们都将是可怜的“植物”。38 亿年来，我们根本没有离开过地球，也无法离开地球，我们一直被固定在地球上繁衍生息，老老实实，一动不动。即使到了航天科技高度发展的今天，离开地球达到外天空的人和其他地球生物依然屈指可数，凤毛麟角，人类尚不具备在太空自由翱翔的技术实力和生存本领。登陆月亮对人类而言还困难重重、造价高昂，例如中国的嫦娥六号，工程总造价约为50亿元人民币，仅为实现把8.2吨的嫦娥六号发射到月球上，再带着月球背面1935.3克的月壤返回地球。月球，这还是我们地球人的家门口。

上面讲了广义的共产主义、动物和植物，本节继续扩充基本知识：站在哲学角度看科技的最底层瓶颈和人类生命的终极价值追求。

三、人类科技最底层的哲学瓶颈

人类天生就有观察、学习、探索以及改造外部环境和对象的兴趣、爱好和能力，这是人类区别于所有低等动物的最根本特征。即使是一个婴儿，也会用眼睛、耳朵、鼻子、嘴等感官来感知身边的一切事物，这些都属于人类利用自身的感官来感知和探究客观世界的行为。再到现代科学仪器以及工业生产领域，各种各样的传感器，极大扩展了人类对外部世界的探测感知能力，如视频、红外监控，流量、温度监测等，这些都属于利用人造传感器技术来感知和探测周围事物或对象的过程。尤其是在航空航天、国防军事领域，航天器、火箭、导弹、鱼雷等人类最先进的装备系统更需要依靠雷达、红外、声呐等大量先进的传感器技术来保证对外部目标的探测精度和效能。这些技术均属于人类对外部事物各种信息的探测、感知、获取手段，很多都涉及笔者的探测专业相关知识。为了阐明人类科技的发展瓶颈，有必要给大家科普补充相关的专业知识。

无论是日常观测还是科学探测，都是利用客观世界存在的各种波或者场来实现对目标的非接触测量。客观世界中分布着声、光、电、热、磁各种各样的波或者场，万事万物均处于这些波与场之中。当外部的波与场在传播路径上遇到这些目标后将产生反射、衍射，继续向空间传播；甚至被探测目标本身就可发出某种波与场向空间传播扩散；同时，这些波一般满足以下基本特性：传播扩散速度快且恒定。基于以上前提条件，才可以利用各种各样的波和场来实现对观测或探测对象位置、运动等信息的非接触测量。眼睛就属于一套典型的光波探测系统。日常生活中，人们对自然界的观察，都是利用这套光波探测系统来实现的。反之，科学探测则是人类利用先进的传感器技术代替眼睛，突破光波频段限制的更广义上利用各种波段的观测活动。目前在探测领域应用最为广泛的是电磁波。电磁波具有波粒二象性，其性质在宏观与微观上分别表现为波与粒子两种不同特性。电磁波可以不依靠介质传播，在真空中速率固定，等于光速 c（$c=299792458\text{m/s}$）。其传播规律可用麦克斯韦方程组进行描述。

下面将从被观测对象的尺度大小，尝试分析讨论物理学的四大主要学说所探究的对象内容以及适用的领域范围。现代物理学大厦中，牛顿的经典力学、麦克斯韦的电磁学、爱因斯坦的相对论以及普朗克等人的量子力学堪称大厦中的四根柱子。抛开其复杂的理论与公式，下面从探测专业的角度去分析四者之间的发展脉络与逻辑关系。我们所处的客观世界，按照尺度大小，可以分为宏观世界、微观世界以及超大尺度的宇宙世界；对应的物理学说分别是牛顿力学、量子力学和相对论，而人类观测这些不同尺度世界的方法手段却基本一致，都是基于电磁波（包括光波）去探测认知它们，验证完善我们的模型和假设，也就是说电磁学理论是认知以上三种不同尺度世界的共同方法和手段。在对宏观世界的探测感知中，电磁波的传播速度等于光速 c，恒定且超快，在一定的尺度范围内，电磁波的传播延迟效应并不严重，同时由于通过观测所带来的对观测对象的扰动可以忽略不计。在这个尺度范围内，牛顿力学大行其道。但是对于微观世界和超大尺度的宇宙世界，基于电磁波手段去探测这些尺度空间中的对象时，其局限性就逐渐显现出来，并因此发展出了量子力学和相对论两大物理学理论对经典的牛顿力学进行颠覆性地修正与完善。微观世界中，我们观测这些微观粒子的手段依然是电磁波，或者此时在微观尺度上更应该称之为光子、电子。我们观察事物的精细程度永远取决于所使用波的频率波长和微观层面单个粒子的能量。当我们仍然用光子来观察微观世界时，光子本身就等于或接近于要观测的微观粒子粒度，观察测量在微观意义上就无法做到精细准确。依照四舍五入原则，其所能测量到的准确度就是半个光子所携带的能量，即 $\Delta E = h\nu/2$。这就是量子测不准原理。可以类比想象一下，如果我们用一个兵乓球去测量一个桌子的长度或宽度，测出来的结果：就是半个兵乓球尺度的误差。以微观粒子去测量微观粒子，给测量所带来的误差和扰动将不可忽视，这就是量子力学中测不准原理的本质根源，也是量子力学的思想精髓。超大尺度的宇宙世界中，我们观测这些宇宙星系的手段依然是电磁波。受空间尺度的急剧变大，电磁波的速度限制，观测的时延效应将越发严重。基于时间不变，看频率的变化，就是雷达的多普勒频移效应；基于频率不变，看时间的变化，就是相对论中的时间变快变慢。我们甚至可以把荀子《劝学》“顺风而呼，声非加疾也，而闻者彰”的文学描述、雷达多普勒频移测速的推导和狭义相对论时间展缩的推导，三者统一在一起。它们说的都是近似的物理现象和规律：物体相对观察者相向运动，观察者所观测接收到的回波距离越来越近，因此接收信号速度变快，频率变高；物体相对观察者背向运动，观察者所观测接收到的回波距离越来越远，因此接收信号速度变慢，频率变低。以有限速度的电磁波去测量超大尺度宇宙世界，给测量所带来的延时将不可忽视，这就是相对论中时空耦合现象的本质根源，也是相对论的思想精髓。

有了探测专业的基本知识，可以帮助我们更好地认知理解现代物理学的不同学说方向，甚至帮助我们更好地去思考理解物理学未来发展的哲学瓶颈：人类可能永远无法真正去探测、研究明白超微尺度的粒子和超大尺度的宇宙真相，因为我们的探测手段限制了探测效能，有一个永远无法突破的最低和最高瓶颈。这实在是一个令人丧气，但又不得不接受的残酷现实。

四、人类生命的终极价值追求

1954 年，美国人本主义心理学家马斯洛提出了人类的需求层次理论，认为一个人会有五个层次的需求，当低层次的需求得到满足后，就会开始寻求满足更高层次的需求，分别是：生理需求、安全需求、社交需求、尊重需求、自我实现需求。马斯洛需求层次理论虽然具有一定局限性，但是对于研究分析人类的终极价值追求依然具有重要的指导意义。

笔者认为一个人活着的需求层次可以更简要地分为三层：活着、幸福地活着、明白地活着。活着是指基本的生存权，包括衣、食、住、行等基本的生活保障；幸福地活着是指生存质量的追求权，包括物质的满足、肉体的快乐、精神的愉悦和道德的修养等；明白地活着则是指对生命终极价值的探索权，包括对宇宙真相的探索、生命本质的研究、微观粒子的破译等对科学真理的追求，笔者将它称之为对天、地、人本源的探索和研究。进而可以将一个人活着的需求层次更简略地概括为两点：求真、务实。务实是人类生存的前提条件，人要先追求现实生存的物质保障；求真是生命升华的高级境界，在吃饱肚子的前提条件下，人还要有点精神追求。在尚不考虑外星文明的前提下，当人类生产力可极大程度满足所有现实生活需求后，探索宇宙真相或将成为人类社会和人类生命的终极价值追求。前面讲过，科技是第一生产力，更是第一战争力，但是最本质的是第一探索力。

补充完以上的基本知识和概念，下面预测人类社会发展的终极结果。不妨沿续本书第一次到第四次工业科技革命的叙事主线，把它称之为第 *N* 次科技革命后人类社会的场景预测。

五、第 *N* 次科技革命后人类社会的场景预测

1. 人体的解构与重生

前面讲了，笔者对法律禁止人体的基因改造、脑机融合持悲观态度。最终，人类如果希望彻底摆脱地球的束缚，走出太阳系、银河系，乃至进化成“宇宙动物”，而不是一直禁锢在地球上的“地球植物”的“可怜”状态，人体的解构和改造将不可避免。至于会改造到什么程度，则值得商榷。

目前，人类对宇宙的探索，主要基于两种技术途径：（1）远观。通过光学、红外、射电等非接触探测技术，测量天体的各个物理量。这种方式成本低、效率高、作用距离远、应用范围广。最典型的代表就是美国的哈勃望远镜、中国的天眼。目前人类可观测的宇宙最远距离约为 930 亿光年；结合宇宙微波背景辐射理论，推测宇宙的年龄为 138.2 亿年。宇宙对于人类或者地球而言，简直就是一个硕大无比、万寿无疆的老寿星。而地球则是她肚子里一颗小得不能再小，几乎可以忽略不计，可怜又可爱的胚胎。几十亿年的孕育，我们还很弱小，希望可以吸收天地之灵气、万物之精华，长大长大再长大。(2) 亲临。通过发射航天器，搭载航天员或无人探测器临近或登陆天体，观测并测量天体的各种物理量。这种方式的成本极高、风险极大、效率极低、距离也很有限，但是它对于人类而言，却有着无比巨大的吸引力。俗话说，百闻不如一见，远观不如亲临。人类的航天器到目前为止登陆的外太空天体仍只限于月球和火星，向深远外太空发射的无人探测器只有 5 个，分别是：先驱者 10 号、先驱者 11 号、旅行者 1 号、旅行者 2 号，以及新视野号。有的已经或即将抵达太阳系边缘。先驱者 10 号和 11 号正如“先驱者”这个名字一样，在人类探索太空的历史上占有先驱者的重要地位。很不幸，都已经无法工作。先驱者 11 号在 1995 年最后一次与地球联络后归于沉默；先驱者 10 号在 2003 年也已经失联。旅行者号则截然不同。2012 年，旅行者 1 号飞越了日球层顶，它是太阳带电粒子流（太阳风）的尽头，而旅行者 2 号紧随旅行者 1 号的步伐，于 2018 年也飞越了日球层顶。旅行者号上搭载的仪器在距离太阳几百亿公里以外，仍然可以继续接收到太阳所发出的等离子体和磁场，

反馈太阳系的边缘探测结果，让人大开眼界。新视野号则是目前为止所有深远空间探索器中最年轻的一员，2006 年发射进入太空。2015 年飞越冥王星后，正以史上人类航天器的最快速度飞离太阳系，更在 2019 年飞越了柯伊伯带的小天体“天空”（Arrokoth），预计将在 2040 年抵达日球层顶。我们也希望能在宇宙妈妈的肚子里踢腾踢腾，告诉她，在她的肚子里孕育有一棵小生命啦！

未来人类要想加快探索宇宙的步伐，在远观技术进步的同时，要实现对更多天体的亲临，发射更多更加智能的无人探测器将成为首选。而为了面对复杂的太空探测任务，赋予探测器以真正的智能，甚至独立的思想就成为优选方案，但是这种技术方案将不得不认真考虑其背后隐藏的伦理风险：我们将扮演“上帝”或者“造物主”，创造出来一种全新意义上、广义定义上的“人类”。它没有人类自身肉体的束缚和限制，在宇宙中的生存能力将大大加强。但是，当它进化得比人类更先进后，会不会摆脱人类的束缚；当它具备独立的思想和行为决策能力，会不会反噬整个人类而不是帮人类去探索宇宙的真相？

而要实现有人探测器的发射和返回，人类的改造也势在必行，否则风险太高、效率太低、成本太高。那么改造多少肉身，留下多少肉身？这依然是个艰难的抉择。这样改造后的人还能不能定义为人？要保留多少肉身才可以定义为人？同样也是难以轻易回答的问题。

2. 集体的解构与重组

上一节已经讲了，在尚不考虑外星文明的前提下，当人类生产力极大程度可以满足所有人的现实生活需求后，探索宇宙真相或将成为人类社会和人类生命的终极价值追求。人类将成为一个个超级个体：超智超能、健康永生、单身不婚、人机生活、自生自育，在人类文明中持续了几千年的家庭、企业、国家这些组织形式或许将彻底土崩瓦解。人类的集体形式存在的唯一必要功能将变为维持科技人员的大兵团协作，推进科学技术的持续进步，研发、生产更多更好的产品，满足全人类高质量的生存生活需求和探索宇宙真相的技术资源需求。尤其是在探索宇宙的过程中，将形成新的集体形式和利益群体。这些不同方向、不同星际、不同批次的探索分队，资源如何共享，进展如何共享，成果如何共享，相互之间又如何组织协同？相互之间会不会产生尖锐矛盾或者利益冲突，会不会发生战争，甚至相互毁灭？这些都将成为全新人类面临的全新问题，超出了现有人类的所有历史经验和认知。

3. 政府的解构与重建

星际文明时代，国家形式将彻底土崩瓦解，那还需不需要政府？政府职能又是什么？笔者认为，还是需要有政府存在，而政府职能就是组织、协调上述各个集体之间的分工协作、资源共享、利益分配问题，而且这个政府还必须具备强有力的组织管理能力，否则便会生乱。所以未来的星际文明时代，中华文明的优秀文化基因和我国政府的超强治理能力，将成为全人类借鉴的模版和榜样，西方的治理模式在星际文明时代则根本行不通。我们要探索宇宙，必须管理有力、组织有序，否则不是去爱护宇宙，而是去破害宇宙。科技只有先进和落后的差别，没有文明和野蛮的属性。就看它掌握在谁的手上，又把它用在了什么地方。

第四章　大 国 之 策

——统一战线、群众路线，打造科技铁军；艰苦奋斗、自力更生，发展硬核科技

4.1　科技工作，我们怎么管

4.2　教育工作，我们怎么改

4.3　人才工作，我们怎么抓

4.4　文化宣传工作，我们怎么做

4.5　人民群众工作，我们怎么干

4.6　国际合作工作，我们怎么搞

4.7　产业落地见真章，把论文写在祖国的大地上

第五章　小 民 之 道

——参“军”光荣，响应国家号召，把青年们送到科技战的主战场

上一章探讨了国家政策，本章聚焦小民智慧，探讨如何在个人发展的道路上做出明智的选择。

第一节　高考志愿填报、考研读博找工作，有哪些基本思路和技巧

首先要明确的是，面对这场关乎国运的科技战，国家需要打造一支新中国历史上最特殊的军队：他们不穿军装、不拿枪炮、不上战场、不是军人，穿的是老百姓的衣服、拿的是键盘鼠标仪表盘、投身的是没有硝烟的实验室和生产线。他们是一支由科技研究人员、科技产业人员组成的中华科技铁军，笔者把它称为“科技志愿军”。而要建设好这样一支科技铁军，需要源源不断地培养懂科技、有文化、充满爱国精神的青年才俊。而这正是我们普通家庭广大学生建功立业、保家卫国的最佳历史机遇和必须的时代担当。

要看清楚战场分布和建功机会，以便大家在未来选好专业和院校，有必要对大家最关心的几个问题先进行讲述。

一、新工科的主要专业分布和行业领域

为主动应对新一轮科技革命与产业变革，支撑服务创新驱动发展、“中国制造 2025”等一系列国家战略，2017 年 2 月以来，教育部积极推进新工科建设，先后形成了“复旦共识”“天大行动”和“北京指南”，并发布了《关于开展新工科研究与实践的通知》《关于推荐新工科研究与实践项目的通知》，

全力探索领跑全球工程教育的中国模式、中国经验，助力高等教育强国建设。新工科专业，主要指针对新兴产业的专业，以互联网和工业智能为核心，包括大数据、云计算、人工智能、区块链、虚拟现实、智能科学与技术等相关工科专业；同时还包括以智能制造、云计算、人工智能、机器人等对传统工科专业的升级改造。相对于传统工科，新工科培养的目标是能够适应未来新兴产业和新经济需要的实践能力强、创新能力强、具备国际竞争力的高素质复合型新工科人才。

相关专业包括：新能源科学与工程专业、非织造材料与工程专业、光电信息科学与工程专业、机械设计制造及其自动化专业、车辆工程专业、生物制药专业、计算机科学与技术专业、物联网工程专业、数字媒体技术专业、数据科学与大数据技术专业、机器人工程专业、智能电网信息工程专业、智能科学与技术专业、智能建造专业、智能制造工程专业、智能医学工程专业、航空航天工程专业、飞行器设计与工程专业、飞行器制造工程专业、飞行器动力工程专业、飞行器环境与生命保障工程专业、飞行器质量与可靠性专业、飞行器适航技术专业、船舶与海洋工程专业等。

以上这些专业，就是家长指导考生填报志愿时最好的行动指南。这些专业如同战场分布图，指引着考生未来的建功立业之路。

二、与人工智能相关的电子信息、自动化类专业

在中美大国博弈叠加人工智能科技革命同时发生、百年未有之大变局的新时代，如果把现在的考生报志愿用历史上最著名的黄埔军校来打比方，新工科专业大致相当于北伐军中黄埔学生军组成的民国革命军第一军、第四军；人工智能则相当于是叶挺独立团，无疑成为了主力中的主力。

人工智能，是以信息科学、控制科学为基础的进一步自动化、智能化的专业技术，属于典型的多学科交叉融合的新兴学科，由电子信息、自动化、计算机、数学、哲学、心理学等学科技术融合发展而成，主要研究、开发用于模拟、延伸和扩展人或生物的智能理论、方法、技术及应用系统，企图掌握智能的实质，并生产出能与人类智能相似的智能机器。

相关专业包括：人工智能、电子信息、信息工程、通信工程、电磁场与微波技术、微电子、电子封装、光电信息、医学信息、自动化、智能测控、智能视觉、计算机、大数据与大模型、机械、电力电子、能源与动力等。

无论是当前的信息时代，还是未来的智能时代，电子信息产业都属于核心技术产业。电子信息产业包括基础硬件（原材料与生产设备、芯片设计与制造）、基础软件（操作系统、数据库、AI 框架）、产业生态（中间件、云服务、通用应用、行业应用）。美国在这一领域处于全球主导地位，构建了基于其根技术的完整产业生态，形成严格技术壁垒，对他国发展自主信息产业形成全面科技霸权。中国的电子信息产业虽然应用技术发展非常繁荣，但底层根基相对不足。目前，已初步构建起完整自主的产业生态，正全力打造更加成熟稳固的生态链，实现群体产业突破，并加速发展。用两个成语来描述中美两国电子信息产业发展现状的比较差异：一个是“枝繁叶茂”，另一个是“根深蒂固”。我们的抗风险能力，要明显弱于美国，必须坚持底线思维，打造自主电子信息产业生态。

三、具有战略性、全局性、前瞻性的国家重大科技项目

2016 年，国务院印发《“十三五”国家科技创新规划》指出，要在实施好“核高基”（核心电子器件、高端通用芯片、基础软件）、集成电路装备、宽带移动通信、数控机床、油气开发、核电、水污染治理、转基因、新药创制、传染病防治等已有国家科技重大专项基础上，面向 2030 年，再选择一批体现国家战略意图的重大科技项目和工程，力争有所突破。其中，重大科技项目包括航空发动机及燃气轮机、深海空间站、量子通信与量子计算机、脑科学与类脑研究、国家网络空间安全、深空探测及空间飞行器在轨服务与维护系统 6 类，重大工程包括种业自主创新、煤炭清洁高效利用、智能电网、天地一体化信息网络、大数据、智能制造和机器人、重点新材料研发及应用、京津冀环境综合治理、健康保障 9 类。

上述这些专业方向和科技项目，就是人工智能时代的重大战略需求和优先发展方向，也是家长和考生可以优先考虑的最佳专业选择和领域方向。凡是党和国家提倡我们就应该干、应该学。这就是考生大学要报的专业，上研究生后要选的研究方向，党和国家已经帮我们挑好了，筛选过了。所以高考志愿填报，听其他人的，不如听党和国家的。永远跟党走，永远不吃亏。

进入 21 世纪以来，全球科技创新进入空前密集的活跃期，主要国家纷纷把科技创新作为国际战略博弈的主要战场，围绕科技制高点的竞争空前激烈。大国博弈由“战场”转向“实验室”，科技创新成为“兵家必争之地”。美国

推出《无尽前沿法案》，计划5年投入1000亿美元推进人工智能与机器学习、量子计算等十大关键科学技术的研发，计划投入100亿美元建设至少10个区域技术中心。德国出台《国家工业战略2030》，有针对性地扶持重点工业领域，保证德国工业在欧洲乃至全球的竞争力。日本提出“登月型研发制度”，通过人工智能与机器人技术的共同进步，实现可以自主学习、行动并与人类共生的机器人，新设科学技术创新推进事务局，旨在强化跨部门的指挥功能。俄罗斯启动“中俄科技创新年”，实施俄科学国家项目。韩国发布《2020年科技和ICT研发综合计划》。科技成为各国必争之地，人才成为民族取胜之本。下面看看美国的重大科技发展方向。

四、美国发布的关键和新兴技术清单

美国国家科学技术委员会（NSTC）2020年成立关键技术和新兴技术快速行动小组委员会，以确定关键技术和新兴技术，为国家安全相关活动提供信息。为了支持这项工作，小组委员会在NSTC和国家安全委员会（NSC）之间进行协调，已确定优先的关键和新兴技术子领域，并至少每两年更新一次。美国2024年版关键和新兴技术清单如下：

（1）先进计算：先进超级计算，包括AI应用程序、边缘计算与设备、高级云服务、高性能数据存储和数据中心、高级计算体系结构、高级建模与仿真、数据处理与分析技术、空间计算。

（2）先进工程材料：设计材料与材料基因组学、全权限数字发动机控制、热段制造和相关技术。

（3）先进燃气轮机发动机技术：航空航天、海事和工业开发与生产技术、具有新特性的材料，包括对现有特性的实质性改进。

（4）先进网络感知和特征管理：有效载荷、传感器和仪器、传感器处理与数据融合、自适应光学、地球遥感、地球物理传感、签名管理、病原体、化学、生物、放射性和核武器及材料的检测和特性、运输部门感知技术、安全部门感知技术、卫生部门感知技术、能源部门感知技术、制造业感知技术、建筑物扇区感知技术、环境部门感知技术。

（5）先进制造：先进增材制造、先进制造技术和工艺，包括支持清洁/可持续和智能制造/纳米制造/轻质金属制造以及产品和材料回收的技术和工艺。

（6）人工智能（AI）：机器学习，包括深度学习、强化学习、感官感知与识别、AI 性能保证和评估技术；基础模型，包括生成型人工智能系统/多模态和大型语言模型、用于训练/调整和测试的合成数据方法、计划/推理和决策制定、改善 AI 安全/信任/保密和负责任使用的技术。

（7）生物技术：新型合成生物学，包括核酸/基因组/表观基因组和蛋白质合成与工程，还包括设计工具、多组学和其他生物计量学/生物信息学/计算生物学/预测建模和功能表型分析工具、亚细胞/多细胞和多尺度系统工程、无细胞合成生物学、病毒工程和病毒传递系统、生物/非生物界面技术、生物制造与生物加工技术。

（8）清洁能源发电和储存技术：可再生能源发电、可再生和可持续的化学品/燃料和原料、核能系统、聚变能、储能装置、电动和混合动力发动机、电池组、网格集成技术、节能技术、碳管理技术。

（9）数据隐私、数据安全和网络安全技术：分布式账本技术、数字资产、数字支付技术、数字身份识别技术/生物特征识别技术和相关基础设施、通信和网络安全、隐私增强技术、数据融合技术和改进数据互操作性/隐私和安全性、分布式保密计算、计算供应链安全、增强现实/虚拟现实中的安全保密技术。

（10）定向能技术：激光器、高功率微波、粒子束。

（11）高度自动化、无人系统（UxS）和机器人技术：地面无人系统、航空无人系统、海洋无人系统、空间无人系统、数字基础支持设施及高清（HD）地图、自主指挥与控制技术。

（12）人机界面技术：增强现实、虚拟现实、人机协同、神经技术。

（13）高超音速技术：推进力技术、空气动力学与控制技术、材料/结构和制造技术、检测/跟踪/表征和防御技术、测试技术。

（14）综合通信和网络技术：射频（RF）和混合信号电路/天线/滤波器和部件、频谱管理和感知技术、下一代无线网络技术、光链路和光纤技术、陆地/海底电缆、卫星通信和平流层通信、延迟容忍网络、无线网络（Mesh）网络/基础设施独立通信技术、软件定义的网络和无线电技术、现代数据交换技术、自适应网络控制、弹性和自适应波形技术。

（15）定位、导航和定时（PNT）技术：为机载/天基/地面/地下和水下环境中的用户和系统提供多样化的 PNT 支持技术、干扰/破坏和欺骗检测技术/算法/分析和网络监控系统、抗干扰/拒绝和加固技术。

（16）量子信息和使能技术：量子计算、量子器件的材料/同位素和制造技术、量子传感、量子通信与网络、支持系统。

（17）半导体与微电子技术：设计和电子设计自动化工具、制造工艺技术和制造设备、超越互补金属氧化物半导体（CMOS）技术、异构集成与高级封装、用于人工智能/自然和恶劣辐射环境/射频和光学组件/大功率设备和其他关键应用的专用定制硬件组件、先进微电子新材料、微机电系统（MEMS）和纳米机电系统（NEMS）、一种新的非冯诺依曼计算体系结构。

（18）空间技术和系统：空间服务/装配和制造以及使能技术、具有成本效益的按需和可重复使用空间发射系统的技术促成因素、能够进入和使用顺月空间和/或新轨道的技术、用于天基观测的传感器和数据分析工具、空间推进、先进空间飞行器发电技术、新型航天器热管理技术、多功能载人航天器、弹性和路径多样性空间通信系统/网络和地面站、航天发射/航程和安全技术。

从宏大的时代背景层面，介绍完了重点学科专业和优先发展领域，下面再讨论选择院校和研究院所。

五、美国制裁的实体清单

从 2018 年，61 家中国企业和研究所被列入美国实体清单开始，至今，累计有 1500 多家中国实体被列入实体清单或被采取管制措施。其中，包括高校：国防科技大学、北京航空航天大学、哈尔滨工业大学、西北工业大学、北京理工大学、北京邮电大学、天津大学、四川大学、电子科技大学、南京航空航天大学、哈尔滨工程大学等；实验室和研究中心：长沙/广州/天津/郑州国家超算中心、北京计算科学研究中心、合肥微尺度物质科学国家研究中心、成都精密光学工程研究中心、顶峰多尺度科学研究所、北京高压科学研究中心、化学生物传感与计量学国家重点实验室等；科技企业：华为、中芯、中兴、长江存储、海康威视、中科曙光、科大讯飞、华大基因、商汤科技、大疆创新等。

历史是最好的教科书。美国为了维护自身的全球霸权根基，为打垮竞争对手国家的根技术产业发展，摧毁竞争对手的核心技术企业，一直都毫不留情，无差别、下狠手。科技打压是美国霸权的惯用手段，并不是单单对付我国如此，对付其他国家，哪怕是其所谓的友好国家，同样如此。

首先看看美国当前对俄罗斯的制裁。俄乌冲突后，西方对俄企业和个人无差别制裁断链。芯片及硬件断供：英特尔、超威半导体（AMD）、英伟达、高通和安谋国际（ARM）等芯片设计巨头，台积电、三星、格芯等芯片制造巨头，戴尔（DELL）、惠普（HP）等整机厂商纷纷退出俄罗斯。商业软件停服：谷歌、苹果（Apple）、甲骨文（Oracle）、思爱普（SAP）、威睿（VMware）、微软等暂停在俄销售所有产品和服务；微软停止为俄提供续签许可证服务，俄罗斯陷入“微软危机”。

再看看美国曾经对日本的制裁。1985 年，美国发起对日本的芯片战争，最终搞垮了日本半导体产业。当时全球半导体芯片设计和生产的龙头是日本。全球存储芯片一半以上的市场份额都被日本企业收归囊中。全球 10 大半导体公司中，日本公司 NEC、日立、东芝、富士通、松下悉数上榜。其中日本东芝傲视群雄，连英特尔都不是东芝的对手。美国自然无法忍受，先是联合英德法等国逼日本签署了广场协议，接着连续出台两次半导体协议。把经济问题转为政治问题，以“威胁国家安全”为借口颁布 301 法案，强制日本开放 20% 市场，对日本征收 100% 惩罚性关税，甚至要求芯片出口价格必须得到美国监控。并下狠手打击龙头企业，以东芝向苏联走私为借口打击东芝，导致东芝裁员、重组、贱卖，半导体业务被美国贝恩收购。同时大力主导全球化分工，扶持韩国、我国台湾地区，分流日本半导体市场份额，逐步取代日本优势市场地位。并牢牢把控技术命脉，主导了从 IBM 小型机到 Intel PC 服务器的技术变革，颠覆了日本半导体优势。此后，日本的 GDP 从当时占美国的 72%，跌到现在的 20%。

只有看清楚历史上美国政客的行为，才能彻底认清他们，我们才能彻底清醒，认识到当前美国对我国的制裁，只是他们的一贯做法。

六、未来中美博弈的科技制高点

2020 年 11 月，新华社受权发布《中共中央关于制定国民经济和社会发展第十四个五年规划和二〇三五年远景目标的建议》（以下简称《建议》）。《建议》指出，制定科技强国行动纲要，健全社会主义市场经济条件下新型举国体制，打好关键核心技术攻坚战，提高创新链整体效能。加强基础研究、注重原始创新，优化学科布局和研发布局，推进学科交叉融合，完善共性基础技术供给体系。瞄准人工智能、量子信息、集成电路、生命健康、脑科学、生物育种、空天科技、深地深海等前沿领域，实施一批具有前瞻性、战略性的国家重大科技项目。

2023 年 11 月 22 日，在第十一届中国（绵阳）科技城国际科技博览会开幕式上，中国科学技术信息研究所发布《颠覆性技术前瞻（2023）》报告，发布了驱动未来产业的 17 项颠覆性技术。未来生命健康领域有 5 项技术，分别为抗衰老药物、脑机接口、人造肉技术、生物传感器技术、AI 药物研发技术；未来信息通信领域有 4 项技术，分别为内容生成人工智能、通用量子计算机、6G 通信、类脑计算；未来能源领域有 4 项技术，分别为可控核聚变、钙钛矿太阳能电池、固态电池技术、绿氢制备技术；未来制造领域有 4 项技术，分别为自动驾驶技术、人形机器人、生物打印、自主技术。

未来，中国的产业体系全面转型升级，是一场持久战。也为我国科技工作者提供了丰富的、具有挑战性的应用场景和历史机遇。中美博弈背景下，两个大国竞争的关键技术将主要集中在以下 10 大领域：5G 通信、人工智能、半导体芯片、新能源、新材料、航空航天、海洋技术、生物检测与制药、基因工程、脑机科学等。另外，在美丽中国建设、健康中国建设、乡村振兴和粮食安全、碳达峰和碳中和、航天探测等领域都有着我们科技人员施展才能的广阔舞台，我们要勇于创新，并宽容失败，树立远大的理想目标和迎接挑战的勇气。凡是对手不让我们干的，国家需要我们干的，就是我们应该积极选择投身其中的历史机遇与使命担当。这才是学子选择专业、选择学校的大原则和大方向。

七、加深对教育、科技、人才、产业、创新一体化战略的系统认识

目前，我国还是科技追赶型国家，教育、人才、科技、产业分别嵌入全球创新体系之中，本身没能形成正向循环，教育和科技割裂现象比较明显。同时，我们吸引全球科技人才的能力不足。美国是在全球 80 亿人中选人才，我们是在 14 亿人中选人才，甚至很多人才出国后还不愿意回来。我们要加强教育、科技、人才、产业改革，打通人才到产业的主通道；强调创新精神、创造思维、人文素养、实践能力，把这些理念融入从学前教育到高等教育的全过程。但是，与西方国家相比，我国也具有自身优势：自我培养的科技人才规模和年龄优势非常明显。到 2035 年之前，我国科技人员的培养规模和年龄结构较主要发达经济体仍会长期存在显著优势。所以用八个字来概括，就

是：形势严峻，未来可期。

历史告诉我们一个真理：一个国家是否强大不能单看经济总量大小；一个民族是否强盛也不能单看人口规模、领土面积大小。近代史上，中国落后挨打的根本原因是科技落后，以及由科技落后所导致的生产力和战争力落后。所以，中国要拾取他山之石、吸取前车之鉴，做最坏的打算，做最大的努力。坚决抛弃幻想，认真做好准备。宁愿把问题想得更严峻一些，也不能把对手想得太简单、太善良。这才是我们真正正确的思想和行动准备。

一个国家无论是硬实力，还是软实力，归根到底要靠的是人才实力。整个人类的发展史无数次证明，谁拥有了一流技术人才、拥有了一流科学家，谁就能在产业发展中占据技术优势，最终在生产力、战争力上获得绝对的竞争优势。二十大报告提出教育、科技、人才一体化战略布局，教育强才能人才强，人才强才能科技强，科技强才能产业强，产业强才能国家强，高等教育的历史使命就是培养更多的高水平人才。

前面给大家讲了国内外形势，下面还需要帮大家树立正确的思想观念。

八、科学理性正确地看待专业

当前，高考志愿填报被网上所谓的专家和大咖片面地宣传引导和商业绑架，造成了家长和孩子们面临“信息爆炸 + 选择困难”，压力巨大、无所适从，只能听某些所谓专家的片面之词，导致志愿填报中，有些专业一窝蜂，有些专业冷清清，严重影响了学校和国家整体学科发展的人才均衡。老一辈革命家经常说：革命没有高下之分，只有分工不同。同样，面对这场科技战，专业也没有好坏之分，只是分工不同。凡是关系国计民生的专业，我们都应该重视。

学科专业可能有冷热之别，但是绝没有高下之分，只要是国家建设需要的专业，就应该全面建设、均衡发展。前面讲了，智能手机，堪称人类最伟大的发明，几乎干掉了电视机、照相机、收音机、录音机、摄像机、随身听、游戏机等一大堆的电子产品和行业。在信息智能时代，手机已成为人体五官之外的第六官，并且是远超过自然进化的五官，成为人体最先进、最重要、功能最强大的传感器。别看手机只有巴掌大，其中却蕴含着一大堆的专业、一大堆的诺贝尔奖。

（1）无线通信技术：智能手机中使用的无线通信技术包括蓝牙、Wi - Fi、

4G 和 5G 等，这些技术都是由多位科学家和工程师共同研发的，这项技术的开创者是马可尼，1909 年马可尼因此获诺贝尔物理学奖。后来又有多位科学家和工程师不断推动这项技术的发展。

（2）半导体物理学：智能手机中的电路板和芯片采用了半导体物理学的原理，这项技术是由 1956 年诺贝尔物理学奖得主威廉·肖克利、约翰·巴丁和沃尔特·布拉顿等人开创的。后来又有多位科学家和工程师不断推动这项技术的发展。

（3）集成电路技术：智能手机中的各种功能都需要集成电路技术来实现，这项技术的开创者是 2000 年诺贝尔物理学奖得主杰克·基尔比，后来又有多位科学家和工程师不断推动这项技术的发展。

（4）光学技术：智能手机中的显示屏采用了多种光学技术，包括 LED 技术、OLED 技术和 LCD 技术等，这些技术是由多位科学家和工程师共同研发的，其中包括 2014 年诺贝尔物理学奖得主赤崎勇、天野浩、中村修二等人。

（5）图像处理技术：智能手机中的照相机和图像处理技术采用了多种技术，包括像素、光学传感器、计算机视觉等，这些技术都是由多位科学家和工程师共同研发的，其中包括 2009 年诺贝尔物理学奖得主英国华裔科学家高锟以及美国科学家威拉德·博伊尔和乔治·史密斯等人。

（6）存储：智能手机中使用的信息存储包括巨磁阻效应等，巨磁阻效应技术发明人是 2007 年诺贝尔物理学奖得主，阿尔贝·费尔和彼得·格林贝格尔。

（7）锂离子电池技术：智能手机中的电池采用了锂离子电池技术，这项技术是由 2019 年诺贝尔化学奖得主约翰·古迪纳夫、斯坦利·惠廷厄姆和吉野彰共同研究开发。

（8）石墨烯技术：石墨烯是一种新型材料，具有极高的导电性、导热性、机械强度等优异性能，广泛应用于智能手机的屏幕、电池、散热系统等方面。这项技术由 2010 年诺贝尔物理学奖得主安德烈·海姆和康斯坦丁·诺沃肖洛夫等人开创。

（9）激光技术：激光是一种高强度的单色光，被广泛应用于智能手机的多个部件和功能，包括光纤通信、摄像头、指纹识别等。激光技术的发展历程涉及到多个领域，包括物理、光学、化学等，其中不乏多位诺贝尔奖得主的贡献，如 1964 年诺贝尔物理学奖得主尼古拉·根纳季耶维奇·巴索夫、

1997 年诺贝尔物理学奖得主美籍华裔朱棣文等。

（10）原子钟技术：原子钟是一种精度非常高的计时器，被广泛应用于智能手机的通信和定位功能。原子钟技术的发展历程涉及到多个领域，包括物理、量子力学等，其中也不乏多位诺贝尔奖得主的贡献，如 1989 年诺贝尔物理学奖得主汉斯·德默尔特和 2005 年诺贝尔物理学奖得主罗伊·格劳伯等。

（11）高分子材料：被广泛应用于智能手机的壳体，这些材料技术由多位科学家和工程师共同研发，其中包括 1963 年诺贝尔化学奖得主齐格勒和纳塔等。

看了手机里蕴藏的这些专业技术和诺贝尔奖，你能说只发展哪个，不发展哪个？

九、高考志愿填报的具体思路和常用技巧

在梁老师的系列视频里，已经把高考志愿填报的具体思路和常用技巧讲了很多，这里系统归纳总结一下。

志愿填报的三个维度：（1）国家维度。密切关注国家战略需求和大政方针。国家需要的，就是我们要学的、要干的，跟着国家走，永远不吃亏。关于这一点，这本书已经讲了太多。此处不再复述。（2）家族维度。要结合家族具体情况，分析行业经验、资源和优势，帮学子进行理性选择。注意：此处指的是整个大家族，而不是三口之家的小家庭。前面讲了，中华传统文化中的家族观念，在数千年的沧桑岁月中，面对天灾人祸、战乱瘟疫，为中华民族的血脉延续做出了巨大贡献。今天，面对信息爆炸、纷繁复杂的信息时代、智能时代，给学子进行高考志愿填报时，如果只在父母所从事的行业里面选择相关专业，很多家庭根本就无从下手，严重缺乏可选择性。三口之家的行业单调、资源欠缺、经验不足，无法满足学子填报志愿的基本专业需求。而如果放大到家族维度，里面总有相对杰出的家族领军人物存在，多向他们咨询请教他们所从事的行业经验和教训，以及对孩子志愿填报的意见建议，甚至未来可以让孩子跟着他们共同干事业，那你的可选择性以及选择的科学合理性将会增大很多。所以在信息时代，站在孩子高考填报志愿的角度，继承和发扬优秀传统文化，搞好家族关系、邻里关系，也非常必要。（3）考生维度。要结合孩子的特长、兴趣帮孩子进行专业的理性选择。兴趣爱好是最好的老师。但是也不能完全任由孩子的兴趣来报考，十七八岁的时候，他已经有了一定的专业认知，但还很不成熟系统，更多时候是，他并不一定真正

明白他的特长在哪里。所以家长既要适度尊重孩子的意见，还要善于正确引导孩子的选择。信息时代的家长要努力当一位学习型、专家型的家长。

志愿填报的三大智慧：（1）不买椟还珠。填报高考志愿有点类似于去商店买东西，用分数选择我们想要的品牌和商品，但是我们很多人却一直在犯买椟还珠的低级错误。高考志愿，我们最想要的，也是最重要的是学到自己想要的专业知识，是专业，而不是学校。专业是那颗珠子；学校是那个椟，装珠子的精美盒子。结果，我们现在的招录机制，有一项为是否服从调剂。不服从，很可能面临滑档，那你只能等到下一档次、下一批次的招录。所以绝大部分人会填服从调剂。于是，就导致结果出来，很多人被调剂到了自己没有报、也不喜欢的专业去了。这简直相当于你去专卖店买大衣，但是你钱包里的钱不够，对方收了你的钱，用拆盲盒的方式，给了你一个裤子、帽子或者袜子。这个例子听着荒谬，却屡屡发生。我们不买袜子，我们要买大衣！我们不要徒有其表的盒子，我们要里面的珠子！我们不要听着好听的学校，我们要自己想学愿意学的专业！口袋里的钱不够这家店的大衣，我换另一家店就是了！（2）不锱铢必较。外面的高报机构为了掏开大家的钱包，喜欢给大家下危机：不要浪费孩子辛辛苦苦考的每一分。这就是典型的锱铢必较。家长一听这话，那怎么样不浪费每一分呢？好吧，只能找专业机构了，心甘情愿地掏开钱包？可是，你也不想一想，有谁去商店买衣服，是把钱包里的钱都用到极致，花个净净光，不剩下一分钱？对着钱包里的钱，找个一模一样价格标签的衣服?！尤其是遇到涨价了，再遇到上面这样的商家，收了你的钱，随便给你调换一个袜子塞给你抵账。脑袋又没有坏掉，你愿意接受这样的风险？我们肯定要买到自己真正喜欢又足够买得起的衣服，给口袋还要剩点钱不？这样才会进一步降低风险，才有安全感。我们要留点分数余量，在保证学校相同档次的条件下，确保挑到自己满意的专业。（3）要田忌赛马。中国人都知道田忌赛马的智慧，用自己的优等马去跟对手的劣等马比，才能确保赢得最终比赛。这也就是毛主席的战争思想，集中优势兵力战胜竞争对手！面对高考志愿填报，要有效避免专业调剂的风险，我们只能在院校和志愿选择时，确保留有充足的分数优势；而不是一局一局、一分一分地和对手死磕。我们要留有足够的分数余量，确保学校档次和自己满意的专业。一般以 5 ~ 10 分为宜，不同的分数段，还略有差别。这就是田忌赛马。

志愿填报三要素的优先级排序：专业 > 院校 > 地域。（1）专业比院校重要。内容大于形式，专业决定学生今后工作的行业。读书不是目的，只是过程，最终目的是工作。今后工作过程中，用的是专业知识，而不是毕业院校。要学习的专业知识比在哪个院校学习重要多了。与别人交流，别人更多也只会关心你从事什么行业，能力怎么样，而很少关心你从哪所学校毕业。（2）院校比地域重要，这个也不需要过多解释。中国目前的教育体系，把学校分为985、211、双一流、公办、民办，三六九等。用人单位招人，一般会设定准入门槛，比如招聘时设定条件：限985院校毕业。那为了选择北上广深，而把学校档次从985降到211的这些学生，面对这样的招聘机会就要吃亏。我们用人时，只会限定毕业院校档次，不会限定毕业城市。不会有这样的用人条件：限上海城市的院校毕业。（3）专业之间怎么选。前面已经重点讲了，从国家、家族、个人三个维度去理性选择；优先选择的专业已经在前面的内容里详细列举了；同时专业可能有冷热之分，但是没有绝对的好坏之分，只要是国家战略发展需要的，就都是好专业。（4）院校之间怎么选。院校本身层次不同，还有详细的院校排名、专业排名，各个排行榜五花八门。我们到底选择参考哪一个榜单？家长和孩子只需要和用人单位一样，按照985、211、双一流这样的档次划分，同一个档次视为一样的水平。为什么这样？因为用人单位通常就是以这样的标准评判，我们只需要和用人单位保持一致就可以了。家长完全没有必要去研究每一个学校的精确排名，锱铢必较。关于对院校按照档次划分，而不去计较精确排名，这样适可而止的生活智慧，后面还会专门讲到，这里略过。按照相同的院校档次，为了确保想要上的专业，有效降低专业被调剂的风险，志愿填报的时候可以适度考虑相同档次和专业条件下，招生位次稍微靠后的学校。这就是前面讲过的三大智慧的典型应用：不买椟还珠，不锱铢必较，要田忌赛马。这三大成语，主要就是在选专业和院校时使用的。（5）城市之间怎么选。在选好专业和院校大致范围之后，还可以进一步考虑地域因素进行优先排序。比如经济、气候、交通、饮食、房价、医疗、教育等因素，综合考虑。一般而言，优选经济发达的一线城市、省会城市。但是为了增加胜算，在成绩比较尴尬的时候，逆向思维也是一种好思路。

在当下的信息时代，志愿填报的时候，家长和孩子一定还要学会使用免费的阳光高考、百度高考等信息平台、辅助软件以及各省份《普通高考报考指南》和《X年招生专业计划》两本大部头。一定要学会使用信息化手段，帮家长和小孩减少工作量，提高效率。一般的辅助软件，在输入分数和位次后，都会给出一系列的推荐院校和专业，并给出往年的分数和您今年被录取的概率。

十、人才成长的长线思维和考研读博

试玉要烧三日满，辨材须待七年期。人生是一场马拉松，并不是一考定终生。我们要用长线的眼光来看待人生，以十年为单位，以五十年为尺度来看待每一位高考考生的成长。用长远的眼光看高考失利、专业被调剂这些问题和挫折，它真的就只是我们的一个人生经历而已。甚至这些小挫折，还会变成人生的另一笔精神财富。往前看，朝前走，没必要在这些地方打转，走不出来。人生就和高速路上开车是一样的，错过了岔路口，若是想倒回去，那风险和损失比坦然淡定往前开到下一个路口要大很多倍。绝对不值得提倡。

按照长线思维，这些问题在后面也确实有很多机会可以彻底扭转过来。你的学校不理想，你可以考研、读博，进到自己更理想的学校，把自己的学校和学历改过来。你的专业不理想，上了大学可以转专业；即使转不了专业，四年后考研的时候也可以跨专业考研究生；或者就安安心心上自己的专业，也未必就不是好选择。前面讲了，把任何出身、任何专业读到头，上到顶，你都是杰出人才，都可以成功。前面讲的共和国勋章获得者里，袁隆平、李振声，两位农业领域的院士，你能说他们的贡献不大、成就不高？没准在这样的赛道上，竞争少，出材率还更高些！

家长一定要给孩子灌输正确的三观和情绪。不能因为你对录取专业的失望，就把它放大、传递给没有足够独立判断力的孩子。这会让他严重丧失对自己专业的学习兴趣和积极性，一定学不好，结果只会更麻烦些！你不光不能给他传输负面的情绪，还要给他正面的能量，这样才能帮他更容易去扭转被动局面。

其实，对学校、专业很满意的孩子，我们更要引导他们有成长成才的长线思维，积极去继续深造。

十一、刷简历找工作，校招“小窍门”

上学的最终目的是工作，不是读书。无论是本科生、研究生，最终都要毕业走上工作岗位。因此，如何把知识转换为能力就成为大学生、研究生走出校门、走向社会前，在大学校园、在实验室、在实习工厂要完成的最核心任务。同时，还要对自己的人生规划做认真的思考。读了十几年书，逐渐要考虑学成下山、闯荡社会的事情了。未来到底是从事什么样的工作，要追问自己的内心，逐渐形成比较清晰的方向。研发、销售、管理？政府、企业、创业？形成了明晰的方向，就要朝这个方向生长，补强自己从事心中这样理想工作的能力短板。缺竞赛补竞赛，缺管理补管理，缺沟通补沟通，缺什么补什么，就有进步的针对性。一句话，学好专业、一专多能。

等毕业时，要找工作了，做简历、参加面试也有小窍门。研发岗，要突出专业实践动手能力的表述和表现；管理岗，要突出学生干部综合素质的经验和能力；销售岗，要突出人际交往热情真诚的性格和特点。还是一句话，物尽其用，人尽其才。

十二、家长的注意事项

改革开放后，随着经济建设的快速发展和独生子女人口政策的执行与调整，中国的家长对孩子普遍比以前更加爱护，由放养变成了圈养，生怕孩子出一点点事、受一点点伤；对孩子的教育普遍比以前更加重视，积极参加各种培训班，请家教。家长舍不得让孩子吃半点苦、干半点活，仿佛他生下来，最大的家庭责任就是学习、考试。孩子天真活泼的天性被极大程度地扼杀。须知，幼年时的玩耍、青少年时的劳动，对小孩身体发育、心理健康、动手能力的养成具有潜移默化的好处。须知，我们最终的目的是让孩子有个好身体、好心理、好工作、好生活，而不是只有一个好成绩！须知，一味只重视成绩，而忽视孩子身心健康、动手能力的培养，那么他的自学能力、自理能力、心理素质都会欠缺。这样的学生进入大学后，他的生活、学习将可能会遇到巨大的不适应、不胜任，这是现在很多孩子考上 985、211 大学，出现学业困难、生活困难、心理障碍的根本原因。他是一只脆弱的“笼养鸡”，不是一只健壮的“走地鸡”，适应不了离开父母的生活，没有基本自我生存能力。所以送给家长两个词：放心、放手！放心，是家长的自我心理调整；放手，是对孩子的充分信任，让其锻炼。

十三、学生的注意事项

读书最重要的不是学习书本上、课堂上的那点知识，而是逐渐养成学习的习惯和方法，是自学能力的培养。所以学生从中学阶段就要逐渐养成课前预习、课后复习的学习习惯，有意识加强自身自学能力的培养。大学会更加看重自学能力：本科生还只是需要养成一定的自主学习能力，研究生更需要锻炼较强的独立科研能力。研究生最重的是观察问题、分析问题、解决问题的能力，而不仅仅是读书、考试的能力。高中阶段会听课、会考试的人，大学阶段不见得就一定会搞好学业、搞好科研。如果把老师比作我们学习路上的一支拐棍，那我们从小学、中学到大学，就是由拄拐逐渐到丢掉拐棍，独立行走、独立奔跑，最终独立飞翔的过程。除了学习还有生活，父母就是照顾我们生活的另一支拐棍，我们从小学、中学到大学，也要主动去适应由拄拐到独立行走、独立奔跑，最终背着拐棍独立飞翔的成长过程。在大学生活中，我们要主动适应从被父母悉心呵护到独自经历风吹雨打的成年人的真实生存状态。所以也送孩子们三个词：自学、自立、自强。自学是学习上的能力培养；自立是生活上的能力锻炼；自强是精神状态上的塑造和事业成就上的追求。

考上大学后，如果还想继续深造，还有以下具体的注意事项：考研比高考竞争还要更激烈，所以保研是优先选择，考研是备选方案。功夫下在平时，必须要在大学里面抓紧每一天，学好每门课。而不是放飞自我，荒废时光，到最后临时抱佛脚，病急乱投医。

第二节　工作中如何快速进步，先进的“工作者思维”

为实现中华民族的伟大复兴，我们要培养一批又一批社会主义事业的建设者和接班人。尤其是为打赢这场关乎国运的科技战，我们要培养一批又一批的中华科技铁军。而我们的学生未来一定会走向这场没有硝烟的战场，去建功立业，在平凡的岗位上实现自己不平凡的人生价值。学生走到一个个工作岗位后，如何快速适应、快速进步，由新兵变成兵王、变成老班长，便是重要议题。下面讲一讲先进的工作者思维。首先讲目前社会上普遍的混乱思潮。

一、目前的混乱思潮

信息时代，信息大爆炸，信息传播手段也深刻进步。随着互联网、自媒体的兴起，传统信息“管道式”“树杈状”传播方式呈现“网络化”“节点状”变革趋势。除了传统媒体的主流声音之外，全球自媒体上出现了严重的“自由主义”“泛娱乐化”，这并不符合人类社会主流价值观的思潮，尤其以美国为首的西方国家最为严重。

美国社会在两党选举文化的裹挟下，事事都讲究“政治正确”，民主党、共和党正逐渐走火入魔，让美国社会的文化思想正陷入畸形，造成社会价值观的严重扭曲和分裂。同性恋、变性人等性少数群体逐渐走向“我少我有理”的极端价值理念，用客观或主观存在的少数群体身份对社会与政府进行“道德绑架”，愈演愈烈。2023 年，《洛杉矶时报》发布一项报道，称政府启动面向不同性别群体的补助计划，共计 55 类满足条件的跨性别者，可填表申请补贴。在该补贴项目的表格中，性别行列居然有多达 97 类选择。除了男女之外，还有双性人、间性人、男女皆非、种马等匪夷所思的划分。性别多样性的承认势必引发关于公共设施，如洗手间、更衣室使用政策上的争议以及一系列社会问题。2020 年疫情期间，马斯克的儿子，16 岁的泽维尔·亚历山大·马斯克也进行了变性手术，并改名为薇薇安·詹娜·威尔逊，随后马斯克与其断绝父子关系。痛心疾首的马斯克发誓要摧毁这种“病毒”，他认为这是对现代文明的严重威胁。他认为“觉醒心智病毒”是民主党背后犹太国际资本推动的一系列“政治正确”，除了性少数群体（LGBT），还包括肤色正确、女权主义、毒品合法化、反智主义等。他觉得社交平台“推特”也被类似的思维所影响，压制右翼和反建制声音，因此花费 440 亿买下推特（现在更名为“X”）。于他而言，需要一个正确引导舆论的地方。2024 年 7 月 16 日，美国加利福尼亚州（简称加州）签署了一项法案：如果未获学生本人同意，禁止各学区在学生决定改变性别认同时通知其家长。马斯克对此反应激烈。他表示，鉴于这项法案以及此前发布的多项其他法案对许多家庭和公司造成了“攻击”，“SpaceX””和“X”两家公司总部将从加州迁至得克萨斯州。同时，马斯克坚决抛弃民主党，改为全力支持更为保守的共和党。他公开站队力挺特朗普当选，并承诺在大选前捐出 1.8 亿美元，助他顺利入住白宫。此举让马斯克成为美国历史上政治捐款最大的超级金主。

由于互联网强大的传播力、传染力，西方自由主义思潮也对我国的青少年造成严重不良影响。在资本和技术的操控下，一部分青年人过度追求感官娱乐的满足，解构主流话语体系，消解理性权威，削弱主流意识形态引领力，甘愿被“泛娱乐”所支配，丧失独立思考力和正确价值判断，缺乏文化信仰和精神寄托，盲目崇拜、过度追求极端的个性和自由。目前，在抖音、视频号等自媒体平台，“泛娱乐化”大行其道，颇受一些青少年追捧效仿。精致的利己主义、00后整顿职场、摆烂躺平、同性恋等与我国社会积极向上传统文化格格不入的价值观居然沉渣泛起，形成一股阴风暗流，严重腐蚀着我们老百姓，尤其是青少年正确的思想和观念。最可怕的是，体制内的党员干部面对这些错误观念，普遍也选择了噤声不言。仿佛如果敢在自媒体上说自己不接受这些错误思想、错误观念，就是老封建、老顽固。绝少有人敢出来讲正确的话，传递正确的声音，任由噪声杂音在自媒体上自唱自嗨，群魔乱舞，占据新兴的自媒体阵地。中国精英阶层，缺少敢于与反智主义、泛娱乐化等错误思潮作斗争的勇气！更缺少毛主席当年善于在田间地头给老百姓传递革命思想的宣传水平！照这样演变下去，都不是中美博弈的问题，而是整个东西方要沉沦向下的问题！互联网作为新兴的文化宣传阵地，我们必须把它牢牢抓在自己手上，当做作群众思想工作的田间地头。积极走近老百姓，主动传递正能量，用更大分贝的主流声音压制网上的白噪音、黑杂音。

二、正确的进步思维

上面讲了危险错误的思想，那什么才是正确进步的思想？到了工作岗位，怎么样才能快速适应、快速进步？那就是要接受中国优秀传统文化、革命文化和社会主义先进文化的进步思想。接受主流文化，树立正确思想。假如，两位同学一起进了同一家单位，无论私企、国企还是政府部门，同学A任劳任怨、勤勤恳恳，默默无闻地为单位做贡献；同学B我行我素、斤斤计较，嘚嘚瑟瑟得要整顿职场。请问客户喜欢谁，同事喜欢谁，最后遇到进步机会了，领导会优先考虑提拔谁？

古人讲“德才兼备”，毛主席说“又红又专”，这些都是对知识分子、人才干部的标准要求。近四十多年，经济快速腾飞，尤其是互联网时代，自媒体兴起后，抖音、视频号等平台娱乐至上，享乐主义、反华崇洋的思潮泛滥，社会上充斥着灯红酒绿、喧嚣浮躁的氛围。校园内部分中学生、大学生颓废消极，同性恋、娘娘腔等现象以及抑郁症病例日益增多，精致的利己主义愈演愈烈，爱国奉献、尊师重教等主流价值观正面临严峻挑战。党的十八大以来，尽管党中央如此大的反腐力度，但因为贪腐问题被抓起来的领导干部仍然层出不穷、目不暇接。这些现象都反映出知识分子的道德修养出了问题：他们虽然有知识，却缺乏应有的文化素养。人才教育培养的根上如果出了问题，就一定会培养出越来越多的自私自利、贪污腐化的知识分子，关键在于是否给他们机会走上领导岗位。因此只有加强家国情怀的培养和思想道德的建设，才是知识分子在面对风险挑战、面对利益诱惑时，扛得起重担、打得赢硬仗的大道正途。

第三节　科研上如何看清全局，顶级的“科学家思维”

为打赢这场科技战，我们需要培养出一批具有批判思维、独立思想、开创意识的顶级科学家，而不是只知道依葫芦画瓢、人云亦云，仅仅尾随西方科学脚步的跟从者。顶级科学家不仅要精通某个专业技术领域，熟悉科技发展前沿趋势，还要有对人类科技发展现状清晰的全局认识以及基本的科学哲学思想指导，否则很容易陷入西方科学的认知瓶颈、沉湎于自己熟悉的学术小道，难以自拔。本节旨在帮助大家梳理现代物理的基本脉络。梁老师对其他学科领域不熟悉，不敢妄加评论，仅就物理领域进行探讨，对于数学、化学、生物、医学领域，大家可以借鉴类推。这一节内容也足够清奇，大家坐稳扶好。

一、对现代物理理论体系的顶级系统认知

第三章我们已提及，现代物理学大厦，牛顿的经典力学、麦克斯韦的电磁学、爱因斯坦的相对论以及普朗克等人的量子力学堪称四根柱子。并且抛开其复杂的理论与公式，从探测专业的角度去分析四者之间的发展脉络与逻辑关系。这里，进一步详细展开论述。我们所处的客观世界，按照尺度大小，可以分为宏观世界、微观世界以及超大尺度的宇宙世界；对应的物理学说分别是牛顿力学、量子力学和相对论，而人类观测这些不同尺度世界的方法手

段却基本都是一致的，都是基于电磁波（包括光波）去探测认知它们，验证完善我们的模型和假设。也就是说，电磁学理论是认知以上三种不同尺度世界的共同方法和手段。在对宏观世界的探测感知中，电磁波基于其传播速度等于光速，恒定且超快，在一定的尺度范围内，电磁波的传播延迟效应并不是非常严重，同时由于通过观测所带来的对观测对象的扰动可以忽略不计。在这个尺度范围内，牛顿力学大行其道，而且宏观世界也正是常规雷达探测所适用的尺度范围。常规雷达利用回波时延所产生的时差、相差、频差（多普勒频移）等参数测量来实现对目标的测距、测速和测角，目前在宏观世界中得到了广泛应用。但是对于微观世界和超大尺度的宇宙世界，基于电磁波手段去探测这些尺度空间中的对象时，其局限性就逐渐显现出来，并因此发展出了量子力学和相对论两大物理学理论对经典的牛顿力学进行颠覆、修正、完善。

微观世界中，我们观测这些微观粒子的手段依然是电磁波，或者此时在微观尺度上更应该称之为光子、电子。我们观察事物的精细程度永远取决于所使用波的频率波长和微观层面单个粒子的能量。当我们用光来观察宏观世界时，光的波长远小于宏观物体，探测所用的光子能量对宏观物体的状态几乎不会发生任何改变，我们的观察测量在宏观意义上当然是足够精细确定的。可是，当我们仍然用光子来观察微观世界时，光子本身就等于或接近于要观测的微观粒子粒度，观察测量在微观意义上就无法做到精细准确。依照四舍五入原则，其所能测量到的准确度就是半个光子所携带的能量，即 $\Delta E = h\nu/2$。这就是量子测不准原理。可以类比想象一下，如果我们用一个乒乓球去测量一个桌子的长度或宽度，测出来的结果就是半个乒乓球尺度的误差。以微观粒子去测量微观粒子，给测量所带来的误差和扰动将不可忽视，这就是量子力学中测不准原理的本质根源，也是量子力学的思想精髓。

超大尺度的宇宙世界中，我们观测这些宇宙星系的手段依然是电磁波。受空间尺度的急剧变大，电磁波的速度限制，观测的时延效应将越发严重。基于时间不变，看频率的变化，就是雷达的多普勒频移效应；基于频率不变，看时间的变化，就是相对论中的时间变快变慢。我们可以把雷达多普勒频移测速的推导和狭义相对论时间展缩地推导，二者统一在一起。它们描述的都是近似的物理现象和规律：物体相对观察者相向运动，二者距离越来越近，因此接收回波信号速度变快，频率变高；物体相对观察者背向运动，二者距离越来越远，因此接收信号速度变慢，频率变低。以有限速度的电磁波去测量超大尺度宇宙世界，给测量所带来的延时将不可忽视，这就是相对论中时空耦合现象的本质根源，也是相对论的思想精髓。

掌握了探测专业的这些基本知识后，可以帮助我们更好地去认知理解这些现代物理学不同的学说方向，更好地把握它们的异同和渊源，甚至帮助我们更好地研究思考科学中的哲学问题。下面就基于探测专业的角度，进一步对哲学中的主客观问题进行辨析。

主观和客观：辩证唯物主义哲学观点中认为主观世界是指人的意识、思想领域，通常称精神世界，有时也指人的反映和认识能力；客观世界指在人们意识之外独立存在的物质世界，包括自然界和人类社会。客观世界是独立存在的；主观世界的对象和内容由客观世界决定，主观世界是客观世界在人脑中的能动反映；客观世界决定主观世界，主观世界反映客观世界，也可以改造客观世界。以上理论观点把人们对事物的观察、感知过程描述为主观世界和客观世界两部分的相互作用，省略了观察和感知都是通过各种各样的波来实现的中间方法和手段的影响。这在宏观世界中是科学合理的，但是在研究微观世界、超大尺度的宇宙世界时，还需要基于探测专业的角度进一步修正完善。

主体、客体和观测：站在探测专业的角度，人们对事物的观测感知过程可以分为主体、客体和观测（探测）三要素。人们作为观测者（主体）对于观测对象（客体）的观测（探测）永远是基于各种形式的波作为中介手段和方法来实现的。因此，主体对客体的观测结果将同时受到三者的作用和影响。特别是在微观世界、超大尺度的宇宙世界，观测、探测所使用的波、粒子将对结果产生不可忽略的重要影响。

二、对诸多奇妙科学现象的科学哲学解释

基于以上探测专业对于主观、客观哲学问题的辨析，将人类的观测感知（探测感知）分解为主体、客体、观测三要素后，对现代物理学的不同学说方向的认知将会更加清晰，甚至对研究思考物理学中的很多奇妙现象、未解之谜将会更加浅显易懂，容易解释，不易迷失在各种光怪陆离的表面现象中。举例如下：

（1）波粒二象性：光既是波，又是粒子，具有波粒二象性。爱因斯坦获

得诺贝尔奖正是基于他提出了光的波粒二象性假设。科学发展史上持续几百年的关于光的微粒说和波动说之争，就这样被他调和解决了。可是我们到底该怎样理解光既是粒子又是波？其实依然是尺度问题，宏观角度看，光就是光波，微观角度看，光就是光子。我们可以用一个四字成语来类比解释，便会豁然开朗：人山人海。人山人海，微观上看是一个个人，宏观上看则是一片汪洋大海，波涛汹涌；光也是如此，微观上看是一个个光子，宏观上看则呈现波动特性。

（2）力、场、波、粒子：波粒二象性理论更进一步，则可以把力与场、场与波、波与粒子统一起来进行理解。随着波的频率从 0 到无穷大，波长从无穷大到 0，逐渐表现为力、场、波、粒子不同维度的特性：频率越低，波长越大，越表现为静态场与引力的概念；频率越高，波长越小，越表现为波动性与粒子性。

（3）引力波：引力波在物理学中是指时空弯曲中的涟漪，通过波的形式从辐射源向外传播，这种波以引力辐射的形式传输能量。换言之，引力波是物质和能量的剧烈运动和变化所产生的一种物质波。1916 年，爱因斯坦基于广义相对论预言了引力波的存在。引力波的存在是广义相对论洛伦兹不变性的结果，因为它引入了相互作用的传播速度有限的概念。相比之下，引力波不能够存在于牛顿的经典引力理论当中，因为牛顿的经典理论假设物质的相互作用传播是速度无限的。在 2016 年 2 月 11 日，LIGO 科学合作组织和 Virgo 合作团队宣布他们利用高级 LIGO 探测器，首次探测到了来自于双黑洞合并的引力波信号。2017 年 10 月 16 日，全球多国科学家同步举行新闻发布会，宣布人类第一次直接探测到来自双中子星合并的引力波，并同时“看到”这一壮观宇宙事件发出的电磁信号。引力也是波，是频率为 0，波长为无穷大的波；引力改变后将按照光速传播建立起稳定的引力场，LIGO 引力波探测实验的成功恰好是对上述观点的一个侧面印证。

（4）双缝实验现象：在量子力学里，双缝实验是一种演示光子或电子等微观粒子波动性与粒子性的实验。双缝实验是一种“双路径实验”，这两条路径的波程差促使微观粒子通过后发生相移，因此产生干涉现象。随着科技的进步，现在已发展出单独电子发射器来进行双缝实验，探测屏累积很多次电子发射通过双缝之后，仍然会显示出熟悉的干涉图样。单独电子似乎可以同时刻通过两条狭缝，并且自己与自己干涉。而当人们安装探测器来观察光子到底是从哪一条狭缝经过时，干涉图样则会消失。上述实验现象至今仍然无法得到有效的科学解释。但是站在探测专业的角度或许很容易解释，人们观察光子的过程就是用其他光子去干扰这颗光子的过程，它受到干扰后波动性消失就不足为奇了。

（5）量子雷达：2012 年，美国罗切斯特大学光学研究所的研究团队成功研发出一种抗干扰的量子雷达，这种雷达利用光子对目标进行成像，由于任何物体在接收到光子信号之后都会改变其量子特性，所以这种雷达能探测到隐形飞机，而且几乎是不可被干扰的。量子雷达是基于量子力学基本原理，主要依靠收发量子信号实现目标探测的一种新型雷达。量子雷达具有探测距离远、可识别和分辨隐身平台及武器系统等突出特点，未来可进一步应用于导弹防御和空间探测，具有极其广阔的应用前景。作为洞察未来战场的千里眼，量子雷达概念一经提出，迅速掀起了各军事强国变革雷达技术的时代热潮。但是站在探测专业的角度，我们需要对量子雷达有清晰正确的认知：微观的单个光子不可能实现对宏观目标的有效探测感知，尤其不可能实现对宏观目标的有效成像；必须要有不计其数的光子照射在目标上，形成宏观统计学意义上的照射、反射，才可能实现对宏观目标的有效探测，包括成像识别。

（6）红移效应与宇宙膨胀理论：红移现象是多普勒频移的一种，对应的还有蓝移现象。光波频率的变化使人感觉到的是颜色变化。如果恒星远离我们而去，则光的谱线就向红光方向移动，称为红移；如果恒星朝向我们运动，光的谱线就向紫光方向移动，称为蓝移。它是多普勒效应所致，即当一个波源（光波或射电波）和一个观测者互相快速运动时所造成的频率变化。美国天文学家哈勃把一个天体的光谱向低频（红）端的位移称作多普勒红移。哈勃于 1929 年确认，遥远的星系均远离我们地球所在的银河系而去，同时，它们的红移随着它们的距离增大而成正比地增加。这一普遍规律称为哈勃定律，它成为星系退行速度与其和地球之间距离相关的理论基础。这就是说，一个天体发射的光所显示的红移越大，该天体的距离越远，它的退行速度也越大，按照此理论，宇宙正处于膨胀过程中。但是实际上站在探测专业的角度：超大尺度观测过程中，天体距离越近，波延迟时间越短，我们看到的附近天体红移效应弱，甚至蓝移，代表的是宇宙最近、最新的状态；天体距离越远，波延迟时间越长，我们看到遥远天体的红移效应是遥远过去的状态，甚至可能是几百亿年之前的状态；时、空、频之间在观测上的耦合效应，让我们无法简单地得出红移效应就代表宇宙正在膨胀；甚至有可能即使假设宇宙并不膨胀，因为超大尺度观测中的时延效应，仅仅观测过程本身就可以导致出现红移系数。

（7）视界与世界：一个事件刚好能被观察到的那个时空界面，被称为视界。对于宏观世界，视界与世界并无明显差别，视界就是当下客观世界的映像；但是对于超大尺度观测中的宇宙，视界所看到的景象将是一个时空光锥的概念：距离越近处的景象，越是当下的状况；距离越远出的景象，越是久远的历史。我们永远无法拍出一幅当下同时刻的某一瞬间的宇宙景象。需要我们从获取到的视界景像去反推整个超大尺度宇宙世界的历史和现状。这实在超出我们在地球上对尺度的认知和经验范围，但是为了正确地探测感知客观真实的宇宙，这是我们必须面对和适应这样的困难和挑战，同时坚决摒弃我们已有的认知经验和固定思维。

（8）黑洞与白洞：黑洞（Black Hole）是现代广义相对论中，存在于宇宙空间中的一种天体。黑洞的引力极其强大，使得视界内的逃逸速度大于光速。故而黑洞是时空曲率大到光都无法逃脱的天体。黑洞无法直接观测，但可以借助间接方式得知其存在与质量，并且观测到它对其他事物的影响。白洞（White Hole）是另一种强引力源，其外部引力性质均与黑洞相同，但不能吸收外部区域的任何物质和辐射，同时白洞还可以向外部区域提供物质和能量，是宇宙中的喷射源，白洞是一个只发射、不吸收的特殊宇宙天体，与黑洞正好相反。如果没有探测专业的知识，会对黑洞、白洞的概念感到一丝恐惧，宇宙中居然有如此恐怖的天体存在。但是站在探测专业的角度，就释然很多，黑洞、白洞就是引力足够强的两类天体，导致光波无法逃逸辐射出来，从而导致无法通过光波实现对其内部结构的有效探测，并没有多么可怕和令人担忧。

通过上面的讲述分析，也可以为我们未来在超大尺度、超小尺度观测（探测）领域提供某种思路。超大尺度观测时，频段可以适度选择更低频段，如更低频段的射电天文望远镜；传感器阵列应该尽可能实现超大尺度分布，比如地月、地火星际之间的传感器阵列分布。微观粒子的超小尺度观测时，则需要寻找比光子更小的粒子实现对微观粒子更小的扰动；或者是彻底颠覆借助波或粒子进行微观观测的传统方法，寻找新的其他观测手段。

通过以上对现代探测技术的介绍，我们能够初步建立起大家对现代物理的顶层认知。家长把本节内容拿给孩子看，讲给他听，他的科学认知将会显著进阶与突破，这一节内容就是孩子踏进现代物理研究殿堂的《武林秘籍》《寻宝图》。为了方便学生记忆，我还把《现代探测技术》课程中的这些认知编成了一首诗：

《串讲话探测》

天地皆存光电中，光电波粒二性通。
波粒每秒几公里？三十万数快无踪。
万物运行天地间，探测万物靠光电。
既快又稳浑不觉，寻常万物全看见。
万色千颜是红尘，森森天地皆星辰。
世上何人初可探，探测何时初为人？
现代物理四分支，三个尺度一电磁。
引力量子相对论，牛顿普克爱因斯。
宏观微观大尺度，全赖麦氏方程组。
微观粒子测不准，宇宙光波有延误。
只有宏观最相宜，精细及时以为习。
因此社会哲学论，主观客观未足奇。
探测学子更专业，主体客体加观测。
观测靠着电磁波，三位一体方妙解。
延时测距相测角，成像须得多阵元。
相由心生佛所言，眼见为史我真传。
物理四力大一统，未知探测立新功。
我教弟子皆善思，莫作西学应声虫。

都说《春江花月夜》，孤篇压全唐。自诩《串讲话探测》，一篇贯中西。所以不要听西方人把现代科学说得多么玄乎，要听笔者给你说得多么浅显明白。

第四节　事业上如何建功立业，杰出的“创业者思维”

为了打赢这场科技战，我们要打造一支科技铁军。这要求我们不仅要培养一批科学家，更需要培养一批能够引领方向、带领队伍的科技领军人才，以及能够把先进的科技成果转化为实际生产力的科技产业领袖。他们并非普通的士兵，而是将帅，是领头人。一个伟大的军队，其将帅必须要有杰出的军事指挥才能；一个伟大的团队，其领头人必须要有杰出的创业者素质。

一、杰出创业者身上的特殊素质

笔者刚开始创业的时候，我的一位商业导师提到：在我国，技术人员创业比销售人员创业成功概率要小很多。当时很不理解，觉得是奇谈怪论。后来这十几年时间里，看看身边的案例，我逐渐认识到这一观点有一定道理。关于科技人员创业为什么没有销售人员创业成功概率大的怪象，在后面还会有更详细的理论分析，此处略过。这里，我们只总结概括杰出创业者身上必须要具备的特殊素质，可概括为“四力”。

（1）坚定的信念力。创业者必须要有远大的理想、坚定的信念、顽强的意志。理想信念也是一种力量。信念坚定、意志顽强的人，面对很多困难咬牙坚持，往往能克服困难；理想不远大、信念不坚定、意志松懈的人，遇到困难险阻时轻易放弃。回顾老一辈的革命先烈，为什么他们不怕流血牺牲、前仆后继，最终能建立新中国？靠的就是坚定的理想信念。反观汪精卫，为什么会投敌判国，遗臭万年？就是因为面对凶残的日寇时，信念动摇，最终沦为卖国贼。创业虽非革命，没有流血牺牲，但是同样充满艰难困苦，也需要强大的信念支撑。否则，创业者在遇到困难时也会当逃兵，满足于小成就，安于现状。

（2）超强的行动力。创业者不仅要有远大理想，还要有努力行动。不怕慢，只怕站。大方向定下来后，接下来就是坚决执行。而且在执行的过程中，具体路线往往还需要及时调整。这就叫方向坚定、路线灵活、行动迅速。在信息时代，竞争节奏加快，不再是大鱼吃小鱼，而是快鱼吃慢鱼。我们不能做思想上的巨人，行动上的矮子。在当前懒人经济的潜移默化影响下，动手能力、行动能力，越来越成为一种稀缺的能力和品质。

（3）卓越的领导力。创业者不光是自己一个人干事业，更需要带着一群人干事业，领导力就成为创业者身上必须具备的核心素质。古代的读书人，十年寒窗，一旦考上状元，马上就可以任命县令，相当于今天的正处级干部；今天的知识分子，加上幼儿园，二十年寒窗苦读，大学毕业后，能找个普普通通的工作就心满意足了。这里面除了技术革命、学历贬值以外，还有更重要的就是领导力的培养差别。古人学的是《四书五经》，研究的就是人与社会，潜移默化地培养了他的领导力；今天我们理工科学的是西方科技，研究的是人与自然，根本就没教人与社会，尤其是没有教经济的本质和工商业的常识，根本就没有培养过领导力。扪心自问一句，真请你作县长，你敢去吗？玩得转吗？坐得稳吗？而领导力最基本的素质就是优秀传统文化中的家国情怀、团队精神、开拓进取、奉献求实。在人类科技日益发达、分工日益精细的今天，凭借科学家个体诞生伟大成果的几率将大幅降低，必将进入到科学家、科技工作者依靠大兵团协作才能诞生出伟大成果、伟大产品的“华为模式”时代。科学领军人才、科技产业领袖必须要懂科技、懂产业、懂管理。因此，领导力的培养将显得尤为重要。科研及产业带头人，如果没有卓越的领导力，压根就带不出、更带不好一支具有强大战斗力的科技铁军，更别指望有什么大的成果和成就！

（4）强大的创新力。创业者干的都是自己没干过、别人没干过的事情，必须要有强大的创新力。穿别人旧鞋走别人老路，只能培养出一批的模仿者、跟随者，干不出来真正伟大的事业。创新力是真正杰出的创业者必须具备的最伟大能力。按理说，科学家最不缺的就是原始创新力，可惜实际情况是，在西方现代这一套科技论文的游戏规则下，我们很多的科学家只知道拾别人牙慧，言必称美国、行必看西方，引用一堆的国外文献，心甘情愿的当别人的追随者。我们真应该学习我们伟大的改革开放的总设计师——邓小平。他提出走中国特色社会主义道路、“一国两制”解决香港台湾问题等大政方针，就是伟大创新力的突出表现。这才是杰出创业者身上所需要具备的优秀品质和突出能力！

所以不要完全按照西方那一套去培养科学家，尤其是不能按照西方那一套去培养科学家的价值观念。要按照“现代科技＋传统文化”的复合模式去培养杰出的科研领军人才和科技产业领袖。

二、梁老师的创业经历和心愿

我这大半辈子，从 1999 年的本科优异生开始，到上研究生直博，干的专业技术方向就是五个字：超宽带雷达。当时都是为国防服务。2007 年博士毕业，做博士后开始研究微功率超宽带雷达生命探测仪，就是在废墟里通过雷达把人给找出来。2008 年 5 月 12 日汶川地震，新闻报道中看到美国 GSSI 的雷达生命探测仪在救援现场应用并发挥巨大作用，更加坚定了自己内心的想法：研发国产超宽带雷达生命探测仪。2008 年 9 月，依托国防科技大学与湖南消防总队申报了国家消防总局重点研发计划项目并成功获批。一年后，两台样机研制成功。随后在 2010 年 4 月 14 日青海玉树地震救援中崭露头角，并迅速推广应用。2012 年转业，被人才引进至中南大学，继续深入推进微功率超宽带雷达民用领域的成果转化。国产雷达生命探测仪在市场上通过一次次与进口雷达的同台竞技，表现出更为优异的性能，开始站稳脚跟。2015 年 12 月 20 日，深圳市光明新区发生山体滑坡事故。在救援中，72 小时的“黄金救援时间”即将过去，三十多台进口雷达生命探测仪已对受灾区域进行了多次遍扫，均没有发现生命迹象，大型机械也即将进场。就在这时，国产设备发现了进口设备没有发现的一名被困人员。此后多次的救援都证明，在这个领域，中国的装备比国外的好用。特别是在 2022 年“4. 29 长沙望城自建房倒塌事故”救援中，对现场被救的第 6 ~ 10 名深埋人员的精准搜索定位起到了重要作用，受到了市委、市政府的感谢。2016 年，制定雷达生命探测仪的国家行业标准，此前一直畅销中国市场的国外产品因相关参数不达标，未能通过审核。

这些年来，在雷达生命探测领域，先后技术支持、孵化了三个头部企业，开拓式发展了中国的雷达生命探测产业。如今，在雷达生命探测仪领域，国产设备市场占有率达到 90% 以上。目前，将这项技术正在转向更广阔的大健康和智能家具领域。2023 年，团队研制的超宽带雷达睡眠监测仪已成功上市。雷达作为一种先进的传感器，正在快速走进老百姓的生活，对独居老人、亚健康人群的健康监测以及智能家居的前端传感器技术改进均具有重大的变革意义。

总结一下，梁老师这大半辈子带着团队就干了六个字：雷达生命探测。超宽带雷达和毫米波雷达还有所不同，毫米波雷达频率高、带宽短，因此分辨率高；超宽带雷达频率低、带宽大，因此在保证分辨率高的同时，还具有穿透性强的优势。在实现人体生理指标探测方面，具有独特优势。目前市面上有零星的毫米波技术路线的人体跌倒和睡眠监测产品，尚无超宽带技术路线的相同竞品。同时，超宽带雷达睡眠监测仪还具备高度安全性，其辐射频率与手机相近，辐射功率属于毫瓦量级。使用 20 年的雷达睡眠监测仪，其辐射量仅相当于使用 1 天的手机辐射量。现在，团队还利用低频超宽带的穿透性优势，在特种钢材的缺陷检测方面解决行业的卡脖子技术问题。

我一直给我的学生说，我们既要做科学研究的生力军、成果转化的排头兵，更要做诗与远方的文化人。2024 年 7 月暑假期间，有幸被中组部和中国科协选中，调训参加了青年科技领军人才国情研修班。在学习研讨过程中，对当前世界科技发展形势认知更加深刻，并有感而发写了几首词，在此送给我们的家长和学生，也代表着我做抖音和视频号的真实心愿。

《水调歌头·延安干部学院学习，改主席词抒怀》

久慕先贤志，今日到延安。长征万里故事，湘赣到陕甘。四处惊心动魄，更有淋漓鲜血，星火洞悉观。会师吴起镇，千古著雪篇。

风雷荡，红旗奋，换人间。七十五载过，弹指一挥间。可上九天揽月，可下五洋捉鳖，复兴在眼前。吾辈当自强，何惧美利坚？

《临江仙· 延安》

郁郁碧林托宝塔，犹如塞上江南。当年窑洞旧延安。枣园何处觅？在在大楼间。

几十载桑田沧海，如今决战更酣。秦创原上有硝烟。朱毛应告慰，遗志闯雄关。

《雨霖铃．陪同易书记周至之行》

终南扑面，渭河清耳，紫气东显。财神祖庙香火，遮不住，老君楼观。骆峪丛林碧翠，古遗先风灿。站半路，如画乡村，暮色苍茫尽迷眼。

此中伟士如星瀚，道之源，长恨歌声短。而今世情变幻。科技战，铁军千万。哪处征招？犹有农家子弟能选。笑看列强叫嚣凶，敢把奇功建！

第一首词是刚到干部学院当天写的；第二首是在参观学习过程中写的；第三首是学习结业后，陪同学院的领导参观我的母校周至中学时写的。它们真实描写和抒发了我对当前中美科技战的思考和情感。最后，再送给大家另一首词。

《破阵子· 高铁郑州回长沙》

耳际龙吟虎啸，胸中气定神闲。千里线驰骋黑夜，一道光刺挑雨烟。巨笔阅江山。

神技冠于今古，雄文写在人间。惊赞先贤开伟业，莫言盛世多平凡。英豪何曾完？

这首词，是我在 2024 年 3 月，攻克特钢检测卡脖子技术，在回长沙的高铁上写的一首词。我把高铁比喻成了一支如椽大笔，想象着先辈们在祖国的大好河山写下了壮丽的篇章；今天，面对盛世，面对中华民族复兴的关键时期，我们又岂能甘于平凡？我们每个学子、每个科技工作者，都要有一个英雄梦，要当一个大英豪！把论文写在祖国的大地上！

第五节　知识分子走向社会，怎样做一个幸福的明白人

身为一名大学教授，教书育人是我的本职工作。我一直认为，教书是传授知识，只是最基础的工作；育人才是教育目的，才是最重要的目标！最后讲一讲自己在日常生活中的一些感受和思考，教大家如何做一个智慧、幸福的明白人。

一、自然科学与社会科学，二者存在根本差异

按照西方科学发展的思维模式，人类对于世间万事万物本质内涵、运行规律的学习与研究大抵遵循一个固定模式：建立模型→推导公式→实验验证。牛顿、麦克斯韦、爱因斯坦这些大科学家如此，黑格尔、康德、马克思等大哲学家亦如此。发展到今天，全球的理工农医的教授、博士生搞研究、写论文都沿用这一固定模式。于是，两千年西方科学哲学史一路发展下来，建立起了一座座金碧辉煌的科学殿堂：物理、化学、生物、医学，不胜枚举。甚至包括哲学、社会学都建模、量化、分析、验证，一如既往，概莫能外。

而中国五千年传统文化发展，却完全是另外一种模式，大抵可用“中庸”二字概括。特别是汉武帝废黜百家，独尊儒术以后，更是在这条道上一骑绝尘。与西方的科学思想依赖“建模”，喜欢“量化”相反，中国老祖宗的中庸文化讲求“揣摩”，喜欢“模糊”。子不语怪力乱神，中国的读书人一直热衷于追求抽象的艺术，而绝少专注于钻研量化的技术。二十四史上诗词歌赋、国画书法的名家如云，灿若星瀚。而把圆周率精确计算到 3.1415926 到 3.1415927 之间的祖冲之简直可算作中华科学技术史上的千古第一奇葩，纯属个例。而且国画、书法这些艺术形式与西洋油画、雕塑也完全是两种美学。后者力求逼真，前者更重传神。

东西方思想文化体系孰高孰下，孰优孰劣？最近这一两百年时间里，这

个问题一直困扰着每位中国人。如果以结果论，套用毛主席的话说，在 1840 年鸦片战争以前的两三千年里，东风压倒西风；1840 年以后的一两百年里，却突然扭转成了西风压倒东风。于是自“五四”新文化运动起，我们一直在文化上批儒批孔，师夷长技，学欧学苏再学美。我们失去了秦汉唐宋元的自信心。

所有的知识分子都开启了“西方科技的校园学习＋传统文化的社会熏陶”双重塑造模式。这两种知识体系、思维模式训练下的人，面对工作、生活等复杂无序、变化多端的社会问题时，就在个体内心或群体之间产生了显著差异，甚至激烈的碰撞和矛盾。除了那些你死我活的阶级斗争是基于尖锐的敌我矛盾而产生之外，人民内部亲人同事之间很多关系的紧张，究其原因，除了利益冲突之外，大抵上都可归因于这两种思维方式、文化理念、教育背景的对立与碰撞，包括很多夫妻离异、父子反目等情况。每种人格之间并没有严格界限，不是“理工男”，就是“文艺范”。没有那么简单明了。在当今中国社会，长达十到二十几年的校园教育体制下，每个人都是双重模式下的两极融合体。既有西方“建模”的逻辑思维，又有着东方“揣摩”的中庸传统，按照不同比例勾兑出一个个差异化的个体。比例相近，这些人就显得合得来；比例相差太大，这些人就很难合拍。两个人相处，两种思维模式的融合比例远比门当户对的出身背景更具决定性作用。于是，就经常出现所谓的“理工男”遇到“文艺范”，比秀才遇到兵还悲摧，根源就在于这样的思想认知深处的“三观不和”。你怪他不讲道理，他嫌你不尽人情。有理讲不清，有话道不明，彻底凌乱了。

东西方思想文化体系孰高孰下，孰优孰劣？对这个问题，我不敢妄下结论。下面只是结合自身从小学到博士二十几年的理工科专业学习背景，工农商学兵四十几年的多重身份社会阅历，继续对这个问题抽丝剥茧，进一步梳理分析。看看当我们离开课堂，走向社会，面对人生时，到底是如何去看待和解决问题的。

1. 应试训练模式的误导

从小学、初中、高中到大学，我们逐渐接受起了“建立模型→推导公式→实验验证”这一整套的科学思维训练方法。在实际学习时，甚至连实验验证环节都可以省略没有，从不质疑书中所写。只要记住公式，会做题即可。面对一场场考试、一份份试卷、一道道考题，标准答案永远只有一个，而我们的回答要么对，要么错，没有模糊回旋的余地。我们接受了海量的训练，脑子里逐渐沉淀下了“非对即错”的认识习惯。就连语文和英语的学习，我们也陷入了这种训练模式的漩涡之中，无法自拔。古人学四书五经，着重于“意”的揣摩；出国的人学各门外语，注重于“意”的表达；而我们却完全沉溺于各种的“语法”“修辞”“时态”等知识点的分析解剖。对一门语言的学习完全忽略了“信、达、雅”里面最高层次的“雅”的欣赏性。就像一只本应该好好观赏的卷毛比雄犬，到了我们眼里看到的只是一堆的骨头、肌肉和皮毛的组合，索然无趣。我们的学习模式只有训练，而不懂得什么是欣赏。连美术、音乐，本来最应该可以提高我们欣赏趣味的课程，也变成了钢琴、舞蹈、国画、油画的一系列专业等级考试，把艺术生吞活剥成了一门门技术、一张张证书、一堂堂课外考级培训班。学生学得累，家长活得更累！艺术是没法量化的，我们却给它评级论等，以及应试化训练。原先古人说音乐特长，说的是“某某尤善音律，一曲《高山流水》余音绕梁，三日不绝。”我们现在说谁有音乐特长，说的是“某某钢琴十级！”整个社会只剩下技术量化思维，缺少了艺术美学熏陶。这种“非对即错”二元化的实用主义应试训练，若一以贯之下去，必然会潜移默化地影响我们的是非观，以及思维方式和行为习惯。

2. 科学知识体系的局限

抛开了题海训练模式，再看看从初中、高中到大学所学习的知识内容对我们的认知影响。记得当年上学，数学老师给我们语重心长地讲过一句话，“学好数理化，走遍天下全不怕。而数学是学好数理化的基础的基础！”回过头来看，我们幼小的心灵走上科学思维模式的教育之路，实在就是从数学开始的。

小学数学，我们花大量的时间在作应用题。我们以一道五年级的数学应用题为例：小明的妈妈买了 4 个苹果，要分给小明和哥哥、弟弟三个人，问每个人应该分多少个苹果？答案：4/3 个苹果。

可是当我们真要是把这个答案应用到现实生活中那样去做，将绝对会成为一个不近人情的人。且不论每人分到了 1 个苹果后，剩下的 1/3 个苹果该怎么切？难道不应该把剩下的这个苹果留给妈妈？我们解应用题的那套方法，根本就没法应用到实际生活中去。应用题的答案不如一篇老祖宗留下的《孔融让梨》，让孩子更懂得一点人情味。这种把一个苹果切成 3 等份的科学较真的思维训练模式，或许已经为将来的人际关系紧张、处事方法生硬埋下了伏笔和祸根。

上了初中、高中，我们开始学习近代物理热力电、无机化学酸碱盐、有机化学烃苯醛。大学里，由于我自己学的是电磁场与微波专业，又继续学习现代物理的相对论、量子力学等基础课；以及信号处理、电子电路、电磁场、天线原理等专业课。一直到现在，从事本专业的学习研究工作一干就是整整二十年。所学内容越来越深细、模型越来越复杂、公式越来越冗长，我们的学历也越来越高，逐渐变成了一名名副其实的高级知识分子。可实际上，知识分子处理生活问题的挫败实例，数不胜数。问题到底出在哪里？

看了上面的例子，下面分析知识分子在处理生活问题中不断出现挫败的根本原因。

首先，知识的边界问题。现代科学技术体系，学科分门别类越来越细，所学知识适用的边界问题就越来越突出。好比我们由远及近地欣赏一座森林，刚开始看到的是森林的全貌，再走近了看到的是某一棵树，再更近去观察某一片树叶，看到的是叶肉、叶脉，最后显微放大看到的是细胞壁、细胞核。显然我们对于问题的研究越来越深入细腻，但是必然也导致看到的内容越来越局部！所得出的某些规律能够成立的边界条件也越来越窄，约束限定也越来越强。但是随着学历、文凭的提高，让我们越来越以专家自居，越来越自信，仿佛自己已经掌握了整个宇宙万事万物的发展规律一般自信，而事实却是我们仅仅仔细观察和学习了客观世界这座森林里的某一片树叶而已。用这样的知识体系去观察整个社会，虽然有可能观一叶而知秋，但是又何尝不会更可能地陷入一叶障目的盲区和误区？比如叶细胞的光合作用模型，它肯定不能适用于根、茎细胞，更不可能去揭示森林里面的灌木丛、河流、土壤、岩石、小动物、游客等事物面对光照时的作用规律。更遑论我们拿着它一味地去生搬硬套到日常生活中，必然要酿错、闹笑话、发生悲剧。归根结底，就是因为我们忽略了知识的边界问题、理论的适用性条件。可惜在实际生活中遇到问题，我们根本没有把自己看作外行，都把自己当专家了，而且还是准备用自己的专业知识去解决这些非专业问题的专家。这实在怪不得我们这些现代人，因为古人也是如此！作为一代医圣，孙思邈说：“古之善为医者，上医医国，中医医人，下医医病。”作为某一佚名大厨，借老子之口说“治大国，若烹小鲜。”看看，医生和厨师都认为，完全可以从自己的专业背景知识和经验出发，提出帝王之术、将相之道，治国理政平天下，自信若此。更不要说当面对鸡毛蒜皮的家务事时，在他们眼里那岂不是伤风感冒、小菜一碟？而我们比古人更悲剧的是，我们看待问题的眼光，更加专业、更加局部了。拿医生来说，老中医完全是一位全科大夫，望闻问切，内外妇儿，全部囊括其中。要说他基于人体生命的全局认知，俯仰天地，感怀道法，倒还有几分相通之处。而我们现在的西医，科室专业细化到耳鼻喉心肝脾每一个功能器官，完全基于现代医疗诊断检测技术的支撑才能够看病。医生熟悉的仅仅局限于人体组织的某一个器官，再也没了老中医对整个人体生命系统的调理思想。把这样的医学治疗思维方式应用到治国治家的社会事务处理上，一定会处处碰壁，充满挫折感。我们必须承认知识的边界问题、理论的适用性条件，不能局限于专业的微观与局部，更要看到社会的宏观与整体。

其次，还存在长期的专业思维习惯问题。现代社会，电子信息技术日新月异，通信产业蓬勃发展。相关专业的学生培养规模和就业人数越来越大，笔者就是其中一员。回头来看，电子信息专业的一些基本概念，其实已经在自己的脑子里牢牢扎根，并深深影响到日常的思维习惯和行为模式。例如，频率周期对笔者日常思维的影响主要体现在：事物的发展都要遵循一定的发展规律，有起有伏、有涨有跌。因此当面对工作生活的波峰波谷时，需要时常提醒自己做到不以物喜、不以己悲，无论高潮低谷，都总会过去。AD 采样：对任何事物的观察学习，都是一个离散采样的过程，而且采样频率需要适当。太低，反映不出事物的变化规律；太高，数据量太大，处理压力大。最低采样频率不能低于事物变化频率的两倍，也就是一个变化周期内至少要采两个点，一个波峰、一个波谷，才能呈现出一个变化的周期。这个思想，广泛地应用在实际模拟信号到数字信号的转换上。计算机里面的“0”“1”就是对客观事物典型的 1 位二元采样；32 位处理器，就是 2 的 32 次幂采样。其实几千年前的周易八卦，对客观世界的抽象化，也是采样位数逐渐递增的过程，太极、两仪、四象、八卦演万物。这个思路甚至可以很好地用在员工考勤、产线检测等工作中。甚至生活中夫妻双方的管理智慧也完全可以诞生其中：检查过密，失之于细；检查过疏，失之于宽。白天上班，晚上回家；夜不归宿，及时报告；彼此独立，相互信任；无需查岗，全凭自觉。可惜很多电子信息专业的女生，即使学了奈奎斯特采样定律，嫁了老公，也没有把这样的驭夫智慧活学活用、融会贯通。滤波放大：对有用信号放大放大再放大；对没用杂波和噪声滤除滤除再滤除。到今天，不知不觉中，就连我的管理理念里，也一直贯彻渗透着滤波放大的开环思想。电子信息、自动化控制专业如此，上文中的厨师、医生亦如此。进一步放大到其他的各行各业，又岂会跳出自己已经固化的思维圈？

最后，是对经典理论的一味膜拜心理。西方科学研究大抵遵循“建立模型→推导公式→实验验证”这一固定模式。爱因斯坦曾经说过类似的话，并告诫我们不要沉湎在公式里，而忘记了对物理本质的深刻思考。可惜，当真正面对那一位位大师用一个个模型、一行行公式建立起来的一座座科学殿堂时，只要不狂妄自负到没岸没边的地步，任凭谁内心底都会升起顶礼膜拜的敬畏心。适度的敬畏当然是好的，可是过分地膜拜，并一知半解地拿它来指导自己的生活工作，就容易出问题。我们对于科学知识，一直遵循“两个凡是”：凡是书上讲的都是对的；凡是大师说的都是对的。这与东方的儒家文化基因有关，总是认为老祖宗留下的东西就是好的。可是古人也意识到师古而不泥古，尽信书则不如无书；而我们今天对于西方科学理论知识，则严重缺乏质疑精神，甚至都没有一点深入浅出的意识。不敢演绎，不准玷污。完全是一个科学卫道士的心态。其实科学并没有那么玄乎神圣，好多深奥玄妙的理论都可以用生活常识进行浅显的理解。

（1）相对论：当年我学相对论，倍觉神奇，顶礼膜拜。到了我自己给学生讲相对论，我完全打破了它的神圣感。我把狭义相对论时间伸缩的推导、雷达多普勒频移测速的推导、荀子《劝学》“顺风而呼，声非加疾也，而闻者彰”的朴素感悟，统一在了一起，原来它们说的都是同样近似的物理现象和规律：物体相对观察者相向运动，观察者所观测接收到的回波随着物体距离越来越近，因此时间变短，频率变高；物体相对观察者背向运动，观察者所观测接收到的回波随着物体距离越来越远，因此时间变长，频率变低。

（2）波粒二象性：爱因斯坦获得诺贝尔奖正是基于他提出了光的波粒二象性假设。科学发展史上持续几百年的关于光的微粒说和波动说之争就这样被他给解决了。可是我们到底该怎样理解光既是粒子又是波？其实我们可以用一个四字成语来类比解释，就豁然开朗了。“人山人海”，微观上看是一个个人，宏观上看则是一片汪洋大海。光也是如此，微观上是一个个光子，宏观上则呈现波动特性。

（3）量子测不准：量子层面居然测不准，而且是被很多科学家从理论和实验方面证实了的。那岂不是说科学研究所追求的精确量化客观世界万事万物的终极目标要轰然倒塌了？事实上只要仔细思考，一切都顺理成章，合情合理。我们观察事物的精细程度取决于我们所借助的声光电波的频率波长。当我们用光来观察宏观世界时，光的波长远远小于宏观物体，我们的观察测量在宏观意义上当然是足够精细，是确定的。可是当我们仍然用光子来观察微观世界时，光子的波长本身就等于或接近于微观粒子的粒度，我们的观察测量在微观上就不可能做得到精细准确。那么误差是多少？依照四舍五入原则，当然就是半个光子所携带的能量，$E = h\nu/2$。可以类比想象一下，我们用一个乒乓球去测量一个桌子的长度，测出来的结果就是半个乒乓球尺度的误差。把简单问题复杂化，那是科学思维；把复杂问题简单化，这是生活智慧。

在目前针对现代科学知识体系的专业化教育背景之下，无论是我们的学习训练模式，还是专业知识体系、认知思维习惯都存在一定的安全隐患。这就是我们这些生在新中国、长在红旗下，啃着一本本数理化长大的知识分子，走向工作与社会，产生各种不适，导致各种悲剧的内在根由。剖析完了我们在校园内“学”的盲区，接下来说我们走出校园后“做”的误区。

大体上世间万事万物的发展消亡都具有其物理本质和基本规律。西方科学思维最精要之处就是通过一系列的建模、量化、实验验证、逻辑分析等手段对事物的本质及其规律进行分析揭示。我们学多了科学知识、搞久了科学研究，潜移默化的就把建模、量化、验证、逻辑分析这一套方法搬到了自己的工作生活中。适当地把自然科学思维方法借鉴移植到人与社会的生活领域，当然是有利的。但是如果一味地沉湎在这样的思维方法论，而忽略了对事物本质和规律的理解把握，往往会以偏概全、挂一漏万，抓了芝麻、漏了西瓜。

“小镇做题家”在学了太多的理论公式之后，走向社会，必然走上一条充满了理工科思维特色的路，我把它称作模型量化之路。下面基于不同的大脑思维复杂度，看看不同元的量化思维指导下的人生观，并逐一对这样的理工科思维在生活中容易产生的性格缺陷和人际冲突进行剖析。

首先，二元量化的人生观。前面提到，我们十年二十年的题海训练模式，让我们很多人的思维习惯牢牢树立起了“非对即错”二元化的是非观。万事万物在这些人眼里，犹如小时候看的动画片，永远是一个黑白分明、非好即坏、线条清晰、简单明了的世界。疾恶如仇、情绪极端化是二元化人生观的典型性格特点。他们的处事方式、人际关系和情绪反应，只有冰与火，没有中间过渡状态。认同某件事，爱屋及乌，满眼睛里看到的都是积极因素；讨厌某件事，马上又否定一切，只看到消极一面。喜欢一个人，可以亲如一家，不分彼此；讨厌一个人，立刻宛若仇敌，势同水火。自己的情绪也随着上午还骄阳似火，晴空万里；下午便狂风暴雨，乌云密布。在常人眼中，他们像一群永远长不大的孩子。考题或有答案对错，世间的人和事却没有绝对的善恶好坏。生活本来就不是一部动画片，好坏参半、福祸相依、五彩缤纷、摇曳多姿才是客观世界的真相。我们基于好人坏人、好事坏事如此简单粗暴的模型去看待生活，必将失之于简单武断。关于人性善恶的大讨论，古已有之。孟子主张人性本善，荀子主张人性本恶。两个圣贤都为此干起了嘴仗，莫衷一是，未有定论。我们又岂有分辨清楚妄下结论的智慧？二元量化的人是不善于处理复杂的人际、事务关系的。如果有幸从事的是简单的标准评判类工作，如质检、裁判等职业；婚后，男女双方又皆是独生子女，主要家庭关系呈倒金字塔结构，清晰简单，事业、家庭顺风顺水，倒可以比较幸福完美的生活。如果不幸从事的是复杂的人际关系类工作，如人事、管理、销售等职业；婚后，男女双方有任何一个非独生子女，家庭关系呈现家族式蜘蛛网状结构，事业、家庭人际关系纷繁复杂，在事务中你来我往，一旦稍有不如意，很可能便会矛盾升级，开启一轮比一轮激烈，一次比一次极端的恶性循环发展模式。原本是纯粹的人民内部、家庭内部矛盾，到后来都可以升级到你死我活的阶级斗争状态。

再看，多元量化的人生观。在电子信息技术中对一个信号的模数转换，1位二元量化实在太过简单粗糙，必然进一步细化衍生出2位四元量化、3位八元量化等，以此类推。很显然，这样的套路也完全被我们借鉴到了实际生活中来。绝大多数接受完西方科技知识体系教育后的知识分子，思维习惯上都可能带上多元量化的影子。我们对一切事物都习惯了评级论等。最典型的莫过于考试、考核等一切类似的检验工作。二元量化只有两种结果：通过、不通过。四元量化就有了四种等级：优、良、中、差。一直细化到常见的十分制、百分制。我们把人也分为三六九等，官员有等级：科、处、厅、部、国；职称有等级：助教、讲师、副教授、教授；在内心里对老百姓按人品也划有评判等级：大坏蛋、坏人、一般、好人、贤人。甚至马斯洛认为人的需求都可以分为五个不同层次，从低到高：生理需求、安全需求、社交需求、尊重需求和自我实现需求。这样的多元量化，比起二元量化，当然细致准确很多，而且还屡试不爽，被我们逐渐奉为解决一切问题的法宝。现代西方管理学正是基于这些模型量化方法，将数字化管理、绩效管理那一套逐步发扬光大，享誉全球。但是，多元量化，到底需要细腻到什么程度？它存在一个适度的问题，我们所允许的量化误差将决定我们的量化位数。量化过粗，误差太大；量化过细，效率太低，消耗资源太大。这也正是很多现代企业，管理原来越细，管理成本越来越高，效益却反而越来越差的根本症结所在。如果放在个人身上，将同样会陷入过多元量化的悲哀。

最后，*N* 多元量化的人生观。*N* 多元量化就是指量化过细，极度的过多元量化。对于一个感情细腻、心思丰富的人，如果再掌握了模型量化、逻辑思维的这套科学方法，就很容易导致极度多元量化。一旦钻入这样的牛角尖，那一定是个悲剧。以前读《红楼梦》，语文老师对我们说，林黛玉这样的女孩子，也就仅仅适合谈恋爱；真要谈婚论嫁，是个家长都会给自己的儿子选择薛宝钗。当时，非常不理解他的观点。经过这么多年，在我身边出现过好几个这样的悲剧人生后，我也才明白娶薛宝钗，而不是林黛玉，对贾宝玉而言是多么幸福！这还仅仅是一个饱读了四书五经的林黛玉，如果换成一个饱读了一肚子现代科学技术的林黛玉，那对于一个男士而言，简直就是恐怖的灾难！你可以想象，既心思细腻、逻辑缜密，又刑侦技侦、手段高超，还查岗查哨、审讯频繁，这样的一个林黛玉，还有半点可爱劲没有？我年少时喜欢读武侠小说，尤其喜欢金庸小说。当初对于《神雕侠侣》里面的中年黄蓉形象，与《射雕英雄传》里面的少女形象反差太大，颇有不解。但是随着年龄增长，才恍然领悟其必然性，才越发佩服金庸先生的如椽巨笔。*N* 多元量化性格的人，自己活得累，身边的人也跟着活得精神紧绷。外部所发生的任何事，总要抽丝剥茧，寻找其中缘由，列出个一二三四；旁人所说出的任何话，总能发挥想象，引申弦外之意，举出个甲乙丙丁。在其身边工作或者生活，大到小孩入学、员工考核，小到鞋子摆放、切菜刀工，人不分老幼，事无论巨细，必须严格按照一整套标准的流程制度，一丝不苟地完成，不能有半点马虎懈怠。这样极度细腻的人管下属，下属逃跑；管对象，对象分手；管小孩，小孩也会被逼疯掉；最后自己还会郁郁终老，跟林黛玉一样悲剧结束。*N* 多元量化的人就如同一台计算机的 CPU，每天 24 小时，一刻都没停止过，一直 100% 的满负荷运转；并且运算位数也越来越高，8 位、16 位、32 位、64 位，一路狂飙；功耗也必然越来越高，耗得自己油尽灯枯还落不着好。作为一般的计算机用户，打开一幅图片、双击一个文档，其用户体验度并没有多么巨大的差异。生活工作不像科学实验，我们不需要如此高位、多元、精确、复杂的采样处理运算，适可而止。前面所讲的高考志愿填报，一些家长关注每一所学校的精确排名，锱铢必较，就属于这方面的典型案例。一个家长搞得比教育部长还累些。适可而止。我们需要谨记不忘初心。我们搞科学研究、工作生活的目的是什么？把握事物的本质属性及其发展规律。建立模型和量化分析只是实现这个目的的手段。仅此而已。

性格即命运，思路即出路。我们如果一直采取理工男、理工女所谓的科学思维模式去面对生活，必然是上述三者之一——量化。即使是中间第二种量化，也就只是不好不赖罢了。而如果我们能转换一种思路去面对生活，或许会豁然开朗。

讲完了自然科学与社会科学存在的根本差异和原因，以及由此产生的矛盾和风险。下面寻求知识分子踏向社会的正确进阶之路。

二、“科学思维＋人文修养”，理工科学生思维的改良

首先来看社会上存在的三种人生思维模式，对我们的理工科学生改变自己的思维有重要的参考价值。

1. 科学思维

基于长期的学习训练，大凡知识分子带着理工科学思维去面对一件事情，在解决问题时，多半分为五个步骤：

思考本质→建立模型→量化分析→掌握规律→解决问题

而且容易舍本求末，大部分精力都集中在了建立模型、量化分析上，对本质和规律的把握反而忽视了，更别提更好更有效地解决问题了。

2. 朴素思维

我们不妨试着转换另一种思路，去面对问题。这种思路为了解决问题，只有三个步骤：

把握规律→建立规则→解决问题

没有精细复杂的模型分析、科学验证，只有对事物本质和发展脉络的朴素把握和敏锐捕捉，不拘泥于细节，不教条于理论，基于大略方案和原则，就敢直奔解决问题的目的，遇山开路、逢水架桥，反而更简单直效、简洁明快！这套模式，我称之为朴素思维。它相对于科学思维，虽然少了些严谨性和确定性，却没了更多的包袱和累赘，完全是个开环体制，长期下去

必然心情明快，性格开朗！面对生活，这样的人，反而往往更易于接近成功。相信，每位知识分子都会遇到几个让他们心底不服或不屑的某些行业的所谓成功人士，而这些人身上或多或少都带有这样的性格特质。这种社会闯荡的人身上所具有的朴素思维和性格特质，恰恰是我们知识分子面对生活工作所应该恶补的！

千万不要认为这样的思维模式没有科学精神，今天我们人工智能的真正出路可能恰恰就在于这样的思维模式。在科学领域，科学思维已经在向朴素思维靠拢。马克思认为“人与动物的本质区别在于人会制造和使用生产工具”；人类学家 Kenneth Oakley 也说过“制造工具是人类最独特的特点。”可是工具和人最大的区别是什么？答案就是智能。人是活的，工具是死的。即使是计算机也是死的，就连运算速度排名世界第一的天河巨型机也是死的，没有任何生命。我们一直过度自信“建模量化”的科学思维方法。模型越建越复杂，针对一个问题，公式 ABCD、XYZ 可以写满一沓纸；量化越来越精细，16 位、32 位、64 位，节节攀升；运算处理能力越来越强，单核、双核、四核、八核，层出不穷。可是机器，包括计算机，依然无法在很多领域内取代人类的工作。尤其是在需要创造、创新的探索未知的领域，人类依然具有不可替代的角色。我们还没有办法造出来真正带有生命力的工具，与技术难度有关，但是我们所秉持的西方科学思维模式可能也是限制它诞生的严重思想桎梏。“建模量化”这样的科学思维体系从本质上已经局限了我们所制造出来的机器更适合于应对确定性事件、信息的处理，而对非确定性的问题和领域却束手无策。再高级的巨型机也比不上一个普通人的创造性，那么请问机器比人究竟弱在哪里？人的思维又是多少位的？或许我们的技术进步已经误入歧途，必须得改弦更张了！2016 年，由谷歌研究团队开发的围棋人工智能程序 AlphaGo 战胜李世石，举世震惊。这样的人机围棋比赛结果，如果用以前老一套严谨的建模量化的穷举算法根本是无法想象和实现的。而它全新的颠覆性的技术思维即来自于利用“策略网络”去选择下子。它抛却了科学界一贯秉持的严谨的科学思维，学会了老百姓的朴素思维策略，而且居然赢了。这让我们看到了机器彻底超越人类的曙光，更让我们看到了简单的朴素思维相对于严谨的科学思维在面对很多模糊复杂问题时的独特奇妙优势。

3. 人文思维

作为受过严格科学思维训练的知识分子，站在科学严谨的角度看，朴素把握规律、建立大体规则就敢去解决问题这一套开环方案实在是生死未卜、风险很大，因此需要制定恰当的策略来规避风险，这恰恰又回到了历久弥新的中华传统文化：中庸之道。孔子《论语》曰："吾十有五而志于学，三十而立，四十而不惑，五十而知天命，六十而耳顺，七十而从心所欲不逾矩。"从不惑到不逾矩，实在才是我们每个人面对人生所必须修炼的中庸大道！将把握外部事物规律与修炼内心胸怀境界相结合，外省与内省完美统一，不偏不倚，不疾不徐去解决问题，我把这样的思维称之为秉持中庸之道的人文思维。

把握规律＋修炼内心→建立规则→解决问题

理工思维、朴素思维、人文思维三种不同思维模式，到底该秉持哪种去面对生活？前面讲过，很多院士都兼有科学家思想与文人情怀，风采照人、如沐春风。根本不像我们很多远未成名成家的知识分子，本身对科学知识还一知半解，对待生活工作中的人和事反而教条蛮横、趾高气昂，犹如武侠小说里捡到半部残片武林秘籍的末流角色，不知天高地厚，横行江湖，岂有不碰得头破血流的道理？

为什么很多现代的知识分子，面对工作和生活却反而搞得一团糟？为什么面对人生，人文思维比科学思维或朴素思维更合适？对其原因，可以从以下几个维度进行简要分析。

（1）社会维度。现代中国社会，经受百年西方经济、科技、思潮的剧烈冲击，秉持了两千年的宗族管理模式与制度已经消弥殆尽。但是因为社会道德观念及传统文化习俗的巨大惯性，儒家思想必然还将长期在社会关系和人际交往中发挥无处不在、如影随形的潜在作用。我们如果不接地气，一味的照搬西学，必将重复留洋回国的汪精卫喊出"我是人民的一头驴"的笑话。同时，对几千年来的社会道德及文化还必须要有敬畏之心和底线思维。几千年长期沉淀下来的社会道德及文化是整个社会约定俗成、稳定运行的基石，连过去的土匪都懂得歪江湖、正道理，有自己的规矩和底线，我们又岂能罔顾社会道德和文化的约束？

（2）家庭维度。随着中国经济的快速发展，家族概念正走向消亡，家庭单元正趋于小型化、碎片化，三口之家、丁克之家、钻石单身汉已成为最小的社会组织细胞。而且男女平等、性解放等西方观念广泛传播并深入人心，女人摆脱了对男人的经济依附关系，也工作赚钱。家庭领导核心，由以前的夫权独大，走向了夫妻共治，甚至妻权独大。过分地强调性别平等，却忽视性别差异，有些事矫枉过正，便会过犹不及。站在生物学荷尔蒙分泌角度讲，女性易于情绪化、感性化而不善于全局化、理性化思维的性格特征，决定了女性并非绝佳的家庭领导性别。可惜现在的舆论导向对夫权观念嗤之以鼻，一味地强调男女平等、个性自由，让女人顶起了大半片天。很多家庭女性翻身做主，牝鸡司晨，氛围不是更和谐了，而是夫权向妻权的妥协，家庭戾气积累只能越来越严重，加上社会诱惑又大，部分男女缺乏道德约束和家庭责任心，自然产生出轨、离婚率高企等严重的副作用。在家庭事务处理中，实在需要我们既克服男人的粗枝大叶，又克服女人的小家子气，走阴阳平衡的中庸之道。

（3）个人维度。西方文化一味强调个性自由，强调隐私（privacy），对东方崇尚个性内敛的温良恭俭让的儒家文化冲击甚巨。尤其是在计划生育政策下成长起来的独生子女身上，以自我为中心的思想体现得淋漓尽致。这些独生子女有些是大学生、硕士博士研究生、清华北大和海归，学历绝对高大上；并且伴随着一个个兴趣班长大，钢琴、舞蹈、书法、绘画，一摞摞证书几可等身；可惜往往忽略了心理和性格塑造，受不得委屈、经不住困难，只允许别人满足自己的要求，却不顾忌别人的感受，只可以适应顺风顺水，不能够面对艰难险阻。这些人走向社会，面对婚姻或工作稍有不如意，便会产生巨大的情绪波动和应激反应，而且习惯于把一切原因归咎于外部的不顺、不公、不配合，却丝毫意识不到从自身的为人处世以及性格心态上查找问题。在面对诸多人生问题时，这类人群实在需要补课，补中庸之道、人文思想、处世哲学的课。

（4）对象维度。套用一句玩笑话，“14 亿人口，指不定谁跟谁攀上关系、扯上亲戚。”在中国这样的网状人际关系背景下，根本没有办法去严格区割人事边界，即使划再大的圈，圈子内外总还是有着千丝万缕的牵扯。我们在生活中所面对的问题，不像科学研究的对象那么边界清晰，条件确定，注定会局限严谨较真的科学思维的实际效果，甚至还会产生与理论模型估计截然相反的结果。另外，在工作生活中所面对的问题，不管是人还是事，基本上都是家长里短，纯粹属于人民内部、集体内部、家庭内部矛盾，不像敌我对抗那样生死存亡，你死我活。面对这些问题，像对待敌我矛盾那样富于侵略，攻击对抗，注定会问题升级、矛盾激化，人际关系紧张，甚至还会产生死伤事件、刑事犯罪等极端恶果，得不偿失。因此，对于日常生活中人与人之间的那些事，完全套用科学思维，那必然是削足适履、刻舟求剑。它的边界更加混沌抽象，烈度也本该平淡和缓，还是需要更多的用中庸之道的人文思维去化解。

(5) 目的维度。面对工作生活中的很多事情，我们的目的是处理问题、化解矛盾，不是要辩论什么科学真理，更不是要拼个你死我活。过分地追求模型的精确性，量化分析、精益求精，斤斤计较、睚眦必报，反而耗费精力、平添压力，还会南辕北辙、缘木求鱼，四面树敌、心力憔悴。不如多一点人文关怀，宽厚包容、不愠不火，来得平滑顺畅、简单有效。要想达到幸福生活、开心工作的目标，实在需要有朴素的人际关系智慧：尊重规则比研究模型重要，学会协商比喜欢对抗有效。

上面的问题剖析，统一了我们的思想认识，“科学思维 + 人文修养”，将是我们知识分子走出校门，适应社会，最终变成行业栋梁、领军人才的必由之路！接下来在具体做法上还需要进一步指明出路。

(1) 个人修养之道

要清空科学思维。面对生活，作为知识分子，我们需要清空脑子里的科学思维。人与社会并不需要像科学研究一样去建立一套精细的模型，推导一套复杂的公式，计算出一个精确的数值。但是我们的科学素养却可以适当的借鉴，帮助我们更深刻清晰地把握事物的内在本质和基本规律，并遵循这样的规律“不逾矩”，尽自己最大努力去面对人生困难际遇、名利沉浮，尽人事、知天命，既要努力做事、又抱平常心态，内省修身养性、外省包容合作，敬畏规则、严守底线，开心安命、乐观豁达，不以物喜、不以己悲，反而可以做最轻松的自己和最开心的赢家。

要加强人文修养。我们除了科技知识的学习，还需要人文哲学书籍的阅读来提高自身的综合修养。理工男女需要多些人文关怀，更需要培养独立思考的意识，最终形成自己独立的价值观、人生观和世界观。面对前人的知识成果，既要涉猎广泛，又不能迷信经典。我们需要带着质疑精神去学习消化、吸收升华，力求融会贯通。把书本学活，比死读书好。知识分子多一点哲学思维、人文关怀，不仅可以更好地指导我们的科学研究，做到事半功倍；还可以更自如地处理工作生活中的各种矛盾冲突，切中肯綮、游刃有余。

笔者精细或粗略读过很多书，也谈一些我对读书的观点。我虽然看了很多企业管理学书籍，但是对于西方一整套基于精细复杂的模型量化方法下的管理学思维，我一直嗤之以鼻，管理并不需要如此教条。对于人性善恶的千古辩论，我也有自己的一家之言：人性无所谓善恶，实在是因为趋利避害乃生命的天性使然。甚至对于马克思的《资本论》所阐述的生产关系与社会发展进步的理论学说，我也有自己的一些见解：基于维持生命的本能需求，人与人之间合作目的是实现更高效的消费，而不是更高效的生产。人和人之间更重要的是分配制度而不是生产关系，我们不能本末倒置。还因此提出了一整套的《消费论》，甚至用这套见解来指导自己的团队管理。

要养成自省意识。西方文化过于强调个性与自我，加上科技的飞速发展让人的欲望和自信心进一步爆膨，导致现代人包括知识分子压根没有了自省意识，总是一幅自己永远正确的心态。一有问题，永远是怨天怨地怨别人，却根本没怨过自己。我们哪怕做不到先贤的一日三省吾身，起码也应该做到一月或一年三省吾身。工作生活中遇到问题，碰到困难，在从外部找方法的同时，还应该从内心反省自己，或许恰恰是我们自身的不足、偏见与过激导致和激化了这些问题和困难。

（2）夫妻相处之道

面对婚姻，我们更需要中庸之道达到阴阳平衡、和谐统一。

选择配偶要注重三观匹配。古人对婚姻对象的选择讲究门当户对，实在是非常管用的生活智慧和经验总结。站在 21 世纪的今天，我们对门当户对的解释，并不是说婚姻对象的选择要一味地讲究经济条件的对等，而是要追求性格与三观的匹配。父母基因遗传、家庭言传身教、成长环境熏陶对于个人性格与三观的塑造作用不容忽视。而且性格与三观一旦形成，将很难改变。在恋爱时如果发现双方存在明显的性格与三观不和，建议果断分手、绝不恋战。不能被爱情冲昏头脑，草率的走进婚姻。不要寄希望于凭一己之力，可以用爱情改变彼此。俗语“娶一个坏女人毁三代”的说法，并不是指一个人到底有多坏，指的就是双方三观、性格不合，导致的矛盾冲突不断、心灵倍受煎熬、家庭氛围扭曲，还影响下一代的健康成长。

经营婚姻要学会相处之道。双方一旦走进婚姻，组建了家庭，更要学会夫妻相处之道。要勇于担责。作为命运共同体，彼此要有责任心。特别是男人，必须挺起脊梁，扛起家庭重担；更要把握道德底线，抵御外部诱惑。要善于沟通。夫妻相处难免磕磕绊绊，要善于心平气和、坦诚真挚地沟通与倾听；而不是一味忍让、沉默积累或者动辄火山爆发、诉诸语言肢体暴力。要学会关爱。好言一句三冬暖，恶语伤人六月寒。夫妻间想得到对方的关爱首先需要从学会付出做起，而不是一味地索取。只有关爱对方，才会换来对方的关爱。要懂得独立。夫妻即使再恩爱，也是独立的生命个体，必须给彼此适度的独立自主的空间和权利。谁也不是谁的私有物品，不能充满了控制欲。自己习惯于颐指气使，还希望对方唯命是从。必须懂得“一把沙粒，攥得越紧，流失得越快”的夫妻相处智慧。同时，谁也不是谁的救世菩萨，不能存在完全的依附心理。自己一味地依赖对方，犹如孤藤缠树，到最后很可能树断藤毁。要有双木成林、彼此搀扶的风险控制意识。

幸福的婚姻都是相似的，不幸的婚姻却各有各自的问题。目前社会上出轨现象越来越多、离婚率越来越高，传统婚姻观念受到巨大冲击。笔者总结，除却天灾，人祸的原因概括起来，无外乎在以上几点出了问题。

（3）家庭教育之道

家庭是心灵停泊的港湾，更是下一代培养教育的第一课堂。

要重视言传身教。作为父母，我们可能不一定做得到事业成功，但是我们必须做到人格成熟。须懂得，今天我们面对生活的方式方法，耳濡目染后，必然会投射到小孩身上，并在明天再现。通过言传身教，我们必须把书本上没有讲明白、讲透彻的生活智慧和道德修养告诉下一代：中庸之道，先哲智慧；看待问题，客观公允。处理矛盾，不偏不倚；张弛有度，不徐不疾。善于沟通，摒除戾气；敬畏规则，包容得失。努力做事，平常心态；人生在世，开心自在。

要重视性格塑造。我们现在的教育思想，从幼儿教育到高等教育都深陷误区：教育商业化、教育功利化、教育娱乐化。商业舆论歪曲宣传“不能让下一代输在起跑线上”，抓住家长的望子成龙心理，人为制造恐慌。社会上各种培训班铺天盖地、狂轰滥炸。家长随风起舞，开启了非理性的疯狂教育投入模式。九年义务教育免费了，结果很多家庭花在课外培训班的钱何止学校学杂费的几百上千倍。教育不依赖校园内的课堂进行，却依赖课外的培训班完成。多么荒唐可笑，人人却乐此不疲。家长根本没明白人生是场马拉松，并不是看谁起跑有多快，而是看谁更有耐力；也没明白与一个个技能培训相比，性格和心理塑造对小孩走好未来的人生路才更加重要！有多少学历高大上、证书几可等身的知识分子、社会精英、父母骄傲因为性格缺陷、心理脆弱、逆商不够，一旦摔倒在人生的马拉松半途，便一蹶不振，自怨自艾，最后再也爬不起来？坚毅果敢、不骄不馁等性格塑造或许才是我们除了外在技能培训，更应该教会孩子的内在精神武器。

在这里，想起自己父母的言传身教，非常感恩二老的教育方式。虽然没有让我们上过任何的兴趣班、补习班，却通过亲子的陪伴与玩耍，让我们对书法、绘画、围棋等国学精粹耳濡目染，并具有了基本的美学鉴赏能力。虽然只是普通的农民老百姓，并没有优越的经济条件，却通过做人做事、率先垂范，言传身教、润物无声。正是二老的言传身教、陪伴玩耍，让我们兄弟三人从小都具有了完善成熟的人格思想，并终生受益。

（4）工作事业之道

当我们走向工作岗位，除了需要发挥业务知识做事，更需要运用中庸智慧做人。中庸智慧的精髓即在于做事把握火候、拿捏分寸，做人收敛个性、控制情绪。干工作干事业，对待任何问题、困难，真正要做到客观公正、不偏不倚，其实很难。连我们伟大的中国共产党都一直在与左倾、右倾路线反反复复地作斗争。更何况我们个人？只有在生活实践中不断地总结完善，浴火重生，才有可能逐渐趋于成熟稳健，而学会揣摩中庸之道将会是一个人或者组织心智趋于成熟的巨大标志。并不是说要我们都要明哲保身。但是如果能从中庸思想里有所借鉴，做到以下四点，一定会大有裨益。

要尊重规则。必须对社会法律与道德、团队规章与制度，保持敬畏心理和底线意识。言必信，行必果，爱惜自己的羽毛，做一个诚信的人、值得别人信赖的人。

要懂得包容。尊重每个人的独立人格，要懂得包容每个人的立场观点、利益关切和失误不足。只要不是大是大非问题，不是原则性问题，要学会与他人和谐相处，而不是喜欢激化矛盾、针锋相对。

要学会分享。每个人都是自我的，但是完全的自我必将让我们身边缺少朋友，把自己的人生路越走越窄。我们没办法做到无私，但是应该学会分享。只有懂得分享的人，才能够得到别人更多的帮助与支持。

要追寻内心。我们需要明白工作的意义是为了更好更开心地生活，深刻思考自己内心的兴趣与追求，而不是活在别人为你设定的角色里，哪怕这个别人是父母、妻子、丈母娘。当你只是为了五斗米折腰时，它仅仅是你谋生的一份工作；当你发自内心的喜欢做一件事时，它有可能会成为你终生的事业追求。勇于追寻内心梦想的人，才可能真正做到开心自在、洒脱愉悦，也才可能深深感染身边的人和勇敢带领团队为之奋斗。回想自己的科研及创业经历，深深感谢在身边一直默默陪伴着我的亲人，紧紧跟随着我的团队，是你们帮我一起完成我的梦想。未来的军功章上，有你们的默默奉献与熠熠荣光。

当前，面对中美之间这场史无前例的科技战，很多人还意识不到位，看不太明白，存在侥幸心理和看热闹心态，让我肚子里憋着话，不吐不快。2024 年 7 月暑假期间，有幸被中组部和中国科协选中，调训参加了青年科技领军人才国情研修班。在学习研讨过程中，产生了把自己对当前世界科技发展认知和判断系统写成一本书的强烈想法。回来后，开始酝酿，8 月 15 日试笔写了一小段；8 月 20 日，开始全身心投入。因为平时事多且杂，为了赶进度，在暑假、中秋、十一长假集中精力，平均每天写作 16 ~ 18 个小时；没日没夜，如同竹筒倒豆一般。写到兴奋处，根本刹不住车，也体会到了酣畅淋漓的写作快感。50 天左右的时间，疯狂输出了 25 万字。截止今天，10 月 8 日，总算顺利结束，心情舒畅。希望能对读者的工作学习生活有所启迪、有所帮助。

全书完。